高等职业教育铁道运输类新形态一体化系列教材

土力学与地基基础

吕玉梅　邢焕兰◎主编
刘训臣◎主审

中国铁道出版社有限公司

2025年·北京

内 容 简 介

本书为高等职业教育铁道运输类新形态一体化系列教材之一。全书共12个项目,包括认识工程中的土、确定土的基本性质、确定土的类型、认识水和土的相互作用、计算土中的应力、计算土的变形、确定土的抗剪强度、计算挡土结构物上的土压力、确定天然地基的承载力、检算地基强度、处理地基、认识高速铁路桥涵基础等,并附有8个试验的试验指导手册。

本书可作为高等职业院校铁道工程技术、高速铁路施工与维护、铁道桥梁隧道工程技术、城市轨道交通工程技术等专业的教材,也可作为相关技术人员的参考书。

图书在版编目（CIP）数据

土力学与地基基础 / 吕玉梅，邢焕兰主编. -- 北京：
中国铁道出版社有限公司，2025. 1. --（高等职业教育
铁道运输类新形态一体化系列教材）. -- ISBN 978-7-113
-31548-1

Ⅰ. TU4

中国国家版本馆 CIP 数据核字第 2024RG8416 号

书　　名：土力学与地基基础
作　　者：吕玉梅　邢焕兰

策　　划：陈美玲
责任编辑：陈美玲　　编辑部电话：(010)51873240　　电子邮箱：992462528@qq.com
封面设计：刘　莎
责任校对：苗　丹
责任印制：高春晓

出版发行：中国铁道出版社有限公司(100054,北京市西城区右安门西街8号)
网　　址：https://www.tdpress.com
印　　刷：河北宝昌佳彩印刷有限公司
版　　次：2025 年 1 月第 1 版　　2025 年 1 月第 1 次印刷
开　　本：787 mm×1 092 mm　1/16　印张：14.75　字数：348 千
书　　号：ISBN 978-7-113-31548-1
定　　价：48.00 元

　　"土力学与地基基础"是三年制高等职业教育铁道工程技术、高速铁路施工与维护、铁道桥梁隧道工程技术、城市轨道交通工程技术等专业一门必修的专业基础课程。本书在编写过程中全面贯彻党的教育方针，落实立德树人根本任务，满足国家信息化发展倡议对人才培养的要求，围绕交通土建类专业对学生的工程安全意识、工程质量意识和创新精神等职业素养的培养需求，为学生后续专业课程的学习及毕业后从事铁路、公路、地铁的施工与养护等相关工作打下良好基础。

　　本书在编写过程中依据施工岗位核心能力培养，融入"1＋X"路桥工程无损检测职业技能等级标准、工程设计规范、施工技术规程、工程验收标准等要求，不断将专业领域新技术、新工艺纳入教材内容；以施工岗位应具备的专业知识、技能和专业素养为核心，有机融入铁道兵精神、劳动教育和工程伦理等课程思政元素，使本书内容满足施工岗位对技术人员的要求。本书在确保基本原理、知识和基本技能培养的基础上，更加突出生产一线的实用性、适应性和先进性要求。

　　本书以真实工程项目为载体设计学习内容。根据"土力学与地基基础"课程的培养目标，本书注重相关专业人员应具备的有关土工试验、地基处理、基础施工及施工质量检测等方面的基本知识和基本技能要求，以项目为主线、真实任务为载体设计内容，每个项目都有明确的知识、能力和素养目标，部分任务配有相关案例。

　　本书由石家庄铁路职业技术学院与国能朔黄铁路发展有限责任公司合作开发，在高速铁路施工与维护国家级专业教学资源库子课程和智慧职教MOOC学院在线开放课程有相应配套资源。

　　本书由石家庄铁路职业技术学院吕玉梅、邢焕兰任主编，石家庄铁路职业技术学院刘训臣任主审。具体编写分工如下：吕玉梅编写项目1、项目2、项目5、项目6、项目7、项目8、项目12；邢焕兰编写项目3、项目4；石家庄铁路职业技术学院张晓彬编写项目9；石家庄铁路职业技术学院乔明哲编写项目10；石家庄铁路职业技术学院付迎春编写项目11；国能朔黄铁路发展有限责任公司李世波编写试验指导手册。

　　本书在编写过程中，得到了国能朔黄铁路发展有限责任公司王风、李锐等企业专家的大力帮助，同时编者也参考了相关文献资料等，在此向有关单位、编者表示衷心感谢。

　　由于编者水平有限，书中难免存在疏漏和不足之处，敬请读者批评指正。

编　者
2024年11月

目　录

认识工程中的土

项目知识架构

知识目标

1. 掌握与土相关的基本概念；
2. 了解土力学与地基基础研究的基本内容和学习方法；
3. 掌握土的组成和土的结构。

能力目标

1. 能够熟练划分地基和基础；
2. 能够分析土的组成对其性质的影响；
3. 能够分析土的结构和构造对其性质的影响。

素养目标

1. 培养自学和独立思考能力及创新实践能力；
2. 培养利用信息技术获取知识、学习知识的信息素养；
3. 培养团结协作和沟通协调的能力；
4. 培养吃苦耐劳、严谨求实的工作作风；
5. 引导主动践行社会主义核心价值观，增强家国意识；传承发扬各时期铁路精神，立志扎根铁路生产建设一线建功立业，勇担民族复兴时代重任；
6. 引导树立工程建设和环境友好的价值观和正确的工程伦理观，增强社会法治意识、责任意识与责任担当，加强生态文明理念与自然和谐的环保意识；

7. 引导弘扬劳模精神、劳动精神、工匠精神,培养立足岗位的创新意识和科学精神。

任务 1.1　认识什么是土

引导问题

1. 常见的土是什么样子的?
2. 岩石是什么样子的?
3. 什么是风化作用?

任务内容

在工程中,我们常见的土包括砂、碎石、块石等建筑材料。实际上工程中的土除了这些,还包括结构下方用来支撑结构的那部分土。本任务主要介绍土力学与地基基础课程中的基本概念、主要内容以及学科的特点。

1. 土的概念

"万丈高楼平地起",不管是房屋建筑,还是道路、桥梁、隧道等结构物,都是修建在地球表面上的,结构物自身的重量以及它所承受的荷载都将传递到地球表面上。也就是说最终承受这些荷载的并不是我们看到的这些结构,而是结构下方的地球表面——土。

广义的土是包括岩石在内的,岩石是工程地质这门课程中讲述的,本书所说的土是指岩石风化后之后的产物,覆盖在地表的松散颗粒的堆积物,如图 1-1 所示。

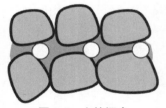

图 1-1　土的概念

什么是风化作用呢? 根据中学物理知识,风化作用分为物理风化、化学风化、生物风化。暴露在大气中的岩石,受到温度和湿度变化的影响,体积经常发生膨胀或收缩,不均匀的膨胀和收缩使岩石产生裂缝,裂缝中沉积土颗粒和液体,还有其他杂质,发生化学风化或生物风化。将完整岩石碎裂成大小不一的颗粒。

物理风化只改变颗粒的大小和形状,不改变颗粒的矿物成分,比如铁路上常用的道砟、盖房子用的毛石等颗粒较大的土,它们的颗粒之间没有黏结作用,呈分散状态,一般称为无黏性土。

物理风化后所形成的碎块与水、氧气、二氧化碳或某些由生物分泌出的有机酸溶液等接触,发生化学变化,产生更细小的并与原来的岩石矿物成分不同的颗粒,这个过程叫作化学风化。化学风化不仅改变颗粒的大小,也改变颗粒的矿物成分,而且发生化学反应,颗粒都比较细小,这类土的颗粒之间因为有黏结力而相互黏结,干时结成硬块,湿时变软有黏性,故称为黏性土。

由动植物活动引起的风化,比如老鼠打洞、人工炸山等活动称为生物风化。生物风化既有物理的变化,也有化学的变化。比如穿山甲打洞,人工爆破等,属于物理的变化,而流水腐蚀或动植物遗体腐蚀,属于化学的变化,但是它们都属于生物风化。

经过风化作用所形成的颗粒堆积在一起,颗粒形成的孔隙中填充着液体和气体,这种固、液、气的集合体称之为土。

2. 地基和基础的概念

在工程中我们把承受结构荷载作用的地层叫作地基。如果地基未经人工处理,称它为天然地基;如果地基的强度或变形不能满足设计要求时,则要对它进行加固处理,这种处理后的地基称为人工地基。

基础是结构物的下部结构,它将结构所承受的荷载传递给地基。基础的结构形式有很多,具体设计时应该选择既能适应上部结构、符合结构物使用要求,又能满足地基强度和变形要求,经济合理、技术可行的基础工程方案。工程中通常把埋置深度不大,只需经过挖槽、排水等普通施工工序就可以建造起来的基础称为浅基础,如条形基础、筏形基础等。而把埋置深度较大(一般不小于 5.0 m)并需借助于特殊的施工方法来完成的各种类型基础称为深基础,如桩基础、地下连续墙、沉井基础等。

地基土和其他材料一样,受力后也会发生变形甚至破坏。地基土和其他材料又很不一样。由于土的性质变化非常复杂,它与母岩的性质、搬运的形式和搬运的距离,土沉积的环境和沉积的时间等因素都有关系。不同类型的土有不同的特性。在不同的工程中,土所发挥的作用也不同。例如在土层上修建房屋、桥梁、道路等结构时,土是用来支撑建筑物的荷载的;在修筑土质的堤坝和路基时,土又被当作了材料;还有就是在修建隧道、涵洞以及地下结构物时,它又被当成了建筑物周围的环境介质与荷载。因此,土的性质对于工程建设的质量有着直接而重大的影响。研究土的物理力学性质,其主要目的就是为实际工程结构服务。

我们看到的通常是结构物的上部结构,基础和地基一般是看不到的。而土力学与地基基础这门学科的研究对象就是这一隐蔽工程,它一旦出现问题,危害性很大,而且处理困难。另外,这些隐蔽工程造价一般都较高,通常能够占到工程总价的 $20\%\sim25\%$,对于一些大型的桥梁结构甚至能够达到 80%。

例如历史上著名的意大利比萨斜塔,还有我国苏州的虎丘塔,就是由于地基出现问题,基础滑动倾斜,导致结构出现开裂倾斜,而不能正常使用。加拿大的特朗斯康大谷仓则是因为地基强度不够而发生强度破坏。又如墨西哥的一个艺术宫,由于地基太软导致结构下沉深度超过 4 m,从而影响了结构的正常使用。在现代,类似的工程事故也不在少数,如香港的宝城大厦滑坡倾覆、上海的地铁四号线的涌水等,都是由于这些隐蔽工程出现问题。因此,在施工中这部分工程虽然看不到,但是意义重大。

<h2 style="text-align:center">练习题</h2>

〖判断题〗

1. 土是岩石风化之后的产物。(　　)

2. 广义的土是包括岩石在内的。(　　)

〖简答题〗

3. 什么是地基,分哪几类?

4. 什么是基础,分哪几类?

任务 1.2   认识土的生成和组成

引导问题

    1. 岩石的种类有哪些?

    2. 岩石的矿物成分有哪些?

    3. 什么是有机物?

    4. 什么是毛细作用?

任务内容

    本任务主要是认识工程中土的成因和组成,分析其各个组成对工程特性的影响。

1.2.1   土的生成

    综前所述,我们所研究的土是岩石风化之后的松散堆积物。这个堆积物经过剥蚀、搬运、沉积等作用形成不同的沉积类型,如图 1-2 所示。

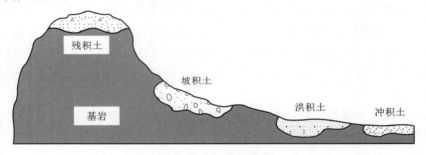

图 1-2   土的风化沉积

● 音频

第四纪沉积土主要成因、类型及堆积特征

    工程实践表明,土的工程性质与其原始的堆积条件有关,另一方面也取决于堆积以后的经历。在沉积过程中,由于颗粒大小、沉积环境和后来地质活动等条件不同,所形成土的类型和工程性质也不一样。一般情况下,在相近的地质年代及相似的沉积环境下形成的土,其工程特性也是相似的。

1.2.2   土的组成

    根据前述土的生成,我们可以看到,土的组成分固、液、气三部分。风化作用将岩石从整体变成颗粒,构成土的骨架。颗粒之间布满孔隙,孔隙中填充着液体和气体,因此土是一个三相体。当孔隙被水填满时,我们称土处于饱和状态,该土称为饱和土;当孔隙被气体充满时,我们称土处于完全干燥状态,该土就称为干土。这里所说的液相,不单指水,还包括自然界中存在其他流体物质(水溶液等)。相应的气相包括空气和自然界中存在的其他气体。土的这三相组成本身的性质以及它们之间的比例关系对土的性质都有影响。因此,我们首先来研究土的这三相组成。

1. 固体颗粒

    岩石风化后的颗粒组成了土的骨架,它对土的物理力学性质起着决定性的作用。固体颗粒的矿物组成和颗粒大小,对土的性质有影响,但是自然界中存在的土大多都是混合土,也就是不同的矿物成分与颗粒大小可组成不同的土,其物理力学性质也不同。

(1)颗粒的矿物成分

土的颗粒一般由各种矿物和有机质组成。土粒的矿物成分与母岩成分有关,大致可分为两类,也就是与母岩成分相同的原生矿物,以及发生化学反应后生成的新的次生矿物。

①原生矿物是指物理风化所生成的颗粒比较大的矿物,它与母岩的矿物成分相同,常见的有长石、石英、角闪石和云母等。

②次生矿物是指化学风化后生成的矿物,颗粒比较细小,如黏土矿物等。常见的有高岭土、伊利土和蒙脱土等。这部分次生矿物对黏性土的性质影响很大。比如膨胀土,由于含有大量的蒙脱土,含水率变化时,土的性质变化也很大。

③土中的有机物是在土的形成过程中,动、植物的遗体腐烂后与土混掺沉积在一起,经生物化学作用生成的物质。有机质含量大的土,由于有机质性质的不稳定性和亲水性,导致其压缩性变大、强度降低。《铁路路基设计规范》(TB 10001—2016)明确规定,土中的有机质含量超过5%时,严禁作为路基填料使用。

(2)颗粒的大小和分组

土中颗粒的大小对其性质影响很大。一般来说,土颗粒越细小,比表面积就越大,吸附水的能力越强,水对其性质的影响也越大。

由于土的形成过程比较复杂,因此风化形成的颗粒的形状也是各种各样,对土的性质也有影响。如物理风化形成的颗粒比较大,一般成块状,但是化学风化形成的颗粒比较细小,一般是片状,同时颗粒的形状与其矿物组成和土粒所经历的风化搬运过程也有关系。由于土颗粒形状不同,其大小不能用单一的粒径来表示,因此工程上把土颗粒粒径的大小称为粒度,把粒度相近的颗粒合为一组,称为粒组。一般来说,同一粒组的土,其物理性质大致相同。《铁路桥涵地基和基础设计规范》(TB 10093—2017)(简称《铁路桥涵规范》)对粒组的划分,见表1-1。

表 1-1 《铁路桥涵规范》中土的颗粒分组

颗粒名称		粒度 d(mm)	基本特性
漂石或块石	大	$d>800$	颗粒之间没有黏性,透水性很大,几乎没有毛细作用,毛细水上升高度很小
	中	$400<d\leqslant800$	
	小	$200<d\leqslant400$	
卵石或碎石	大	$100<d\leqslant200$	
	小	$60<d\leqslant100$	
粗圆砾或粗角砾	大	$40<d\leqslant60$	
	小	$20<d\leqslant40$	
圆砾或细角砾	大	$10<d\leqslant20$	
	中	$5<d\leqslant10$	
	小	$2<d\leqslant5$	
砂粒	粗	$0.5<d\leqslant2$	颗粒间不具有黏性,在细砂中由于水的存在,具有一定的联结作用,透水也很好,随着颗粒粒径减小,毛细水上升高度逐渐增加
	中	$0.25<d\leqslant0.5$	
	细	$0.075<d\leqslant0.25$	
粉粒		$0.005\leqslant d\leqslant0.075$	湿时有黏性,透水性较小,毛细水上升高度较大
黏粒		$d<0.005$	有黏性和可塑性,透水性极小,其性质随含水率有较大变化,毛细作用很小

（3）颗粒级配分析方法

自然界中的土都是由各种颗粒大小和形状不同的土粒组成的混合土，它包含了很多粒组的土粒。工程中将各粒组的质量占干土土样总质量的百分比称为颗粒级配。颗粒级配分析就是确定土中各粒组颗粒的相对含量。颗粒级配是影响土，特别是无黏性土的工程性质的主要因素，因此工程中也可按照颗粒级配分析来确定土的名称。

根据《铁路工程土工试验规程》(TB 10102—2023)(简称《土工试验规程》)的规定，分析土体颗粒的大小，一般有四种方法，即筛析法、密度计法、移液管法以及激光粒度仪法。筛析法适用于粒径 $0.075 \sim 200$ mm 的土，密度计法和移液管法适用于粒径小于 0.075 mm 的土，激光粒度仪法适用于粒径小于 2 mm 的土。土中含有粒径大于和小于 0.075 mm 的颗粒，且各超过总质量的 10% 时，应使用不同方法联合测定不同粒径土的质量分数。

本书只简单介绍筛析法，具体试验方法详见《土工试验规程》。

筛析法主要设备是一套标准筛和振筛机。各筛按筛孔孔径大小的不同由上至下排列，上加顶盖，下加底盘，组合在一起。标准筛有粗筛和细筛两种。粗筛的孔径为 200 mm、100 mm、60 mm、40 mm、20 mm、10 mm、5 mm、2 mm，细筛的孔径为 2 mm、1 mm、0.5 mm、0.25 mm 和 0.075 mm。

试验时，取样质量可按《土工试验规程》中的要求取样。对于无黏性的土，可以将烘干或风干的土样放入筛孔孔径为 2 mm 的筛进行筛分，分别称出筛上和筛下土的质量。取筛上的土样倒入依次组合好的粗筛最上层筛中进行筛析，将筛下粒径小于 2 mm 的土样倒入依次组合好的细筛最上层筛中进行筛析(细筛也可放在振筛机上摇振)。筛完以后称出每层筛子和底盘内的土粒质量，就可以计算各个粒组的土粒质量占土样总质量的百分比，详细计算见表 1-2 所示范例。

表 1-2   标准筛分析计算实例

粗筛分析用的风干试样质量＝5 000 g，小于 0.075 mm 的试样质量占总质量的百分比＝5.8%						
小于 2 mm 的试样质量占总质量的百分比＝80%，细筛分析取小于 2 mm 试样质量＝300 g						
筛类别	孔径（2 mm）	分计留筛试样质量(g)	累计留筛试样质量(g)	小于该孔径试样的质量(g)	小于该孔径试样质量百分比	小于该孔径试样质量占总试样质量百分比
粗筛	60	0	0	5 000	100%	100%
	40	325	325	4 675	93.5%	93.5%
	20	175	500	4 500	90.0%	90.0%
	10	120	620	4 380	87.6%	87.6%
	5	150	770	4 230	84.6%	84.6%
	2	230	1 000	4 000	80.0%	80.0%
细筛	2	0	0	300	100%	$100\% \times \dfrac{4\,000}{5\,000} = 80.0\%$
	1	60.5	60.5	239.5	79.8%	$79.8\% \times \dfrac{4\,000}{5\,000} = 63.9\%$

续上表

筛类别	孔径 (2 mm)	分计留筛试样 质量(g)	累计留筛试样 质量(g)	小于该孔径试样 的质量(g)	小于该孔径试样 质量百分比	小于该孔径试样 质量占总试样 质量百分比
细筛	0.5	102.5	163	137	45.7%	$45.7\% \times \dfrac{4\,000}{5\,000} = 36.5\%$
	0.25	75.5	238.5	61.5	20.5%	$20.5\% \times \dfrac{4\,000}{5\,000} = 16.4\%$
	0.075	39.5	278	22	7.3%	$7.3\% \times \dfrac{4\,000}{5\,000} = 5.9\%$
筛底存留(g)		20.5	298.5	1.5	0.5%	$0.5\% \times \dfrac{4\,000}{5\,000} = 0.4\%$

　　土的颗粒大小分析试验结果,可以采用表格法或颗粒级配曲线法表示。表格法是列表说明土样中各粒组的土质量占土样总质量的百分比。表 1-3 是根据表 1-2 得出的该土样的颗粒级配。

表 1-3　颗粒级配

粒径 (mm)	>20	10~20	5~10	2~5	1~2	0.5~ 1.0	0.25~ 0.5	0.25~ 0.075	<0.075
百分比	10%	2.4%	3%	4.6%	16.2%	27.2%	20.2%	10.2%	5.8%

　　颗粒级配曲线法是在半对数坐标系上,以小于某粒径的土质量百分比为纵坐标,以粒径的常用对数为横坐标,绘制颗粒大小级配曲线。图 1-3 就是根据表 1-2 所绘的级配曲线。在颗粒级配曲线上,可以找到对应于颗粒含量小于 10%、30% 和 60% 的粒径 d_{10}、d_{30} 和 d_{60},根据这三个粒径,可以计算该土样的级配指标。

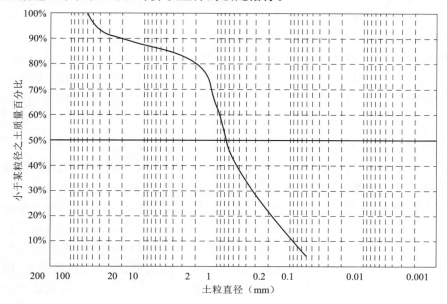

图 1-3　表 1-2 所绘的级配曲线

$$\text{不均匀系数 } C_u = \frac{d_{60}}{d_{10}} \tag{1-1}$$

$$\text{曲率系数 } C_c = \frac{d_{30}^2}{d_{10} \times d_{60}} \tag{1-2}$$

式中　d_{10}——有效粒径（mm），表示分布曲线上小于该粒径的颗粒质量占总质量 10% 的粒径；

　　　d_{30}——中间粒径（mm），表示分布曲线上小于该粒径的颗粒质量占总质量 30% 的粒径；

　　　d_{60}——限制粒径（mm），表示分布曲线上小于该粒径的颗粒质量占总质量 60% 的粒径。

由图 1-3 查得，$d_{10}=0.09$ mm、$d_{30}=0.25$ mm、$d_{60}=0.9$ mm，代入式（1-1）和式（1-2）计算则有

$$\text{不均匀系数 } C_u = \frac{d_{60}}{d_{10}} = \frac{0.9}{0.09} = 10$$

$$\text{曲率系数 } C_c = \frac{d_{30}^2}{d_{10} \times d_{60}} = \frac{0.25^2}{0.09 \times 0.9} = 0.77$$

《铁路路基设计规范》（TB 10001—2016）对普通填料的规定是：

①当 $C_u < 10$ 时是均匀级配。

②当 $C_u \geq 10$ 且 $C_c = 1 \sim 3$ 时为良好级配。

③当 $C_u \geq 10$ 且 $C_c < 1$ 或 $C_c > 3$ 时为间断级配。

按前述计算可知，该土不均匀系数等于 10，基本满足第②项的规定，但是曲率系数小于 1，因此它属于间断级配，说明土体级配不是很好，缺乏一些中间的粒径。

从图 1-3 可以看出，不均匀系数 C_u 表示粒径的分布范围，C_u 越大，表示土愈不均匀，即粗颗粒和细颗粒都有。如果级配曲线是连续的，C_u 越大，则级配曲线越平缓，表示土中粒组的变化范围大、级配好。在地基填土施工中，级配是一个很重要的指标。级配好的土，大颗粒形成的孔隙中，小颗粒可以填充，容易被压密，工程特性好。

曲率系数 C_c 则反映了土体的颗粒级配曲线的连续性。如果曲线上出现水平段，则表示这一范围内的粒组缺失，颗粒含量为零；反之，如果曲线上出现陡降段，则这一范围内的粒组含量太多，其他粒组含量较少。以上两种情况，不管是哪一种，由于粒组的缺失，导致土体不易被压密，级配都不好。

2. 土中水

● 音频

颗粒的
比表面积

　　根据土的形成过程可知，土通常是由固体颗粒构成骨架，孔隙中填充着液体和气体。液体这一部分中主要成分是水，根据温度不同，水的状态也不同。根据工程材料中的知识可知，颗粒越细小，比表面积越大，吸附水的能力就越强。据相关试验可知，土颗粒的表面是带负电的，而水分子是极性分子，即正负电荷分布在分子的两端。在电场范围内，孔隙中液体的阳离子 H^+ 和极性水分子被吸引至土颗粒的四周，定向排列。离土颗粒表面越近，吸引力也就越大，随着距离的增加，作用力减小很快，直至消失，如图 1-4 所示。土中水按其是否受电场力作用可分为结合水和非结合水。

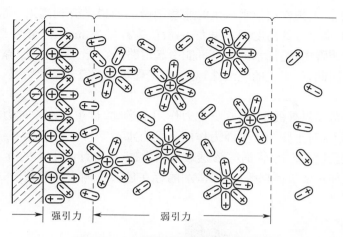

图 1-4　土中固体颗粒与水的相互作用

（1）结合水

结合水是指由于电场作用力吸引而吸附在颗粒表面的水，这部分水不传递静水压力，受重力的影响很小。结合水按照其所受电场力的大小又可以分为强结合水和弱结合水。

①强结合水又称吸着水。它被静电引力紧紧吸附在颗粒表面。强结合水的性质类似于固体，即零度以下不冻结，100 ℃也蒸发不了，不受重力作用，也不能传递静水压力，只有在 105 ℃以上的温度烘烤时才能全部蒸发。因此，这部分水对土的工程性质影响较小。仅含强结合水的黏性土呈固态或半固状态，对于颗粒比较粗的砂类土仅含有极少量强结合水。

②弱结合水也称薄膜水。它是在强结合水外面一定范围内的水分子，由于受到电场的吸引力作用而吸附在颗粒的四周。由电场力的特点可知，离颗粒表面越远，水分子所受的引力就越弱。因此土中的水按照其受电场力作用的强弱分为强结合水和弱结合水，直到变为不受电场力作用的自由水。弱结合水由于受电场力作用，所以不能传递静水压力，也不具有溶解性。但是由于所受电场力作用较弱，在受到外力时，可以发生转移。

因此黏性土中的弱结合水对其工程性质影响很大，比如可塑性，即含水率达到一定程度的黏性土，可以捏成各种形状而不破裂也不流动。对于砂类土，我们可以认为其不含弱结合水。

（2）非结合水

非结合水是指不受电场力作用的水，也就是自由水。它主要受重力作用的控制，可传递静水压力，根据其受力不同可分为毛细水和重力水。

①毛细水

我们都知道，土体是松散颗粒的堆积物，其中分布着很多的孔隙，这些孔隙相互连通，形成各种各样的通道。对于细小颗粒的土体，其孔隙通道也很狭小。按照物理学概念，在毛细管中，液体与侧壁接触的液面不再是平面，而是弯液面，这是由于水膜与空气分界处存在着表面张力，也就是毛细作用。土体中的水在孔隙通道中，由于液体表面张力的作用,形成了毛细水。毛细作用使水从土的这些细微的通道上升到高出一般水位面。不同种类的土,其毛细水上升的高度相差很大,一般认为粒径 2 mm 以上的土颗粒间不会出现毛细现象。工程实践中,毛细水的上升可能引起道路翻浆、土地盐渍化、路基冻害等病害,导致路基失稳。因此,认识土的毛细性,对土木工程的施工有着重要意义。

②重力水

电场作用力范围以外的水,在本身重力作用下运动,称重力水。重力水具有溶解性,也能传递静水压力,对土颗粒产生浮力作用。重力水对基坑开挖和地下结构物施工有很大影响,可能引起基坑流土、管涌等渗透破坏(图 1-5),而且由于水的存在,还应采取排水、防水措施,比如钢板桩围堰等。另外,水的存在还会影响土体的密度,引起山体滑坡、泥石流等地质灾害。

图 1-5   基坑涌水和基坑排水

3. 土中气体

土中气体按其所处的状态和结构特点可分为封闭气体和自由气体。

当孔隙与大气相连通时,填充的气体称为自由气体,当孔隙封闭与大气隔绝时填充的气体称为封闭气体。通常来说,自由气体一般不影响土的性质,但是封闭气体的存在会增加土体的弹性,减小土的透水性。因此,在工程中一般都要给以关注。比如黄土打夯,可以有效减少封闭气体的含量。

练习题

【填空题】

1. 颗粒级配分析方法有_____、_____、_____。

2. 土中水的类型有_____、_____。

3. 土由_____、_____、_____三种构成。

【简答题】

4. 土的各部分组成对它的工程特性有哪些影响?

【计算题】

5. 某工地现场用填土,有效粒径 $d_{10} = 0.005$ mm,平均粒径 $d_{30} = 0.06$ mm,限制粒径 $d_{60} = 0.35$ mm,试对该填土作出评价。

任务 1.3　认识土的结构和构造

引导问题

1. 什么是原状土？
2. 什么是重塑土？
3. 什么是分子引力？
4. 什么是静电引力？

任务内容

在实际工程中，很多时候即使是同一种土，其原状土样和重塑土样的工程力学特性也有很大差别。甚至于用不同方法制备的重塑土样，尽管其组成一样，密度控制也相同，性质仍然不会完全相同。这就说明，决定土的工程力学特性的因素，不仅仅是土的组成，土的结构和构造对土的性质也有影响。

1.3.1　土的结构

我们把土粒或土粒集合体的大小、形状，相互排列与联结等综合特征，称为土的结构。土的天然结构是在其生成和存在的整个历史过程中形成的，因其组成、沉积环境和生成年代不同，其结构形式也不同。通常土的结构可分为三种基本类型：单粒结构、蜂窝结构和絮状结构。

1. 粗粒土的结构

根据《铁路路基设计规范》(TB 10001—2016)，粗粒组包括粒径大于等于 0.075 mm 的砾粒和砂粒。由于颗粒较大，主要受本身重力作用，于水或空气中沉积而形成单粒结构。这种结构的特点就是颗粒之间是点与点的接触，因此其强度主要来源于颗粒之间的摩擦与咬合。

由于土体生成条件的不同，单粒结构可能是紧密的，也可能是松散的。在松散的砂类土中，砂粒处于较不稳定状态，并可能具有超过土粒尺寸的较大孔隙，如图 1-6(a)所示。这种松散的砂类土在静力荷载作用下，土体压缩量不大，其强度也较高，但在动荷载作用下土粒容易产生位移，产生较大变形，导致结构物破坏。如图 1-7 所示，将大米放入杯中，振动后，大米的液面会下降，这就是动荷载作用下，土体体积减小的原因。

密实砂土其性质较为稳定，不管是静荷载，还是动荷载，其压缩量都不会太大，土体强度也较高。因此，紧密的单粒结构对于工程结构的地基来说是最理想的结构，如图 1-6(b)所示。

2. 细粒土的结构

细粒组包括粒径小于 0.75 mm 的粉粒和黏粒，由于其粒径小，尤其是黏土颗粒，比表面积很大，颗粒很薄，重量很轻。在颗粒下沉过程中，颗粒之间的作用力起主要作用。颗粒之间的作用力主要包括分子引力——范德华力和静电作用力——库仑力，还有颗粒之间的胶结物质的胶结作用力以及毛细作用力。

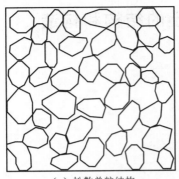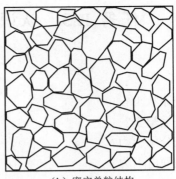

（a）松散单粒结构　　　　　　　　（b）密实单粒结构

图 1-6　单粒结构

图 1-7　振动荷载的作用效果

　　较细的土粒在自重作用下于水中下沉时,碰到已沉稳的土粒,当两土粒间接触点处的分子引力大于下沉土粒的重量,土粒便被吸引而不再下沉,如此持续发展,逐渐形成链环状单元。而很多这样的链环又联结起来,就形成了疏松的蜂窝结构和絮状结构,如图 1-8 所示。

　　蜂窝结构的土中,单个孔隙的体积一般远大于土粒本身的尺寸,孔隙体积也较大。该结构的土层,如果在沉积后没有受过比较大的上覆压力,那么修建结构物之后,由于上覆荷载的作用,可能会产生较大的竖向变形。通常这种结构常见于粉土粒组中。

　　絮状结构是由最细小的黏粒,在水中运动时,与其他土粒碰撞而凝聚成小链环状的土粒集合,然后沉积成大的链环,形成不稳定的复杂的絮状结构。图 1-9（a）为海水中形成的絮状结构。图 1-9（b）为淡水中形成的分散结构。

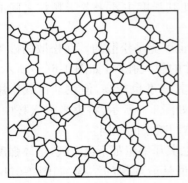

图 1-8　蜂窝结构

1.3.2　土的构造

　　土的构造是指土体中各结构单元之间的关系,其主要特征是土的成层性和裂隙性,即层理构造与裂隙构造,另外还有结核构造等,如图 1-10 所示。

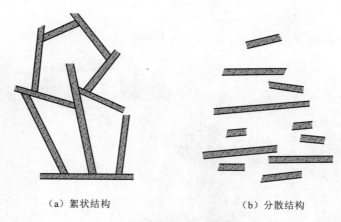

（a）絮状结构　　　　　　　　　　（b）分散结构

图 1-9　黏性土的结构

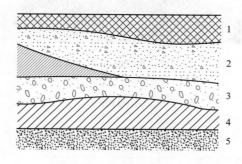

1—淤泥夹黏土透镜体；2—黏土尖灭层；
3—砂土夹黏土层；4—砾石层；5—基岩。

图 1-10　土的层理构造

1. 层理构造

土体在沉积过程中，在不同的地质作用和沉积环境条件下，物质成分和土粒大小相近的颗粒在水平方向沉积一定厚度，呈现出成层特征。我们工程中常见的第四纪沉积土，其典型构造就是层状构造。因沉积环境条件的变化，常会出现夹层、尖灭和透镜体等交错层理。砂、砾石等沉积物，当沉积厚度较大时，往往无明显的层理而呈分散状，又称为分散构造。

2. 裂隙构造

裂隙构造是指土层中存在的各种裂隙，裂隙中往往有盐类的沉淀。如图 1-11 所示，我们经常看到的黄土高原上的那些沟沟壑壑即柱状裂隙。坚硬或硬塑黏土层中有不连续裂隙，破坏了土的整体性。裂隙面是土中的软弱结构面，工程性质很差。

3. 结核构造

如果在细粒土中明显掺有大颗粒或聚集的铁质、钙质等杂物，那么称此结构为结核构造，如含碎石的砂土和含砾石的冰积黏土等。一般大颗粒或结核比较分散，因此这类土的性质往往由细颗粒部分决定。在地质勘探的时候要特别注意该类型的土体，如果结核体较大，就不能够直接在上面进行施工，必须进行处理。

图 1-11　黄土高原裂隙构造

练习题

〖填空题〗

1. 土的结构有_____、_____、_____三种。
2. 土的构造有_____、_____、_____三种。

确定土的基本性质

项目知识架构

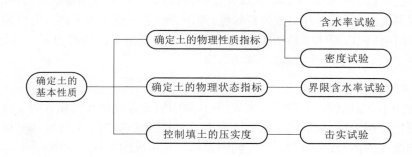

知识目标

1. 掌握土的 9 个物理性质指标的定义及其测定和换算方法；
2. 掌握无黏性土和黏性土的物理状态判定方法；
3. 掌握填土压实度控制标准。

能力目标

1. 能够熟练进行试验指标的测定；
2. 能够分析土的物理状态；
3. 能够进行路基填筑施工控制。

素养目标

1. 培养自学和独立思考能力及创新实践能力；
2. 培养利用信息技术获取知识、学习知识的信息素养；
3. 培养团结协作和沟通协调的能力；
4. 培养吃苦耐劳、严谨求实的工作作风；
5. 引导主动践行社会主义核心价值观,增强家国意识;传承发扬各时期铁路精神,立志扎根铁路生产建设一线建功立业,勇担民族复兴时代重任;
6. 引导树立工程建设和环境友好的价值观和正确的工程伦理观,增强社会法治意

识、责任意识与责任担当,加强生态文明理念与自然和谐的环保意识;

7. 引导弘扬劳模精神、劳动精神、工匠精神,培养立足岗位的创新意识和科学精神。

任务 2.1　确定土的物理性质指标

引导问题

1. 什么是密度?
2. 什么是重力加速度?

任务内容

对于常见的一些工程材料,比如钢材、木材、混凝土等,通常认为这些材料是均质的、连续的、各向同性的,只要知道其密度或强度等指标,那么就可以知道这种材料的性质;反观土这种材料,由于其形成和组成的特殊性,即固、液、气三相的集合体。有时即使是同样一个密度,单位体积内固体颗粒和水的比例不同,土表现出来的特性也不一样,说明三相之间的比例关系对于土的性质,有直接的影响。

2.1.1　土的三相图

在实际中土的组成是,土颗粒构成骨架,孔隙中填充着液相和气相。为了直观表示土的三相之间的比例关系,通常用三相草图来表示土的组成,如图 2-1 所示。三相草图的右侧表示三相组成的体积;三相草图的左侧则表示三相组成的质量。图中:

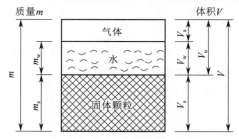

图 2-1　土的三相示意

V——土的总体积(固相+液相+气相);

V_v——土的孔隙部分体积(液相+气相);

V_s——土的固体颗粒体积(固相);

V_w——水的体积(液相);

V_a——气体体积(气相);

m——土的总质量(固相+气相);

m_w——水的质量(液相);

m_s——固体颗粒质量(固相)。

在前述的这些量中,有六个独立的量,即 V_s、V_w、V_a、m_a($=0$)、m_w、m_s。由于水的密度 $\rho_w = 1 \text{ g/cm}^3$,因此在量值上 $V_w = m_w/\rho_w$。另外,由于这里研究的是三相的比例关系,

与总量是无关的。例如可以取土样总体积 $V=1$ 或总质量 $m=1$，或土颗粒的体积 $V_s=1$ 等，因此又可以建立一个方程。这样，对于一定量的三相土体，我们还需要建立三个独立的方程，才可以计算得到这五个独立的量。这三个关系可以通过以下三个基本试验来确定。

2.1.2　三个基本试验指标

为了得到三相图中五个独立的量，可以通过试验确定其余三个关系式。这三个试验主要是密度、颗粒密度和含水率试验。

1. 密度试验

土的密度定义为在天然状态下单位体积土的质量，用式(2-1)表示。

$$\rho = \frac{m}{V} = \frac{m_s + m_w}{V_s + V_v} \tag{2-1}$$

根据《土工试验规程》，土的密度测定方法见表 2-1。

表 2-1　土的密度的测定方法

测定方法	适 用 条 件
环刀法	粉土和黏性土
蜡封法	环刀难以切削，并且容易碎裂的土
灌砂法	用于现场测定，最大粒径 $d_{max} < 75$ mm 的土
灌水法	用于现场测定，最大粒径 $d_{max} < 200$ mm 的土

2. 颗粒密度试验

土的颗粒密度定义为土颗粒的质量与同体积 4 ℃蒸馏水的质量之比，用式(2-2)表示。

$$G_s = \frac{m_s}{V_s \times \rho_w} = \frac{\rho_s}{\rho_w} \tag{2-2}$$

式中　ρ_s——土粒的密度，即单位体积土粒的质量(g/cm^3)；

　　　ρ_w——4 ℃时蒸馏水的密度(g/cm^3)。

从定义可以看出该颗粒密度，其实是个密度比，故也称为比重。天然土颗粒是由不同的矿物所组成，这些矿物的比重各不相同。试验测定的实际上是土粒的平均比重。土粒的比重变化范围不大，细粒土一般在 2.70～2.75；砂土的比重为 2.65 左右。土中有机质含量变化时，土的比重也将发生变化。

根据《土工试验规程》，土粒颗粒密度测定方法见表 2-2。

表 2-2　土粒颗粒密度测定方法

测定方法	适 用 条 件
比重瓶法	最大粒径 $d_{max} < 5$ mm 的土
浮称法	粒径 $d_{max} \geqslant 5$ mm 且粒径 $d > 20$ mm 的颗粒含量小于等于总土质量的 10%
虹吸筒法	粒径 $d \geqslant 5$ mm 且粒径 $d > 20$ mm 的颗粒含量大于总土质量的 10%

3. 含水率试验

土的含水率定义为土中水的质量与土粒质量之比，用式(2-3)表示。

$$w = \frac{m_w}{m_s} \times 100\% = \frac{m - m_s}{m_s} \times 100\% = \left(\frac{m}{m_s} - 1\right) \times 100\% \tag{2-3}$$

式中　w——土的含水率,用百分比表示。

根据《土工试验规程》,土的含水率测定方法见表 2-3。

表 2-3　土的含水率的测定测定方法

测定方法	适　用　条　件
烘干法	适用于各类土
酒精燃烧法	适用于快速测定不含有机质的砂类土、粉土和黏性土,不适用于含石膏、硫酸盐的土类
微波炉法	适用于不含有机质的砂类土、粉土和黏性土,仅适用于现场快速测定和初步判定

2.1.3　导出指标

根据前述试验可以测出土的密度 ρ、土粒比重 G_s 和土的含水率 w,将其当作已知量,按照前述 2.1.1 中的分析,得到这三个关系式,利用三相草图,可以计算出三相组成各自在体积和质量上的绝对数值。工程上为了便于反映土的工程特性,定义了以下几种指标。由于这几个指标是根据其定义和三个实测指标换算得出的,故也称为导出指标。

1. 反映土体密实程度的指标

工程上常用孔隙比 e 和孔隙度 n 两个指标来表示土中孔隙的含量。而土中孔隙含量的多少在一定程度上可以直接反映土体的密实程度。孔隙比 e 的定义为孔隙体积与固体颗粒体积之比,用式(2-4)表示。

$$e = \frac{V_v}{V_s} \tag{2-4}$$

孔隙比为土体中孔隙部分的体积(液相和气相所占据的体积)与土粒部分的体积(固相所占据的体积)的比值,所以孔隙比可能大于 1。

孔隙比用小数表示,一般保留三位小数。对同一类土,孔隙比越小,土越密实。它是表示土的密实程度的重要物理性质指标。孔隙度 n 为孔隙体积与土体总体积之比,也称孔隙率,一般用百分比表示,表示为

$$n = \frac{V_v}{V} \times 100\% \tag{2-5}$$

由定义可知,孔隙度为土体中液相和气相所占据的体积部分与土样总体积的比值,所以孔隙度恒小于 1。

从三个实测指标的定义及其表达式可知,物理性质指标的计算结果与所取土样总体积(或总质量)的大小无关。因此,可假设土样中土颗粒占据的体积 $V_s = 1$(注:单位不用限定),土样其余部分的体积和质量可用其他量进行计算,如图 2-2 所示。

假设 $V_s = 1$,根据式(2-2)可得土粒质量 $m_s = \rho_s V_s = G_s \rho_w$
再根据式(2-3),可得水的质量 $m_w = w m_s = w G_s \rho_w$
故土的总质量 $m = m_s + m_w = G_s(1 + w)\rho_w$

根据式(2-1),得土的总体积 $V = \frac{m}{\rho} = \frac{G_s \rho_w}{\rho}(1 + w)$

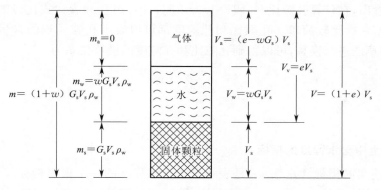

图 2-2　土的三相换算

孔隙体积 $V_\mathrm{v}=V-V_\mathrm{s}=\dfrac{G_\mathrm{s}\rho_\mathrm{w}}{\rho}(1+w)-1$

水的体积 $V_\mathrm{w}=\dfrac{m_\mathrm{w}}{\rho_\mathrm{w}}=\dfrac{m_\mathrm{w}}{1}=m_\mathrm{w}=wG_\mathrm{s}\rho_\mathrm{w}$

根据孔隙比的定义,可得出 $V_\mathrm{v}=e$、$V=1+e$。

根据前述计算,可得孔隙比和三个实测指标的换算关系,用式(2-6)表示。

$$e=\frac{G_\mathrm{s}\rho_\mathrm{w}}{\rho}(1+w)-1 \tag{2-6}$$

需要说明的是,推导换算关系式(2-6)时,是以土粒体积 $V_\mathrm{s}=1$ 作为计算的出发点。由于各物理性质指标都是三相间的比例关系,跟总量是没关系的,因此,取其他的量为 1,得出的换算关系式也是相同的。例如假设土样的总体积 $V=1$,则有

土的总质量 $m=\rho V=\rho=m_\mathrm{s}+m_\mathrm{w}=m_\mathrm{s}+wm_\mathrm{s}=(1+w)m_\mathrm{s}$

土粒的质量 $m_\mathrm{s}=\dfrac{\rho}{1+w}$

土粒的体积 $V_\mathrm{s}=\dfrac{m_\mathrm{s}}{\rho_\mathrm{s}}=\dfrac{m_\mathrm{s}}{G_\mathrm{s}\rho_\mathrm{w}}=\dfrac{\rho}{(1+w)G_\mathrm{s}\rho_\mathrm{w}}$

由孔隙比的定义得 $e=\dfrac{V_\mathrm{v}}{V_\mathrm{s}}=\dfrac{1-V_\mathrm{s}}{V_\mathrm{s}}=\dfrac{1}{V_\mathrm{s}}-1=\dfrac{G_\mathrm{s}(1+w)}{\rho}-1$

从上面推导可以看出,无论是假设 $V_\mathrm{s}=1$,还是 $V=1$,孔隙比与基本指标的换算关系是一样的。在推导孔隙度的换算关系时,可以假设总体积 $V=1$。

根据孔隙度的定义 $n=\dfrac{V_\mathrm{v}}{V}$

孔隙体积 $V_\mathrm{v}=n$

土颗粒体积 $V_\mathrm{s}=1-n$

土的密度 $\rho=\dfrac{m}{V}=m_\mathrm{s}+m_\mathrm{w}=(1-n)\rho_\mathrm{s}+(1-n)\rho_\mathrm{s}w=(1+w)(1-n)\rho_\mathrm{s}$

由孔隙度的定义可以得出 $n=1-\dfrac{\rho}{\rho_\mathrm{s}(1+w)}$。

在实际计算中,具体如何假设,可以看具体的求解任务,怎么简单怎么假设。如前述

计算过程可看出,在计算孔隙比时,假设 $V_s=1$ 时,计算过程和表达式比较简单。计算孔隙度时假设 $V=1$,比较简单。孔隙比和孔隙度都可以表示孔隙体积的含量。根据其定义,按照三相草图进行换算,可以得到孔隙比和孔隙度的换算关系为

$$n=\frac{e}{1+e}\times100\% \tag{2-7}$$

或

$$e=\frac{n}{1-n} \tag{2-8}$$

2. 反映土中含水程度的指标

前面所述实测指标含水率 w,是表示土中含水程度的一个重要指标。此外,在工程上为了方便使用,还有一个指标——饱和度,即反映孔隙被水填充的程度,用 S_r 表示,其定义用式(2-9)表示。

$$S_r=\frac{V_w}{V_v}\times100\% \tag{2-9}$$

它也可以用来表示土中液相——水的多少,饱和度的换算关系为

$$S_r=\frac{V_w}{V_v}=\frac{wG_s}{e} \tag{2-10}$$

对于干土,饱和度 $S_r=0$。由于土中封闭气泡的存在,一般认为饱和度达到 80%,就认为土是饱和的,在填土碾压施工中,要特别注意,不能过度碾压提高强度,这样会破坏土体的颗粒级配。

3. 土的密度和容重的其他指标

关于土的密度,由于其存在状态的不同,应用场合的不同,密度也不同。土的容重主要包括天然容重、颗粒容重、饱和容重、干容重和浮容重。

(1)天然容重(γ)

在天然状态下,单位体积土所受重力,叫作土的天然容重,用式(2-11)表示。

$$\gamma=\frac{mg}{V}=\frac{(m_s+m_w)g}{V}=\rho g \tag{2-11}$$

式中 g——重力加速度,取 $9.81\ \mathrm{m/s^2}$。

后述所有计算为了方便都取 $g=10\ \mathrm{m/s^2}$。

(2)颗粒容重(γ_s)

单位体积土粒的重量称为土的颗粒容重,用式(2-12)表示。

$$\gamma_s=\frac{W_s}{V_s}=\frac{m_sg}{V_s}=G\times g \tag{2-12}$$

式中 W_s——土样中土颗粒的重量。

(3)饱和密度(ρ_{sat})和饱和容重(γ_{sat})

饱和密度为孔隙完全被水充满时土的密度,其定义用式(2-13)表示。

$$\rho_{sat}=\frac{m_s+V_v\rho_w}{V} \tag{2-13}$$

式中 ρ_w——水的密度,即 4 ℃时 $\rho_w=1\ \mathrm{g/cm^3}$。

孔隙中完全被水填充时,单位体积的重量称为饱和容重,其定义用式(2-14)表示。

$$\gamma_{sat}=\frac{m_s g+V_v \gamma_w}{V}=\frac{m_s g+V_v \rho_w g}{V} \tag{2-14}$$

饱和容重的换算关系式可据饱和容重的定义导出,用孔隙比表示为式(2-15),即

$$\gamma_{sat}=\frac{m_s g+V_v \gamma_w}{V}=\frac{\gamma_s+e\gamma_w}{1+e} \tag{2-15}$$

用孔隙度表示为式(2-16),即

$$\gamma_{sat}=\frac{m_s g+V_v \gamma_w}{V}=(1-n)\gamma_s+n\gamma_w \tag{2-16}$$

(4)干密度(ρ_d)与干容重(γ_d)

干密度指土体完全烘干时的密度,由于不计气体的质量,在数值上等于单位体积中土粒的质量,用式(2-17)表示。

$$\rho_d=\frac{m_s}{V} \tag{2-17}$$

由 $\rho_d=\frac{m_s}{V}=\frac{m-m_w}{V}=\rho-\frac{wm_s}{V}=\rho-w\rho_d$ 可以得出换算关系式(2-18)。

$$\rho_d=\frac{\rho}{1+w} \tag{2-18}$$

与之相应的单位体积土体中土粒的重量称为土的干容重,用式(2-19)表示,即

$$\gamma_d=\frac{m_s g}{V}=\rho_d \cdot g \tag{2-19}$$

由式(2-18)也可以得到

$$\gamma_d=\frac{\gamma}{1+w} \tag{2-20}$$

由干密度的定义可知,土的干密度(干容重)越大,土的密实程度越大。在路基工程中,常以干容重作为填土碾压的控制指标。

(5)浮容重(γ')

位于水位面以下的土体,要受到水的浮力作用,其重力会发生变化,所受浮力的大小等于土粒排开水的重力。因此,土的浮容重等于单位体积土体中的土粒重力减去与土粒体积相同的水的重力,其定义用式(2-21)表示。

$$\gamma'=\frac{m_s g-V_s \rho_w g}{V} \tag{2-21}$$

根据饱和容重和浮容重定义,可以推导出两者之间的换算关系,见式(2-22)。

$$\gamma'=\frac{m_s g+V_v \gamma_w-V\gamma_w}{V}=\gamma_{sat}-\gamma_w \tag{2-22}$$

浮容重的换算关系式可根据浮容重的定义导出,见式(2-23)。

$$\gamma'=\frac{m_s g-V_s \gamma_w}{V}=\frac{\gamma_s-\gamma_w}{1+e} \tag{2-23}$$

土的物理性质指标的类别、名称、符号、定义表达式、常用换算关系式和单位详见表 2-4。

表 2-4   土的物理性质指标及换算关系

类　别		名　称	符　号	定义表达式	常用换算关系式	单　位
实测指标		密度	ρ	$\rho = \dfrac{m}{V}$	—	g/cm³
		含水率	w	$w = \dfrac{m_w}{m_s} \times 100\%$	—	无量纲
		土粒相对密度	G_s	$G_s = \dfrac{m_s}{V_s \times \rho_w}$	—	无量纲
导出指标	土中孔隙含量	孔隙比	e	$e = \dfrac{V_v}{V_s}$	$e = \dfrac{\gamma_s}{\gamma}(1+w) - 1$ $e = \dfrac{n}{1-n}$	无量纲
		孔隙度	n	$n = \dfrac{V_v}{V} \times 100\%$	$n = 1 - \dfrac{\rho}{G_s(1+w)}$ $n = \dfrac{e}{1+e}$	无量纲
	土中含水程度	饱和度	S_r	$S_r = \dfrac{V_w}{V_v} \times 100\%$	$S_r = \dfrac{wG_s}{e}$	无量纲
	土体常用密度和容重	干密度	ρ_d	$\rho_d = \dfrac{m_s}{V}$	$\rho_d = \dfrac{\rho_s}{1+e} = \dfrac{\rho}{1+w}$	g/cm³
		饱和密度	ρ_{sat}	$\rho_{sat} = \dfrac{m_s + V_v \rho_w}{V}$	$\rho_{sat} = \dfrac{G_s \rho_w + e\rho_w}{1+e}$	g/cm³
		浮容重	γ'	$\gamma' = \dfrac{m_s g - V_s \gamma_w}{V}$	$\gamma' = \dfrac{\gamma_s - \gamma_w}{1+e}$ $\gamma' = \gamma_{sat} - \gamma_w$	kN/m³

例题 2-1

某饱和土样体积为 145 cm³,总质量为 278 g,烘干后质量为 210 g。试求此土样的密度、含水率、相对密度、孔隙比、孔隙度和干容重。

[解]:饱和土体指土中孔隙中全部被水充满,故为两相体系,如图 2-3 所示。

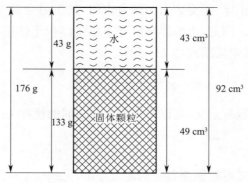

图 2-3   例题 2-1 土的三相草图

土样烘干前后质量已知,则水的质量 $m_w = m - m_s = 278 - 210 = 68$(g)

水的体积 $V_w = V_v = \dfrac{m_w}{\rho_w} = \dfrac{68}{1} = 68$(cm³)

土粒的体积 $V_s = V - V_w = 145 - 68 = 77 (\text{cm}^3)$

土样的密度 $\rho = \dfrac{m}{V} = \dfrac{278}{145} = 1.92 (\text{g/cm}^3)$

土样的含水率 $w = \dfrac{m_w}{m_s} \times 100\% = \dfrac{68}{210} \times 100\% = 32.4\%$

土样的相对密度 $G_s = \dfrac{m_s}{V_s \times \rho_w} = \dfrac{210}{77 \times 1} = 2.73$

土样的孔隙比 $e = \dfrac{V_v}{V_s} = \dfrac{68}{77} = 0.883$

土样的孔隙度 $n = \dfrac{V_v}{V} \times 100\% = \dfrac{68}{145} \times 100\% = 46.9\%$

土的干容重 $\gamma_d = \dfrac{m_s g}{V} = \dfrac{210 \times 10}{145} = 14.5 (\text{kN/m}^3)$

例题 2-2

土样总质量为 100 g,总体积为 58 cm³,此土样烘干后质量为 85 g,土粒比重 $G_s = 2.65$,如图 2-4 所示。试求此土样的天然含水率、天然密度、干容重、孔隙比、饱和度、饱和容重和浮容重。

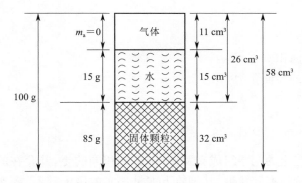

图 2-4 例题 2-2 土的三相草图

[解]:此题有两种做法,一是填充三相草图,如图 2-4 所示,按定义求解。同例题 2-1,可以自行求解。二是利用导出公式直接计算。

土的含水率

$$w = \frac{m_w}{m_s} = \frac{100 - 85}{85} = \frac{15}{85} = 17.6\%$$

土的天然密度

$$\rho = \frac{m}{V} = \frac{100}{58} = 1.72 (\text{g/cm}^3)$$

已知三个实测指标,按照导出公式进行计算,有

$$\gamma_d = \frac{\gamma}{1+w} = \frac{1.72 \times 10}{1 + 17.6\%} = 14.6 (\text{kN/m}^3)$$

$$e = \frac{G_s \rho_w}{\rho}(1+w) - 1 = \frac{2.65 \times 1 \times (1 + 17.6\%)}{1.72} - 1 = 0.812$$

$$\gamma_{sat} = \frac{\gamma_s + e\gamma_w}{1+e} = \frac{26.5 + 0.812 \times 10}{1 + 0.812} = 19.1(kN/m^3)$$

$$\gamma' = \gamma_{sat} - \gamma_w = 19.1 - 10 = 9.1(kN/m^3)$$

$$S_r = \frac{G_s w}{e} = \frac{2.65 \times 17.6\%}{0.812} = 57.4\%$$

练习题

〖填空题〗

1. 土的 3 个基本试验指标是＿＿＿＿＿＿、＿＿＿＿＿＿、＿＿＿＿＿＿。

2. 反映土中孔隙含量的指标有＿＿＿＿＿＿、＿＿＿＿＿＿、＿＿＿＿＿＿。

〖计算题〗

3. 某土样体积为 100.0 cm³，总质量为 192.0 g，此土样烘干后质量为 162.0 g。试求此土样的密度、含水率、孔隙比、孔隙率、饱和度、干密度、饱和容重、浮容重。

任务 2.2   确定土的物理状态指标

引导问题

1. 什么是比表面积？
2. 什么是液体的表面张力？
3. 什么是流砂？

任务内容

土的工程特性与土的三相组成有关，对于组成相同的土，其存在的状态不同，土的工程特性也不相同。例如有砟轨道，其钢轨下方是捣实的级配碎石，密实时强度高，松散时强度低，其中水的影响不是很大。但是对于颗粒比较细小的土，随着含水率的变化，其软硬程度也相应变化，相应的其强度也在变化。因此，通过前述分析可以发现，对于没有黏性的粗粒土，我们所说的物理状态是指其密实程度；对于具有黏性的细粒土则是指其软硬程度，即稠度。

2.2.1　无黏性土的物理状态

无黏性土的物理状态即粗粒土的密实程度对其工程性质有很大影响。由土的结构可知，密实的无黏性土结构稳定，压缩性小，强度较大，可作为良好的天然地基；松散的无黏性土则在动荷载作用下，结构稳定性差，压缩性也较大。

我们都知道，水可以润滑颗粒表面，降低颗粒间的摩擦力，同时也会降低材料强度。另外，对于细砂和粉砂，特别是饱和的细砂和粉砂，在动荷载作用下容易发生流砂。这就说明对于无黏性土除了密实程度以外，潮湿程度对其特性也有一定影响。

1. 粗粒土的密实度

土的密实度可以用固体颗粒的含量或孔隙含量来表示。在土的三相比例指标中，干密度可以表示土中单位体积中固体颗粒的含量。土颗粒含量多，土就密实；土颗粒含量少，土就疏松。孔隙比 e、孔隙度 n 也可以在一定程度上表示土的密实程度。但是这种用固体颗粒含量或孔隙含量表示土的密实度的方法有其明显的缺点，如图 2-5 所示。

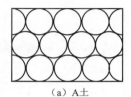

图 2-5(a)中的 A 土，只包含一种粒组的颗粒，它已达到其最密实的状态。图 2-5(b)中的 B 土，包括大小两种粒组的颗粒，它也达到了其最密实的状态。从图中明显可以看出两种土虽然其密实状态相同，即都达到了最密实的状态，但是它们的孔隙比是不同的。说明只用孔隙比来评价土体的状态是不太准确的，它没有考虑土体的颗粒级配这一因素。因此在实际工程中，只有粉土，我们直接利用孔隙比 e 来评价其密实程度，见表 2-5。对于砂类土，我们一般用实测方法来确定。将现场土的孔隙比 e 与该种土所能达到最密实状态的最小孔隙比 e_{min} 和最松散状态的最大孔隙比 e_{max} 相对比的办法，来表示孔隙比为 e 时该土的密实程度。这个指标称为相对密度 D_r，用式(2-24)表示。

(a) A土

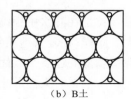

(b) B土

图 2-5　两种土的密实程度

$$D_r=\frac{e_{max}-e}{e_{max}-e_{min}} \tag{2-24}$$

式中　e——现场粗粒土的天然孔隙比；

e_{max}——土的最大孔隙比，通过相对密度试验测定，砂类土宜采用振动锤击法，碎石类土宜采用振动台振动加重物法，具体步骤参考《土工试验规程》；

e_{min}——土的最小孔隙比，通过相对密度试验测定，砂类土宜采用漏斗法或量筒法，碎石类土宜采用固体体积法，具体步骤参考《土工试验规程》。

当 $e=e_{max}$ 时，$D_r=0$，表示土处于最松状态；当 $e=e_{min}$ 时，$D_r=1$，表示土处于最密实状态。根据《铁路工程岩土分类标准》(TB 10077—2019)(简称《岩土标准》)规定，粉土和砂类土的密实程度按表 2-5 和表 2-6 划分。

表 2-5　粉土密实程度划分标准

密实程度	孔隙比 e
密实	$e<0.75$
中密	$0.75\leqslant e\leqslant 0.9$
稍密	$e>0.9$

表 2-6　砂类土密实程度划分标准

锤击数 N	相对密度 D_r	密实度	锤击数 N	相对密度 D_r	密实度
$N\leqslant 10$	$D_r\leqslant 0.33$	松散	$15<N\leqslant 30$	$0.4<D_r\leqslant 0.67$	中密
$10<N\leqslant 15$	$0.33<D_r\leqslant 0.4$	稍密	$N>30$	$D_r>0.67$	密实

将孔隙比与干容重的关系式 $e=\frac{\rho_s}{\rho_d}-1$ 代入式(2-24)整理后，可以得到用干密度表示的相对密度的表达式为

$$D_r = \frac{(\rho_d - \rho_{dmin})\rho_{dmax}}{(\rho_{dmax} - \rho_{dmin})\rho_d} = \frac{(\gamma_d - \gamma_{dmin})\gamma_{dmax}}{(\gamma_{dmax} - \gamma_{dmin})\gamma_d} \tag{2-25}$$

式中　ρ_d——对应于天然孔隙比为 e 时土的干密度；

　　　ρ_{min}——相当于孔隙比为 e_{max} 时土的干密度，即土体处于最松散状态下的干密度；

　　　ρ_{max}——相当于孔隙比为 e_{min} 时土的干密度，即土体处于最密实状态下的干密度。

　　测定最大孔隙比和最小孔隙比的试验方法，是相对于扰动土来说的。在自然界中，如果颗粒是在静水中很缓慢的沉积所形成的土，它的孔隙比有时可能比实验室测得的还要大。同样，在漫长地质年代中，受各种自然力作用下沉积而形成的土，其孔隙比有时比实验室测得的还要小。因此，相对密实度这一指标，通常多用于填土的质量控制中。

　　天然砂土的密实度可以通过标准贯入试验来确定。标准贯入试验主要设备如图 2-6 所示。它适用于黏性土、粉土、砂类土、残积土和全风化、部分强风化岩层，可用于评价砂类土、粉土、黏性土、强风化岩或残积土的密实程度、状态、强度、变形参数、地基承载力，以及砂类土、粉土的液化趋势等。

● 动画

标准贯入
试验

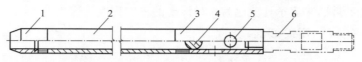

1—贯入器靴；2—贯入器身；3—贯入器头；4—钢球；5—排水孔；6—钻杆接头。

图 2-6　标准贯入器结构

　　试验时，采用回转钻进，孔底沉渣厚度不应超过 10 cm。不能保持孔壁稳定时，宜采用泥浆护壁。若采用套管护壁，套管底部应高出试验深度不小于 750 mm。先用钻机将钻头打入地基土中，需要测定土层上面 150 mm，然后将标准贯入器换装到钻杆端部，穿心锤质量为 63.5 kg，先以 760 mm 的落距把标准贯入器竖直打入土中 150 mm，此时不记录锤击数。然后开始记录每打入 10 mm 的击数，累计打入 300 mm 的击数，定为实测击数记录 N，根据 N 即可从表 2-7 中查出此土的密实程度。这里有一点需要注意，在密实土层中，当贯入深度不足 300 mm，但是击数超过 50 时，应终止试验，并按要求进行换算 N。

例题 2-3

　　某砂样的天然容重 $\gamma = 18.5$ kN/m^3，含水率 $w = 20\%$，土粒比重 $G_s = 2.70$，最大干容重 $\gamma_{dmax} = 16.5$ kN/m^3，最小干容重 $\gamma_{dmin} = 14.5$ kN/m^3。试求其相对密度 D_r，并判定其密实程度。

　　[解]：本题有两种解法，一是利用孔隙比求解，二是利用干容重求解。

　　（1）利用孔隙比求解

　　砂样的孔隙比

$$e = \frac{G_s \rho_w (1+w)}{\rho} - 1 = \frac{\gamma_s (1+w)}{\gamma} - 1 = \frac{27.0 \times (1+0.2)}{18.5} - 1 = 0.751$$

　　当干土体的干容重最大时，其孔隙比是最小的 e_{min}，当干土体的干容重最小时，其孔隙比是最大的 e_{max}。

　　查表 2-5，孔隙比和干密度的换算关系为 $e = \frac{\gamma_s}{\gamma_d} - 1$，故

$$e_{max} = \frac{\gamma_s}{\gamma_{dmin}} - 1 = \frac{27}{14.5} - 1 = 0.862$$

$$e_{min} = \frac{\gamma_s}{\gamma_{dmax}} - 1 = \frac{27}{16.5} - 1 = 0.636$$

将孔隙比代入式(2-24),有

$$D_r = \frac{e_{max} - e}{e_{max} - e_{min}} = \frac{0.862 - 0.751}{0.862 - 0.636} = 0.49$$

(2)利用干容重求解

首先由式(2-20)直接求解砂样在天然状态下的干容重

$$\gamma_d = \frac{\gamma}{1 + w} = \frac{18.5}{1 + 20\%} = 15.4(kN/m^3)$$

利用式(2-25)计算砂土相对密实度

$$D_r = \frac{(\gamma_d - \gamma_{dmin})\gamma_{dmax}}{(\gamma_{dmax} - \gamma_{dmin})\gamma_d} = \frac{(15.4 - 14.5) \times 16.5}{(16.5 - 14.5) \times 15.4} = 0.49$$

据 $D_r = 0.49$ 查表 2-7,可判定此砂类土处于中密状态。

如前所述,都是针对砂类土而言,对于碎石类土,由于钻头的尺寸限制,标贯试验就不太适合了。《岩土标准》规定的碎石类土密实程度划分标准见表 2-7,即根据土的结构特征、天然坡和开挖情况、钻探情况来判断。

表 2-7　碎石类土密实程度的划分

密实程度	结构特征	天然坡和开挖情况	钻探情况
密实	骨架颗粒交错紧贴连续接触,孔隙填满,密实	天然陡坡稳定,坎下堆积物较少。镐挖困难,用撬棍才能松动,坑壁稳定。从坑壁取出大颗粒后,能保持凹面形状	钻进困难。钻探时,钻具跳动剧烈,孔壁较稳定
中密	骨架颗粒排列疏密不匀,部分颗粒不接触,孔隙填满,但不密实	天然坡不易陡立或陡坎下堆积物较多。天然坡大于粗颗粒的安息角,镐可挖掘,坑壁有掉块现象。充填物为砂类土时,坑壁取出大颗粒后,不易保持凹面形状	钻进较难。钻探时,钻具跳动不剧烈,孔壁有坍塌现象
稍密	多数骨架颗粒不接触,孔隙基本填满,但较松散	不易形成陡坎,天然坡略大于粗颗粒的安息角。镐较易挖掘。坑壁易掉块,从坑壁取出大颗粒后易塌落	钻进较难。钻探时,钻具有跳动,孔壁较易坍塌
松散	骨架颗粒有较大孔隙,充填物少,且松散	锹可挖掘,天然坡多为主要颗粒的安息角,坑壁易坍塌	钻进较容易。钻进中孔壁易坍塌

根据《岩土标准》规定,对于平均粒径小于等于 50 mm,且最大粒径不超过 100 mm 的碎石类土,其密实程度可以按重型动力触探的锤击数 $N_{63.5}$ 划分。对于平均粒径大于 50 mm,且最大粒径大于 100 mm 的碎石类土,可以按特重型动力触探的锤击数 N_{120} 划分密实程度,见表 2-8。

2. 粗粒土的潮湿程度

前面我们说过,对于碎石类土和砂类土,水对其工程性质也有一定影响。碎石类土和砂类土的潮湿程度按饱和度的大小来划分,见表 2-9。工程中规定当饱和度 $S_r > 80\%$ 时,即可视为饱和土,这时土中虽仍有气体,但大都是封闭气体。规范中还规定了粉土的潮湿程度按其天然含水率进行划分,见表 2-10。

表 2-8　碎石类土密实程度划分标准

锤击数	密实程度	锤击数	密实程度
$N_{63.5} \leqslant 5$	松散	$N_{120} \leqslant 3$	松散
$5 < N_{63.5} \leqslant 10$	稍密	$3 < N_{120} \leqslant 6$	稍密
$10 < N_{63.5} \leqslant 20$	中密	$6 < N_{120} \leqslant 11$	中密
$N_{63.5} > 20$	密实	$11 < N_{120} \leqslant 14$	密实
—	—	$N_{120} > 14$	很密

表 2-9　碎石类土和砂类土潮湿程度划分

潮湿程度	饱和度 S_r(%)
稍湿	$S_r \leqslant 50$
潮湿	$50 < S_r \leqslant 80$
饱和	$S_r > 80$

表 2-10　粉土潮湿程度划分

潮湿程度	天然含水率 w(%)
稍湿	$w < 20$
潮湿	$20 \leqslant w \leqslant 30$
饱和	$w > 30$

2.2.2　黏性土的物理状态

1. 细粒土的稠度

影响黏性土的工程特性的最主要的组成就是水,前面我们说过,细粒土的物理状态是指其软硬程度,即稠度,也就是细粒土的物理状态决定于其含水率的多少。土中含水率较小时,此时土颗粒表面只有强结合水,它的性质类似于固体,如图 2-7(a)所示,随着含水率的增大,水膜逐渐变厚,土表现为固态或半固态。

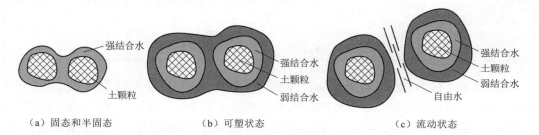

（a）固态和半固态　　　　（b）可塑状态　　　　（c）流动状态

图 2-7　土中水与稠度关系

当含水率超过某一限值,颗粒表面开始出现弱结合水,如图 2-7(b)所示。弱结合水的特点是,它受土粒的引力作用呈黏滞状态,不能自由流动和传递静水压力,但在外力作用下,可以从水膜较厚处向邻近较薄处转移。随着含水率的继续增加,水膜逐渐变厚,但是土中未出现自由水之前,这一阶段土体在外力作用下可以改变形状,外力取消后其形状能够保持的性质,称为可塑性。因此,弱结合水的存在是土具有可塑性的根本原因。土体处于可塑状态的含水率变化范围,大体上相当于土粒所能够吸附的弱结合水的量。这一含水率的多少主要取决于土的比表面积和矿物成分。也就是颗粒越细小,比表面积越大,吸附结合水的能力越强,这一含水率越大。另外一个影响因素就是颗粒的矿物成分,化学风化所生成的蒙脱土、高岭土的吸水能力就很强。当土的含水率继续增加,土中开始出现自由水,如图2-7(c)所示,由于颗粒被自由水挤开,土体呈现流动状态。

从前述分析,可以看出,土体的状态取决于土中水的多少,水存在的状态决定了土的状态,也就是我们通常所说的稠度。

2. 稠度界限

我们把土从一种状态变化到另外一种状态的分界含水率称为土的界限含水率,也称稠度界限。土的状态根据其含水率不同,可分固态、半固态、可塑状态和流动状态四种。如图2-8所示,三个稠度界限将土分成了四种状态,即由固态过渡到半固态的稠度界限——缩限 w_s;由半固态过渡到可塑状态的稠度界限——塑限 w_p;由可塑状态过渡到流动状态的稠度界限——液限 w_L。工程中较常用的是塑限 w_p 和液限 w_L。

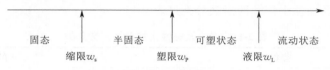

图 2-8 黏性土的物理状态与含水率

(1)当含水率小于 w_s 时,土中没有水或只含有很少量的强结合水。

(2)当含水率大于 w_s 小于 w_p 时土中只含有强结合水,严格来讲弱结合水还未出现,直到含水率达到 w_p,土中开始出现弱结合水。

(3)当含水率大于 w_p 小于 w_L 时,土中出现的强结合水达到最大量,弱结合水逐渐增加,直到含水率达到 w_L 时,开始出现自由水。

稠度界限一般通过试验来测定。常用的有液、塑限联合测定法,圆锥仪测定液限,蝶式仪测定液限,搓条法测定塑限和收缩皿法测定缩限(详见《土工试验规程》)。这里只简单介绍液、塑限联合测定法。

液、塑限联合测定法适用于测定最大粒径小于 0.5 mm以及有机质含量不大于干土质量 5% 的土。液、塑限联合测定仪由圆锥、读数显示、试样杯三部分组成,如图2-9所示。试验时制备不同含水率的土样三个,一个接近于塑限,一个接近于液限,另外一个介于它们之间。利用土样含水率不同,软硬程度也不同,同样质量的 76 g 圆锥,自由下沉深度不同。三个土样得到三个圆锥入土深度,以含水率为横坐标,入土深度为纵坐标,在双对数坐标纸上作出三个点,理论上这三个点应该在一条直线上。当三点不在一直线上,我们可以通过含水率最大的点与其余两点连成两条直线,在圆锥入土深度为 2 mm 处查得相应的两个含水率。

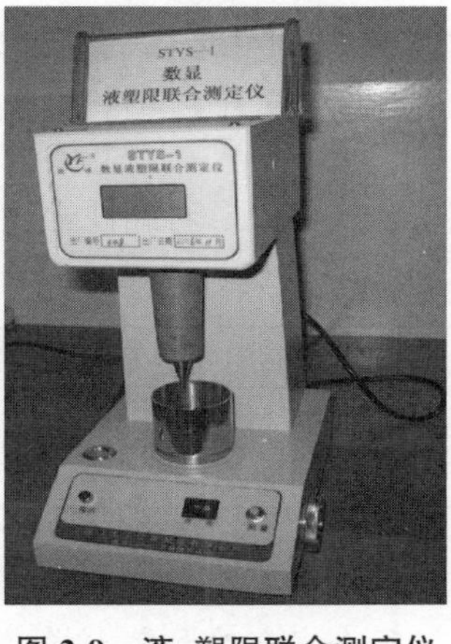

图 2-9 液、塑限联合测定仪

如果两个含水率的差值小于2%,用这两个含水率的中点与含水率最高的测点作一直线。用 2 mm、10 mm 和 17 mm 的入土深度对应下来的含水率就是该土的塑限和液限。

前述分析中提到的土的状态,在实际中是很难准确确定的,因此目前,这些测定方法仍然是根据表象观察土在一定含水率下的状态,即可塑状态或者流动状态,而不是真正根据土中水的存在形态来划分。

3. 塑性指数和液性指数

(1)塑性指数

从图 2-9 可以看出,液限和塑限是土体处于可塑状态的上、下限。我们将液、塑限的差值,定义为塑性指数,用去掉百分号的百分数字来表示。

$$I_p = w_L - w_p \tag{2-26}$$

通过定义,可以看出塑性指数这一指标所反映的是黏性土处于可塑状态时含水率的变化范围。根据比表面积的定义,颗粒越细小,比表面积越大,吸附水的能力越强,即土体塑性指数越大,说明土体处于可塑状态范围内含水率越多,反过来也就说明土体中细小颗粒含量越多。因此,塑性指数是一个能比较全面反映土的组成情况,包括颗粒级配和矿物成分等的物理状态指标。因此,在实际应用中,塑性指数可以作为土的分类指标,《铁路桥涵规范》中,粉土及黏性土按塑性指数分类见表 2-11。

表 2-11   粉土及黏性土按塑性指数分类

塑性指数 I_p	土的名称
$I_p > 17$	黏土
$10 < I_p \leqslant 17$	粉质黏土
$I_p \leqslant 10$ (且粒径大于 0.075 mm 颗粒的质量不超过全重的 50%)	粉土

注:液限和塑限采用液、塑限联合测定法。

(2)液性指数

土体吸附结合水的能力与颗粒的级配和矿物成分有关。如果我们只是知道土体的含水率,由于这些土体中的水处于何种状态是反映不出来的,所以无法直接知道土体处于什么状态。为了确定细粒土的稠度状态,我们将土体的含水率与该土体的液塑限之间的相对关系,即液性指数 I_L,定义如下,用小数表示。

$$I_L = \frac{w - w_p}{w_L - w_p} \tag{2-27}$$

《岩土标准》对黏性土物理状态按液性指数划分,见表 2-12。

表 2-12   黏性土的状态分类

液性指数 I_L	状 态	液性指数 I_L	状 态
$I_L \leqslant 0$	坚硬	$0.5 < I_L \leqslant 1$	软塑
$0 < I_L \leqslant 0.5$	硬塑	$I_L > 1$	流塑

例题 2-4

某一完全饱和黏土样,经试验测定其含水率 $w = 29\%$,比重 $G_s = 2.75$,液限为 45%,

塑限为 18%，试计算该土样的孔隙比、干密度、饱和容重，并评价该地基。

[解]：因土样是完全饱和的，其饱和度为 $S_r=1$（理论上）

土样孔隙比 $e=\dfrac{wG_s}{S_r}=wG_s=0.29\times2.75=0.798$

土样干容重 $\rho_d=\dfrac{\rho_s}{1+e}=\dfrac{2.75}{1+0.798}=1.53(\text{g/cm}^3)$

土样的饱和容重 $\gamma_{sat}=\dfrac{(\rho_s+e\cdot\rho_w)g}{1+e}=\dfrac{(2.75+0.798\times1)\times10}{1+0.798}=19.7(\text{kN/m}^3)$

土样塑性指数 $I_p=w_L-w_p=45-18=27$

查表 2-12，可知此土样为黏土。

$I_L=\dfrac{w-w_p}{I_p}=\dfrac{29-18}{27}=0.41<0.5$

查表 2-13，可知此黏土处于硬塑状态。硬塑状态黏土，在一定情况下其强度不低，但是作为地基不是很安全，一旦进水容易软化，强度会急剧降低。因此在工程中需要进行适当的处理。

练习题

〖填空题〗

1. 评价无黏性土的物理状态指标有_____、_____、_____。
2. 评价黏性土的物理状态指标有_____、_____、_____。

〖问答题〗

3. 什么是塑性指数？
4. 什么是液性指数？

〖计算题〗

5. 某砂样的天然密度 1.75 g/cm³，含水率 $w=18\%$，比重 $G_s=2.65$，据试验测得该土样所能达到的最大干密度为 1.65 g/cm³，最小干密度为 1.35 g/cm³，试评价该砂样的密实程度。

6. 某一完全饱和黏土样，经试验测定其含水率 $w=32\%$，比重 $G_s=2.70$，液限为 40%，塑限为 16%，试计算该土样的孔隙比、干密度、饱和容重，并确定土体名称和状态。

任务 2.3　控制填土的压实度

引导问题

1. 千斤顶的工作原理是什么？
2. 什么是松铺厚度？
3. 压路机的类型有哪些？

任务内容

在很多工程建设中，填土或地基土都要求达到一定的密实程度。一般采用打夯、振动或碾压等外力作用,使土体的孔隙体积减小,密实程度增大,即提高填土或地基的强度,降低其压缩性。如图 2-10 所示,沥青路面的铺装、碾压,这一过程就是压实的过程。强度足够才能承受荷载的作用,压缩性减小,在荷载作用下的变形才能满足要求。因此这里我们所讲的压实是指土体在压实能量作用下,土颗粒克服颗粒间的阻力,产生相对位移,使土中的孔隙减小,密度增加。为了控制现场土体的压实程度,可以通过击实法和表面振动压实法,确定其影响参数,从而指导现场施工。这里只简单介绍击实法。

（a）路面铺装　　　　　　　　　　　　　（b）路面碾压

图 2-10　压实施工

2.3.1　击实法

击实法就是在室内通过一定方法,给出土体压实效果的影响参数,它适用于最大粒径不超过 40 mm 的土。粗粒土击实试验适用于最大粒径不超过 60 mm,且不能自由排水的含黏质土的粗粒土。在工程实践中,我们了解到,土体在一定的击实能量下,其含水率适当时,压实的效果最好。通过室内击实试验,我们可以得到这个适当的含水率,称为最优含水率 w_{opt},与之相对应的干密度称为最大干密度 ρ_{dmax},相对应的干容重称为最大干容重 γ_{dmax}。

我们在实验室模拟的试验条件,应尽量接近现场施工时的条件,这样得到的试验数据才具有指导意义。但从实际条件考虑,很难准确模拟出施工机械压实功能等现场因素。所以在实验室里,只能根据经验,人为地规定某种击实试验方法作为标准。《土工试验规程》中将击实试验分为轻型击实和重型击实两种(具体划分可以参考规程),图 2-11 为击实筒的两种类型,小击实筒体积为 947.4 cm³,大击实筒体积为 2 103.9 cm³。轻型击实击锤质量为 2.5 kg,重型击实击锤质量为 4.5 kg。试验时应根据工程要求和试样最大粒径按规程选用。

试验时,需要准备至少五个土样,要求这些土样土质相同,含水率控制在最优含水率附近,依次相差约 2%,即有两个土样含水率大于塑限、两个小于塑限、一个接近于塑限。以《土工试验规程》中轻型 Q_1 击实为例,试验时将土样分三层装入击实筒,每层 25 击,击实完毕一层之后,分层界面要刨毛(增加分层面处压实效果),击实后的土样高度应略高于击实筒,但不超过 6 mm,最后卸下护筒,刮平击实筒两端余土,将土推出,称得其质量为 m,击筒体积已知为 V,利用定义计算击实后土的密度 ρ,然后自土柱中心处取样,用烘干

图 2-11 击实筒

法平行测定两个含水率,如果满足精度要求,求其平均值 w,代入式(2-18)计算出该土样的干密度。

将前述准备的剩余四个土样,用同样方法完成击实,即可得到五组数据,即五组相对应的干密度和含水率。以含水率 w 为横坐标,干密度 ρ_d 为纵坐标,绘出如图 2-12 所示的 ρ_d—w 曲线,称为击实曲线。这里需要说明,当这五组数据不能画出峰值时,需要补点试验。

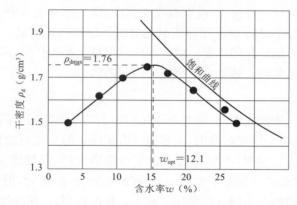

图 2-12 击实曲线

分析击实曲线,当含水率较低时,干密度较小,随着含水率的增大,干密度也逐渐增大,表明击实效果在提高,当含水率超过某一限值时,干密度又随含水率的增大而减小,即击实效果下降,这说明土的击实效果随含水率的变化而变化,并在击实曲线上出现一个干密度的峰值,这个峰值就是最大干密度 γ_{dmax},相应的含水率就是最优含水率 w_{opt}。

如果将前述试验中细粒土换成粗粒土,也可得到击实曲线,如图 2-13 所示。通过试验可知,对于粗砾、细砾和砂粒等粗粒土,其压实性也与含水率有关,但是与细粒土不同。粗粒土不存在最优含水率,一般在完全干燥或者饱和的情况下压实效果好。因为土体在潮湿的状态时,由于孔隙中的水分产生的毛细压力增大了粒间

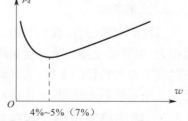

图 2-13 粗粒土的击实曲线

的阻力,压实效果显著降低。工程实践表明,粗砂在含水率为 4%～5% 时,中砂在含水率为 7% 左右时,压实干密度最小,压实效果最差。通常情况下,要保证土料完全干燥是比

较困难的,所以,在施工时都是充分洒水使土料饱和。粗粒土的压实标准一般用相对密度 D_r 控制。

2.3.2　影响土体压实效果的因素

1. 含水率

从图 2-13 中的击实曲线可以看出,土样在击实的过程中,含水率对它的压实效果有很大影响。对于细粒土,只有在最优含水率时,以一定的击实功,才能够得到最好的压实效果。

由于细粒土的渗透性小,在击实的过程中,可以认为土样基本不排水,干密度增大是由于气体减少的原因,因此土的饱和度在增加。我们可以将不同含水率的土样达到饱和状态时的干密度也在图 2-13 中作出来,即土的饱和曲线。按照饱和曲线,当含水率很大时,干密度很小,这是因为此时的土体中水占据了很大的一部分体积。

实际上,击实曲线在峰值的右侧已经逐渐接近于饱和曲线,并且大体上与它平行。在峰值的左侧两个曲线相差较大。究其原因是,当含水率很小时,细粒土颗粒表面的水膜很薄,要使颗粒相互移动需要克服的粒间阻力也大,因而需要消耗的能量很大。这种阻力主要由颗粒间的摩擦阻力、黏聚力、毛细压力等产生。随着含水率增加,土颗粒表面水膜不断增厚,这降低了颗粒间的摩擦力,使颗粒易于移动,即土容易被压密。但是,当含水率超过最优含水率 w_{opt} 以后,水膜继续增厚所引起的润滑作用已不明显。而且孔隙中剩余的气体已很少,并且有可能是封闭状态。封闭的气泡很难全部被挤出,因此击实曲线不可能与饱和曲线重合,即击实的土体不会达到完全饱和的状态。

2. 击实功

在击实过程中,击实次数不同,施加于土体的击实功是不同的。同一种土的最优含水率与最大干密度不是一个固定的数值,而是随着击实能量的变化而变化的。从图 2-14 可以看出,当提高土体击实功时,土的最大干密度也是增大的,但最优含水率却是减小的。如图 2-14 所示,当含水率为最优含水率 w_{opt},击实次数为 30 次时,得到的干密度可以在击实次数为 40 次时的两个不同含水率(w_1 和 w_2)情况得到,这两种情况下土的干密度虽然相同,但其强度与水稳定性却不一样,对应于在最优含水率下得到的最大干密度的土,强度最高,且在进水后其水稳定性也好;而通过增加击实次数所得的同样干密度的土,进水或失水以后干密度变化较大,甚至可能发生塌陷。所以,在施工中很少会通过提高击实能量来提高填土的干密度,要综合考虑其强度、稳定性,以及经济效益。

3. 土的级配

通过前面的分析,我们知道对于级配不良的土料,即使达到最大密实程度,其孔隙比也很大,也就是土体的干密度偏小。反之,级配良好的土料,则容易被挤紧,因其填料组成中包含了各种粒径的土粒,大的颗粒中间有小的颗粒去填充,小的孔隙中有更小的颗粒去填充。路基填料选择时,土体级配是一个重要的控制指标。

2.3.3　铁路路基填料压实控制标准

1.《铁路路基设计规范》(TB 10001—2016)**中路基压实控制的规定**

(1)基床以下路堤填料的压实控制

细粒土、砂类土、砾石类土、碎石类土、块石类土等应采用压实系数和地基系数作为控

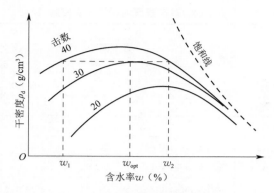

图 2-14 含水率与击实功的关系

制指标。改良土应采用压实系数和 7 d 饱和无侧限抗压强度作为控制指标,具体规定见表 2-13。

表 2-13 基床以下路堤填料的压实控制

铁路等级及设计速度		填 料	压实标准		
			压实系数 K	地基系数 K_{30}(MPa/m)	7 d 饱和无侧限抗压强度(kPa)
客货共线铁路、城际铁路有砟轨道	200 km/h	细粒土	≥0.90	≥90	—
		砂类土及细砾土	≥0.90	≥110	—
		碎石类土及粗砾土	≥0.90	≥130	—
		化学改良土	≥0.90	—	≥250
	160 km/h 120 km/h	细粒土、砂类土	≥0.90	≥80	—
		砾石类、碎石类	≥0.90	≥110	—
		块石类	≥0.90	≥130	—
		化学改良土	≥0.90	—	≥200
高速铁路及无砟轨道客货共线铁路、城际铁路		砂类土、细砾土	≥0.92	≥110	—
		碎石类及粗砾土	≥0.92	≥130	—
		化学改良土	≥0.92	—	≥250
重载铁路		细粒土、砂类土	≥0.92	≥90	—
		细砾土	≥0.92	≥110	—
		碎石类及粗砾土	≥0.92	≥130	—
		化学改良土	≥0.92	—	≥250

(2)路基基床填料的压实控制

无砟轨道铁路、高速铁路及重载铁路采用的级配碎石、砾石类、碎石类及砂类土应采用压实系数、地基系数、动态变形模量作为控制指标;其余铁路采用压实系数、地基系数作为控制指标;化学改良土应采用压实系数及 7 d 饱和无侧限抗压强度作为控制指标,具体规定见表 2-14,相应的还有基床底层压实控制等,具体参考《铁路路基设计规范》(TB 10001—2016)。

表 2-14　基床表层填料的压实控制

铁路等级及设计速度	填　料		压实标准			
			压实系数 K	地基系数 K_{30} (MPa/m)	7 d 饱和无侧限抗压强度(kPa)	动态变形模量 E_{vd} (MPa)
客货共线铁路及城际铁路	200 km/h	级配碎石	≥0.97	≥190	—	—
	160km/h	级配碎石	≥0.95	≥150	—	—
		A1、A2 组　砾石类、碎石类	≥0.95	≥150	—	—
	120 km/h	A1、A2 组　砾石类、碎石类	≥0.95	≥150	—	—
		B1、B2 组　砾石类、碎石类	≥0.95	≥150	—	—
		B1、B2 组　砂类土(粉细砂除外)	≥0.95	≥110	—	—
		化学改良土	≥0.95	—	≥500(700)	—
	无砟轨道	级配碎石	≥0.97	≥190	—	≥55
高速铁路		级配碎石	≥0.97	≥190	—	≥55
重载铁路		级配碎石	≥0.97	≥190	—	≥55
	A1 组	砾石类	≥0.97	≥190	—	≥55

2. 压实控制指标

（1）压实系数

压实系数为土体压实后实测的干容重与击实试验得到的最大干容重之比。

$$K=\frac{\gamma_{\mathrm{d}}}{\gamma_{\mathrm{dmax}}}\times100\% \tag{2-28}$$

（2）地基系数

地基系数是指土体在荷载作用下,沉降量基准值所对应的荷载强度与沉降量基准值的比值。一般规定沉降量基准值为 1.25 mm,通过地基系数试验测定。它适用于测定粒径不大于承载板直径 1/4 的各类土和土石混合填料,有效深度约为承载板直径的 1.5 倍。承载板直径有 300 mm、400 mm 和 600 mm,对应的地基系数为 K_{30}、K_{40}、K_{60},其中的 K_{40} 和 K_{60} 可以换算成 K_{30}。

地基系数 K_{30} 为实测沉降量基准值达到 1.25 mm 的荷载强度。按式(2-29)计算,也可以用实测的 K_{40} 和 K_{60} 进行换算,单位为 MPa/m。

$$K_{30}=\frac{\sigma_{\mathrm{s}}}{1.25}=1.3K_{40}=1.8K_{60} \tag{2-29}$$

具体测试过程可参考《土工试验规程》,荷载试验装置如图 2-15 所示,这里需要注意几点:一是对于水分挥发快的均粒砂,表面结硬壳、软化或因其他原因表层扰动的土,试验应置于其影响深度以下进行。二是试验应避免在测试面过湿或干燥的情况下进行,压实后 4 h 内检测。三是为了保证测试精度,要求测试面必须是平整无坑洞的地面,如果需要可以铺设一层 2～3 mm 的干燥中砂或石膏腻子找平,而且测试面必须远离震源。四是雨天或风力大于 6 级的天气,是不能进行试验的。

（3）7 d 饱和无侧限抗压强度

7 d 饱和无侧限抗压强度是指无机结合料试样在无侧向压力的情况下,经过 7 d 养护后,抵抗轴向压力的极限强度。可以通过土的抗剪强度试验测定,具体内容可参考项目 7。

(4)动态变形模量 E_{vd}

动态变形模量 E_{vd} 通过动态变形模量试验测定,试验装置如图 2-16 所示,其具体测试过程可参考《土工试验规程》,这里只简单介绍其概念。它表示土体在一定大小的竖向冲击力 F_s 和冲击时 t_s 的作用下抵抗变形的能力,单位为 MPa,用式(2-30)计算。

图 2-15　K_{30} 荷载试验装置

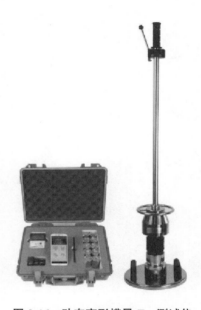

图 2-16　动态变形模量 E_{vd} 测试仪

$$E_{vd}=1.5r\frac{\sigma}{s} \tag{2-30}$$

式中　r ——圆形刚性承载板的半径,也就是直径的一半,即 150 mm;

　　　σ ——承载板下的最大动应力,它是通过在刚性基础上,由最大冲击力 $F_s=$ 7.07 kN 且冲击时间 $t_s=17$ ms 时标定得到的,即 $\sigma=0.1$ MPa;

　　　s ——实测承载板下沉值(mm)。

E_{vd} 与 K_{30} 具有一定的通用性,都适用于粒径不大于承载板直径 1/4 的各类土、土石混合填料,测试有效深度范围达到 300~450 mm。

练习题

〖判断题〗

1. 对于黏性土而言,含水率越大,击实性越好;反之亦然。(　　)

2. 压实填土时只要使其达到要求的干密度,不需要考虑其含水率。(　　)

〖填空题〗

3. 土体击实的目的是_____。

4. 铁路路基填料压实控制指标有_____、_____、_____、_____四种。

〖简答题〗

5. 土体击实过程中，水是怎么影响击实效果的？

6. 简述土体击实试验的过程。

〖计算题〗

7. 某工地在填土施工中所用土料的含水率为 12％，为便于夯实，需在土料中加水，使其含水率增至 18％，试求每 1 000 g 质量土料的加水量。

确定土的类型

项目知识架构

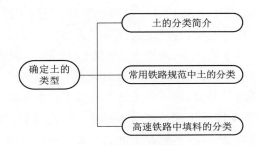

知识目标

1. 掌握土体分类的原则和依据；
2. 掌握铁路标准中土的分类；
3. 了解高速铁路路基施工中的填料分类。

能力目标

1. 能够根据规范划分土的种类；
2. 能够区分路堤填料类型。

素养目标

1. 培养自学和独立思考能力及创新实践能力；
2. 培养利用信息技术获取知识、学习知识的信息素养；
3. 培养团结协作和沟通协调的能力；
4. 培养吃苦耐劳、严谨求实的工作作风；
5. 引导主动践行社会主义核心价值观，增强家国意识；传承发扬各时期铁路精神，立志扎根铁路生产建设一线建功立业，勇担民族复兴时代重任；
6. 引导树立工程建设和环境友好的价值观和正确的工程伦理观，增强社会法治意识、责任意识与责任担当，加强生态文明理念与自然和谐的环保意识；
7. 引导弘扬劳模精神、劳动精神、工匠精神，培养立足岗位的创新意识和科学精神。

任务 3.1　土的分类简介

引导问题

1. 土的粒组划分有哪些？
2. 地质年代的划分有哪些？
3. 土按生成原因的划分有哪些？

任务内容

土在工程建设中的作用分两种，一是作为建筑物的地基，二是作为构筑物的填料。前者是保持天然结构状态的土，后者是经由人工扰动或配制的土。当用作地基土时，可结合其他指标确定地基土的承载力，初步估计建筑物的沉降；当用于路基填料时，可初步评估填料的压实强度、透水性和稳定性，合理地选择施工方案。

前述内容中，我们提到了残积土、坡积土、冲积土、沉积土，以及粗粒土、细粒土、黏性土和无黏性土等，都是按照不同的分类方法，而对土进行的定名。自然界中，土的种类很多，其工程性质也是不同的。目前，国内外土的工程分类法并不统一。即使同一国家的各个行业、各个部门，土的分类体系也都是结合本专业的特点而制定的。但是不管是哪一个标准，其分类定名的本质都是一样的，就是土的名称要大概反映该土的工程特性。

3.1.1　工程分类依据

土的分类方法有很多，不同的部门，由于研究目的和应用不同，其分类方法侧重点也不同。但根据近年修订的规范总体来看，国内外对土的分类，在总的体系上是在趋近于一致的，各分类方法的标准也都大同小异。土体分类的一般原则是：

(1)粗粒土按颗粒级配划分。
(2)细粒土按塑性图法分类。
(3)有机土和特殊土则分别单独各列为一类。
(4)对定出的土名给以明确含义的文字符号，即可一目了然，还可为电子检索、工程存档等提供便利条件。

3.1.2　土的分类代号

在这里简单介绍一下国内外已基本通用的、表示土类名称的文字代号，具体内容见表3-1。

表 3-1　土的分类代号

名称	漂石	块石	卵石	小块石	砾	角砾
代号	B	Ba	Cb	Cba	G	Ga
名称	砂	粉土	黏土	细粒土(C 和 M 合称)	(混合)土(粗、细粒土合称)	有机质土
代号	S	M	C	F	Sl	O
名称	黄土	红黏土	膨胀土	盐渍土	级配良好	级配不良	高液限	低液限
代号	Y	R	E	St	W	P	H	L

土的分类定名规则有两种:

(1)当土的名称由两个基本代号构成时,第一个字母表示土的主要成分,第二个字母表示副成分,也可以表示土体液限的高低或级配的好坏。

(2)当土的名称由三个基本代号构成时,前两个字母的含义与上面相同,第三个字母则表示土体所含次要成分。

练习题

〔简答题〕

1. 为什么要对土进行分类?

2. 土体分类的一般原则有哪些?

3. 土体分类定名的规则有哪些?

4. MH、CL、SPG、CLG 所代表的含义是什么?

任务 3.2　常用铁路规范中土的分类

引导问题

1. 土体物理状态指标有哪些?

2. 土的物理性质指标有哪些?

3. 岩石的形成及其分类有哪些?

任务内容

《岩土标准》中,对岩石、岩体和土都进行了分类。《岩土标准》规定,岩石按照坚硬程度等指标进行划分。土按照堆积时代、地质成因、颗粒形状、级配或塑性指数进行分类。《岩土标准》中将土分为碎石类土、砂类土、粉土、黏性土和特殊土。

3.2.1　岩石

岩石是指由一种或几种矿物和天然玻璃组成的、具有稳定外形的固态集合体。《铁路桥涵规范》中岩石的定义则更接近于工程实际。它指的是土粒间具有牢固连接,呈整体或具节理和裂隙的岩块。作为铁路工程地基,除应确定岩石的地质名称外,尚应按不同标准规定划分岩石的类型等。

《岩土标准》给出了岩石根据坚硬程度定性划分和按岩石单轴饱和抗压强度定量划分的方法;新鲜岩石抗风化能力的分级与岩石软化性分类;岩石按成分不同的特殊分类;岩体按结构类型、岩层层理厚度的分类;岩石按节理的宽度、节理的发育程度等的分级;岩体受地质构造影响程度分类;岩体完整程度分类;岩体风化程度分带;岩体基本质量分级。下面简单介绍几种分类,具体可参考相关标准。

1. 岩石的分类

(1)岩石按坚硬程度分类

岩石的坚硬程度,可以按照标准定性划分,也可根据岩块的饱和单轴抗压强度标准值按表 3-2 定量划分。

表 3-2　岩石按饱和单轴抗压强度 R_c 分类

坚硬程度	极硬岩	硬岩	较软岩	软岩	极软岩
R_c(MPa)	$R_c>60$	$30<R_c\leqslant60$	$15<R_c\leqslant30$	$5<R_c\leqslant15$	$R_c\leqslant5$

● 音频

岩石的成因
及其类型

● 音频

地质年代
的划分

（2）岩石按软化难易分类

岩石按软化系数可分为易软化岩石和不易软化岩石，当软化系数小于或等于 0.75 时，应定为易软化岩石，大于 0.75 时，定为不易软化岩石。其中软化系数 K_r 为同一岩体中岩石饱和单轴抗压强度与风干状态下单轴抗压强度的比值。

（3）特殊岩石分类

当岩石中含有较多亲水矿物且含水率变化产生较大体积变化时，该岩石可以判定为膨胀岩。膨胀岩可根据岩石野外的地质特征和室内的试验指标综合判别，具体可参考相关标准。

满足下列条件之一的岩石可以判定为岩盐：

①质地较纯，形成于第四纪的盐壳或盐层。

②第四纪以前的沉积岩中富集易溶、中溶盐类矿物的泥岩和砂岩。

③含有层状分布的石膏、硬石膏、芒硝等蒸发性化学沉积岩。

2. 岩体的分类

岩体的分类也有很多种，可以按结构类型分类、按层理厚度分类、按受地质构造影响程度分类、按岩体完整程度分类等。这里简单给出了岩体按节理宽度的分类和按节理发育程度的分类，见表 3-3 和表 3-4。

表 3-3　岩体按照节理宽度的分类

名　称	节理宽度 b(mm)	名　称	节理宽度 b(mm)
密闭节理	$b<1$	张开节理	$3\leqslant b<5$
微张节理	$1\leqslant b<3$	宽张节理	$b\geqslant5$

表 3-4　岩体按照节理发育程度的分类

节理发育程度分类	基本特征
节理不发育	节理 1～2 组，规则，为构造型，间距在 1 m 以上，多为密闭节理，岩体被切割成巨块状
节理较发育	节理 2～3 组，呈 X 形，较规则，以构造型为主，多数间距大于 0.4 m，多为密闭节理，部分为微张节理，少有充填物，岩体被切割成大块状
节理发育	节理 3 组以上，不规则，呈 X 形或米字形，以构造型、风化型为主，多数间距小于 0.4 m，大部分为张开节理，部分有充填物。岩体被切割成块状
节理很发育	节理 3 组以上，杂乱，以风化型或构造型为主，多数间距小于 0.2 m，以张开节理为主，有个别宽张节理，一般均有充填物。岩体被切割成碎裂状

3.2.2 碎石类土

碎石类土是指粒径大于 2 mm 的颗粒含量超过总质量 50%的土。它属于粗粒土,按照其颗粒大小划分为八类,见表 3-5。

表 3-5 碎石类土的分类

土的名称	颗粒形状	粒组含量
漂石土	浑圆或圆棱形为主	粒径大于 200 mm 的颗粒含量超过总质量 50%
块石土	尖棱状为主	
卵石土	浑圆或圆棱形为主	粒径大于 60 mm 的颗粒含量超过总质量 50%
碎石土	尖棱状为主	
粗圆砾土	浑圆或圆棱形为主	粒径大于 20 mm 的颗粒含量超过总质量 50%
粗角砾土	尖棱状为主	
细圆砾土	浑圆或圆棱形为主	粒径大于 2 mm 的颗粒含量超过总质量 50%
细角砾土	尖棱状为主	

注:分类时应根据粒径分组,由大到小,以最先符合者确定。

3.2.3 砂类土

砂类土指的是粒径大于 2 mm 的颗粒含量不超过总质量 50%且粒径大于 0.075 mm 的颗粒超过总质量 50%的土。它属于粗粒土,按照其颗粒级配可划分为五类,见表 3-6。

表 3-6 砂类土的分类

土的名称	粒组含量
砾砂	粒径大于 2 mm 的颗粒的质量占总质量 25%~50%
粗砂	粒径大于 0.5 mm 的颗粒的质量超过总质量 50%
中砂	粒径大于 0.25 mm 的颗粒的质量超过总质量 50%
细砂	粒径大于 0.075 mm 的颗粒的质量超过总质量 85%
粉砂	粒径大于 0.075 mm 的颗粒的质量超过总质量 50%

注:分类时应根据颗粒级配,由大到小,以最先符合者确定。

例题 3-1

取烘干后的土样 500 g 进行筛析,表 3-7 中为留筛质量,底盘内试样质量为 15 g,试确定此土样的名称。

表 3-7 筛析试验结果

筛孔孔径(mm)	2.0	1.0	0.5	0.25	0.075	底盘
留筛质量(g)	45	182	102	59	97	15

[解]:根据筛析结果,我们可以看到,粒径大于 2 mm 的土粒重占全部土重的 9%,不超过总质量 50%,不符合碎石类土的定义;通过计算发现粒径大于 0.075 mm 颗粒超过总质量 50%,符合砂类土的定义,具体计算见表 3-8。

表 3-8   筛析试验计算结果

筛孔孔径(mm)	2.0	1.0	0.5	0.25	0.075	底筛
留筛质量(g)	45	182	102	59	97	15
累计留筛质量(g)	45	227	329	388	485	500
大于筛孔孔径百分比	9%	45.4%	65.8%	77.6%	97%	100%
小于某粒径百分比	91%	54.6%	34.2%	22.4%	3%	0

查表 3-6,按表从上至下核对,该土样粒径大于 0.5 mm 的土粒重占全部土重的 65.8%,符合表 3-6 中粗砂的规定,即粒径大于 0.5 mm 的土粒超过总质量的 50%,且最先符合条件,所以该土样应定名为粗砂。

3.2.4   粉土

粉土属于细粒土,它介于粉砂和黏土之间,性质比较特殊,其定义为塑性指数 $I_p \leqslant 10$ 且粒径大于 0.075 的颗粒含量少于总质量的 50% 的土。前面我们说过塑性指数 I_p 在一定程度可以反映土中黏粒的含量,因此可以用来划分土的种类,见表 2-14。一般来说,当塑性指数 I_p 小于等于 3,我们可称之为无黏性土。

3.2.5   黏性土

黏性土指的是塑性指数 $I_p > 10$ 的土。黏性土可根据塑性指数分类,见表 2-14,液限采用 76 g 平衡锤,入土深度 10 mm 的数值。

3.2.6   特殊土

根据土中特殊物质的含量、结构特征和特殊工程地质性质等因素,可以将特殊土分为黄土、红黏土、膨胀土、软土、盐渍土、冻土、填土等。在工程中遇到这些特殊土时,一定要根据相应标准进行判别,并进行适当处理。因为这些土在天然状态下强度不一定低,有时候会被忽略。由这些特殊土构成的地基,称为特殊地基,下面简单介绍《铁路桥涵规范》中给出的四种常见的特殊地基。

特殊地基土是具有一些特殊成分、结构和性质的区域性地基土,包括软土地基、湿陷性黄土地基、多年冻土地基和岩溶地区地基。

1. 软土地基

软土一般是指在水流缓慢的环境中沉积,有机质含量高、天然含水率大、孔隙比大、压缩性高、承载能力低的黏性土。《建筑地基基础设计规范》(GB 50007—2011)(简称《建筑规范》)规定:在静水或缓慢的流水环境中沉积,并经生物化学作用形成,天然含水率大于液限、天然孔隙比大于等于 1.5 的黏性土称为淤泥;天然孔隙比大于等于 1.0、小于 1.5 的土称为淤泥质土。通常将淤泥、淤泥质土统称为淤泥类土。当有机质含量大于 60% 时称为泥炭;有机质含量大于等于 10% 且小于等于 60% 的土称为泥炭质土。因此软土包括淤泥、淤泥质土、泥炭和泥炭质土。

软土地基在我国分布很广,不仅在沿海地带、平原低地、湖泊洼地等,在山岳、丘陵、高原区的古代或现代湖沼地区也有软土的存在。软土地基主要有两方面的问题,一是承载力低,二是地基沉降量过大。软土地基上的桥涵设计应考虑沉降影响,合理选择结构形式,适当预留净空余量。在施工和验算时,要严格按照规范要求进行。

2. 湿陷性黄土地基

黄土是以粉粒为主,含碳酸盐,具有大孔隙,质地均一,无明显层理而有显著垂直节理的黄色堆积物。黄土是在半干旱气候条件下形成的,在世界各地分布很广,覆盖着全球面积的 2.5% 以上。我国黄土分布面积约 64 万 km²,主要分布在西北、华北、东北地区。黄土根据是否具有湿陷性,可分为湿陷性黄土和非湿陷性黄土两大类。湿陷性黄土的分布面积约占我国黄土分布总面积的 60%。

音　频

黄土湿陷

湿陷性黄土对工程影响很大,需要指出的是,湿陷性并非湿陷性黄土独有的特性。某些素填土,如干旱气候条件下堆积的粉质黏土、砂土等,浸水受压后也可能发生湿陷。黄土地基的湿陷性类型可以按照自重湿陷量进行判定。桥涵地基应根据湿陷性黄土的等级、结构物分类和水流特征,采取相应的设计措施和处理方案以满足结构沉降控制的要求。常见的处理方法有重锤夯实、强夯法、铺设垫层等。

3. 多年冻土地基

冻土是指温度小于等于 0 ℃,并含有冰的各类土。冻土可分为多年冻土和季节性冻土。多年冻土是指冻结时间持续两年或三年以上不融的冻土。季节性冻土是指受季节影响,冬季冻结、夏季全部融化的土。

在我国,多年冻土主要分布于青藏高原的西部高山地区,即喜马拉雅山、祁连山、天山、阿尔泰山等区域,东北大小兴安岭以及东部地区一些高山顶部也有少量分布。季节性冻土主要分布在华北、西北、东北地区。

在桥涵工程施工前,应根据当地多年冻土的分布特征,全面进行工程地质评估。比如2006 年通车的青藏铁路,全线 1 142 km,冻土路段达到了近一半,即 550 km。多年冻土在冻结状态时强度不低,但是由于在上面修建铁路,列车荷载通过时,基础会将热能传递给下方的地基土,将多年冻土融化,强度急剧降低。因此,在施工时必须进行一定的处理。青藏铁路的建设施工,给我们提供了很好的经验,在冻土施工中可以参考借鉴。

4. 岩溶地区地基

岩溶又被称为喀斯特,它是指在地下水或地表水的作用下,可溶性岩石被化学溶蚀和机械冲刷形成的地貌。原是南斯拉夫西北部伊斯特里亚半岛石灰岩高原的地名,其含义为岩石裸露的地方,那里有各种奇特的石灰岩地形。19 世纪末,南斯拉夫学者司威治研究了喀斯特高原的各种石灰岩地形,采用了喀斯特一词称呼碳酸盐岩地区的一系列特殊地貌过程和水文现象,之后喀斯特一词成了世界地学上的专门术语,在我国喀斯特地貌也称作岩溶。

岩溶地貌在我国分布非常广。全国碳酸盐类岩石分布面积约 130 万 km²,以广西、广东、云南、贵州、四川、湖北、湖南的石灰岩分布为主,面积约占全国分布面积的一半。在岩溶发育地区,地表水系不一定发育,但地下水资源却很丰富。岩溶区发育有许多溶洞、暗河,因而在这些地区进行施工时,要尽量避开它,如无法回避时,则应采取地基处理或结构措施等。

练习题

〖简答题〗

1. 简述《岩土标准》中土的工程分类。

2. 简述《铁路桥涵规范》中四种特殊地基的特点及处理方法。

任务 3.3　高速铁路中路堤填料的分类

引导问题

1. 什么是路基?
2. 什么是路堤?
3. 什么是路堑?

任务内容

《高速铁路路基工程施工技术规程》(Q/CR 9602—2015)中规定,路堤填料的颗粒级配、细粒含量及定名分组应符合《铁路路基设计规范》(TB 10001—2016)的相关规定。任务 3.1 中所说土的工程分类都是针对天然土,这里所说的土则是指的扰动土,将其按粒径组成、细粒含量和级配情况等划分成类和组,用以估算填料压实后的强度、可压实性、渗透性、冻胀性等。

《铁路路基设计规范》(TB 10001—2016)中路基填料根据对原土料的使用方法或加工工艺,可分为普通填料、物理改良土、化学改良土和级配碎石。

3.3.1　普通填料

1. 普通填料粒组划分

音频

路基的概念

普通填料根据其粒组可分为巨粒、粗粒和细粒三类,见表 3-9。如果粗粒和巨粒的母岩饱和单轴抗压强度小于 20 MPa,那么在粒组划分时将其归为细粒。

对比表 2-1,《铁路路基设计规范》(TB 10001—2016)中粒组划分在巨粒和砾粒是略有区别的,砂粒和细粒的划分则是相同的,因此在应用中,一定注意根据具体工程区分。

除了表 3-9 中各个粒组填料,在实际工程中我们还会遇到由于土中含有特殊成分,导致其性质比较特殊的土,比如砂类土、有机质土和特殊土。

①砂类土又可分为砂、细粒土砂(或称砂土)和细粒土质砂(或称砂性土)三种。砂类土中含有一定数量的粗颗粒,这有利于提高路基强度和水稳定性;其中的细粒土,又可以使其具有一定的黏性,不致过分松散;而且这种土遇水疏散快,不膨胀,干燥时又有相当的黏结性,扬尘少,容易被压实。因此,砂性土是修筑路基的良好材料。

②有机质土包括泥炭、腐殖土等,不宜作为路基填料,施工时采取适当措施后方可采用。

③黄土、膨胀土等特殊土,也不能直接作为路基填料。

黄土属大孔和多孔结构,具有湿陷性,其性质上面已经介绍,这里不再赘述。

膨胀土中黏粒成分主要由亲水性矿物组成,因此,它的最大特性就是吸水膨胀和失水收缩,其自由膨胀率大于或等于 40%。当它偏干时,强度不低,但是水稳定性差,一旦进水,就会膨胀软化,失去强度。

表 3-9　普通填料粒组划分

粒组	颗粒名称		粒径范围(mm)	粒组特点
巨粒	漂石或块石		$200 \leqslant d < 300$	巨粒土有很高的强度及稳定性,是填筑路基很好的材料。对于漂石土,在码砌边坡时,应正确选用边坡值,以保证路基稳定。对于卵石土,填筑时应保证有足够的密实度
	卵石或碎石		$60 \leqslant d < 200$	
粗粒	砾粒	粗砾	$20 \leqslant d < 60$	砾类土由于粒径较大,内摩擦力也大,因而强度和稳定性均能满足要求。级配良好的砾类土混合料,密实度好。对于级配不良的砾类土混合料,填筑时应保证密实度,防止由于空隙大而造成路基积水、不均匀沉陷或表面松散等病害
		中砾	$5 \leqslant d < 20$	
		细砾	$2 \leqslant d < 5$	
	砂粒	粗砂	$0.5 \leqslant d < 2$	砂土无塑性,透水性强,毛细上升高度很小,具有较大的摩擦系数,强度和水稳定性均较好。但由于黏性小,易松散,故压实困难,需要振动法或灌水法才能压实。为克服这一缺点,可添加一些黏质土,以改善其使用质量
		中砂	$0.25 \leqslant d < 0.5$	
		细砂	$0.075 \leqslant d < 0.25$	
细粒	粉粒		$0.005 \leqslant d < 0.075$	粉质土为最差的筑路材料。它含有较多的粉土粒,干时稍有黏性,但易被压碎,扬尘性大,浸水时很快被湿透,易成稀泥。粉质土的毛细作用强烈,上升高度快,毛细上升高度一般可达 0.9~1.5 m。在季节性冰冻地区,水分积聚现象严重,造成严重的冬季冻胀,春融期间出现翻浆,故又称翻浆土。如遇粉质土,特别是在水文条件不良时,应采取一定的措施,改善其工程性质,在达到规定的要求后进行使用
	黏粒		$d < 0.005$	黏质土透水性差,黏聚力大,干时坚硬,不易挖掘。它具有较大的可塑性、黏结性和膨胀性,毛细管现象也很显著,填筑路基时比粉质土好,但不如砂性土。浸水后黏质土能较长时间保持水分,因而承载能力小。对于黏质土如在适当的含水率时加以充分压实和有良好的排水设施,筑成的路基也能获得稳定的效果

红黏土是指碳酸盐岩系的岩石经红土化作用形成的高塑性黏土,其液限一般大于50%。如果红黏土经搬运后仍保留其基本特征,且其液限大于 45%,叫作次生红黏土。由于碳酸盐类绝大部分是可溶盐,因此其基岩表面覆盖土层一般不会太厚,它的主要问题是导致结构的不均匀沉降。

盐渍土为土中易溶盐含量大于 0.3%,并具有溶陷、盐胀、腐蚀等工程特性的土。盐渍土潮湿时承载力很低。

2. 普通填料组别分类

填料分类定名后,即可根据填料的工程性质和适用性进行填料分组。以填料的剪切强度、可压实性、压缩性、对气候环境的敏感性等为依据,可将填料分为 A、B、C、D 共四组,并且应符合以下规定:

①母岩饱和单轴抗压强度小于 20 MPa 的粗粒和巨粒土填料组别划分应结合试验和地区经验确定。

②有机质给量大于 5% 的有机土严禁作为路基填料使用。

③如果使用膨胀土、盐渍土作为路基填料,应符合《铁路特殊路基设计规范》(TB 10035—2018)的相关规定。

④对于填料的渗水性和冻胀性,在设计时也应考虑。

A 组填料为级配良好、细粒含量小于 15% 的碎石土和砾石土,分为 A1、A2 两组,具体划分见表 3-10。

表 3-10 A 组填料分类

分 类		项 目		
		颗粒名称	级配	细粒含量
A1 组		角砾土	良好	<15%
A2 组	1	圆砾土	良好	<15%
	2	碎石土	良好	<15%
	3	卵石土	良好	<15%

B 组填料分为 B1、B2、B3 三组,具体划分见表 3-11。

表 3-11 B 组填料分类

分类		项 目				
		颗粒名称	级配	细粒含量	<5 mm 颗粒含量	0.075~5 mm 颗粒含量
B1 组	1	角砾土、碎石土、圆砾土、卵石土	间断	<15%	>35%	—
	2	砾砂、粗砂、中砂	良好	<15%	—	—
B2 组	1	角砾土、碎石土、圆砾土、卵石土	间断	<15%	≤35%	—
	2	角砾土、碎石土、圆砾土、卵石土	均匀	<15%	—	—
	3	角砾土、碎石土、圆砾土、卵石土	—	15%~30%粉土	—	≥15%
	4	砾砂、粗砂、中砂	间断	<15%	—	—
	5	砾砂、粗砂、中砂	—	15%~30%粉土	—	≥15%
B3 组	1	角砾土、碎石土、圆砾土、卵石土	—	15%~30%粉土	—	—
	2	角砾土、碎石土、圆砾土、卵石土	—	15%~30%黏土	—	≥15%
	3	砾砂、粗砂、中砂	均匀	<15%	—	—
	4	砾砂、粗砂、中砂	—	15%~30%黏土	—	—

C 组填料分为 C1、C2、C3 三组,具体划分见表 3-12。

表 3-12 C 组填料分类

分 类		项 目			
		颗粒名称	级 配	细粒含量	0.075~5 mm 颗粒含量
C1 组	1	块石土	—	<30%	—
	2	块石土	—	30%~50%粉土	—
	3	碎石土、砾石土	—	15%~30%黏土	<15%
	4	碎石土、砾石土	—	30%~50%粉土	—
	5	砾砂、粗砂、中砂	—	30%~50%粉土	—

续上表

分 类		项 目			
		颗粒名称	级 配	细粒含量	0.075～5 mm 颗粒含量
C2组	1	块石土	—	30%～50%黏土	
	2	碎石土、砾石土	—	30%～50%黏土	
	3	砾砂、粗砂、中砂	—	30%～50%黏土	
	4	细砂	良好	<15%	
B3组	1	细砂	间断或均匀	<15%	
	2	粉砂			
	3	低液限粉土	—	—	—
	4	低液限黏土	—	—	—
	5	低液限软岩	—	—	—

D 组填料分为 D1、D2 两组,具体划分见表 3-13。

表 3-13　D 组填料分类表

分 类		项 目	
		颗粒名称	粗粒含量
D1组	1	高液限粉土	30%～50%
	2	高液限黏土	30%～50%
	3	高液限软岩土	30%～50%
D2组	1	高液限粉土	<30%
	2	高液限黏土	<30%
	3	高液限软岩土	<30%

3.3.2　改良土

改良土包括物理改良和化学改良。物理改良就是,当路基填料的粒径或可压实性不满足相应部位填筑要求时,将巨粒土、粗粒土,采用破碎、筛分或掺入不同粒径材料等措施,改变其物理性质和颗粒级配,改善填料的工程特性,达到工程质量的要求。

化学改良则是,当路基填料不能满足相应部位填筑要求时,将细粒土,根据其工程性质,采用掺入外掺料,改变其物理、力学性质。常用外掺料包括水泥、石灰、粉煤灰等无机料,规范要求粉煤灰最好不要单独作为外掺料使用,使用时,应当尽量添加其他混合剂。在确定填料时,应当严格按照规范要求,通过试验,找出最合适的掺合料、最佳配比,以及改良后土体的强度等指标。

3.3.3　级配碎石

根据《高速铁路路基工程施工技术规程》(Q/CR 9602—2015),基床表层级配碎石填料由块石、天然卵石或砂砾石经破碎筛选而成。无砟轨道及严寒、寒冷地区有砟轨道级配碎石填筑压实后的渗透系数应大于 5×10^{-5} m/s,粒径级配要求见表 3-14。级配碎石的

不均匀系数 $C_u \geqslant 15$，且 $d \leqslant 0.02$ mm 以下的颗粒质量百分率不应大于 3%。在设计和施工时要严格按照相关规程要求进行。

表 3-14 基床表层级配碎石粒径级配范围

方孔筛边长（mm）	0.1	0.5	1.7	7.1	22.4	31.5	45	适用范围
过筛质量百分比	0~11%	7%~32%	13%~46%	41%~75%	67%~91%	82%~100%	100%	非寒冷、非严寒地区有砟轨道铁路
	0~5%	7%~32%	13%~46%	41%~75%	67%~91%	82%~100%	100%	无砟轨道及严寒、寒冷地区有砟轨道铁路

3.3.4 基床底层及以下路堤填料

《高速铁路路基工程施工技术规程》(Q/CR 9602—2015)还规定，基床底层及以下路堤普通填料和物理改良土填料的种类、规格、性能应满足下列要求：

①采用硬质岩或不易风化的块石作为料源时，应设专门的填料生产加工场。填料生产时，大粒径的岩块应先进行破碎、解小，再输入破碎机破碎。基床以下路堤填料的粒径应小于 75 mm，基床底层填料的粒径应小于 60 mm。

②严寒、寒冷地区的冻结深度大于基床表层厚度时，其冻结深度影响范围内 A、B 组填料的细颗粒含量应小于 5%，且填筑压实后的渗透系数应大于 5×10^{-5} m/s。

③浸水路堤填料细粒含量应小于 10%。

④直接用于路基填筑的原状土料的组别、粒径级配及技术性能应符合设计要求，其含水率应在工艺试验确定的施工控制含水率范围内。

⑤填料压实性能不能满足时，应掺入粗颗粒土或细颗粒土等外掺料通过机械拌和均匀进行物理改良。填料经物理改良后，其规格、性能及压实性能需同时满足设计和《高速铁路路基工程施工质量验收标准》(TB 10751—2018)的要求。

⑥填料的含水率过大或过小时，应当晾晒或洒水拌匀，符合工艺性试验确定的范围后方可使用。

对基床底层及以下路堤化学改良土的填料的种类、规格、性能也有相关规定，这里不再赘述，施工时应当参考相应规范，严格管理。

练习题

〖简答题〗

简述《高速铁路路基工程施工技术规程》(Q/CR 9602—2015)中普通填料的分类及其特性。

项目 **4**

认识水和土的相互作用

项目知识架构

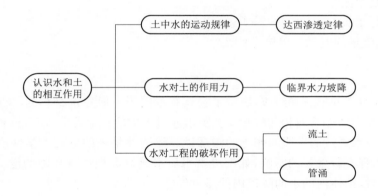

知识目标

1. 掌握达西渗透定律的内容和适用条件；
2. 掌握渗透变形的判别以及防治措施；
3. 了解几种水利坡降的概念；
4. 了解渗透系数的测定方法；
5. 了解渗透力、临界水力坡降、容许水利坡降的计算方法。

能力目标

1. 能够应用达西渗透定律进行施工排水设计；
2. 能够判定渗透破坏的类型并进行防治。

素养目标

1. 培养自学和独立思考能力及创新实践能力；
2. 培养利用信息技术获取知识、学习知识的信息素养；
3. 培养团结协作和沟通协调的能力；
4. 培养吃苦耐劳、严谨求实的工作作风；

5.引导主动践行社会主义核心价值观,增强家国意识;传承发扬各时期铁路精神,立志扎根铁路生产建设一线建功立业,勇担民族复兴时代重任;

6.引导树立工程建设和环境友好的价值观和正确的工程伦理观,增强社会法治意识、责任意识与责任担当,加强生态文明理念与自然和谐的环保意识;

7.引导弘扬劳模精神、劳动精神、工匠精神,培养立足岗位的创新意识和科学精神。

任务 4.1　土中水的运动规律

引导问题

1. 什么是流线?
2. 什么是层流?
3. 什么是紊流?
4. 什么是水头?
5. 流速、流量的概念和单位是什么?

任务内容

土由于其特殊的形成和组成,决定了它具有不同于一般建筑材料的特性。固体颗粒构成骨架,孔隙中填充着液相和气相。孔隙水通过土中的孔隙发生流动,这种现象称为渗透;土体具有被水透过的性质叫作土的渗透性。渗透性是土的重要力学性质之一。水的渗透对很多工程有着重要的影响,如河堤蓄水后水透过堤坝本身孔隙的渗流如图 4-1 所示;隧道开挖时,山体内的水向隧道内的渗流如图 4-2 所示。

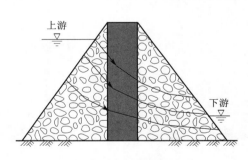

图 4-1　河堤渗流示意

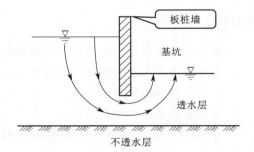

图 4-2　基坑开挖时地下水渗流

工程项目前期的勘察设计阶段,要详细勘察当地水文地质条件,线路应尽量选择在水流渗透影响小的位置。而且,如果当地水文地质条件复杂,那么在施工中要充分注意水流渗透对工程的影响,及时发现问题并采取措施。

工程中与土的渗透性相关的问题包括基坑和隧道施工的排水问题、基础沉降问题、土质堤坝透水问题等。桥梁墩台等基础施工中,若开挖基坑时遇到地下水,则需要根据土的渗透性估算涌水量,以配置排水设备;修筑渗水路堤时,需要考虑填料的渗透性对边坡稳定的影响。

如果结构下方的地基土具有一定的含水率,那么在结构荷载作用下,土体中的水就会发生渗流,也就是,地基土中的水会被挤出去,从而使结构产生竖直方向的变形。通过观察发现,这个变形是需经过一定时间才能完成的,而经历时间的长短决定于土体中水的渗透速度。

根据前述分析,在很多工程中,经常需要知道土体渗透性的强弱,从而才能安全稳定的指导具体施工。

4.1.1 土的渗透性的基本概念

根据水力学概念,水在土中流动有层流和紊流两种基本形式。当水流速度较小,流线互相平行(成层状)的流动称为层流。当水流速度较大时,水的质点运动轨迹不规则,流线互相交错,产生局部漩涡的水流称为紊流。一般来说,除去卵石、碎石等颗粒比较大的土体中,由于流速较快,水处于紊流状态,其他颗粒比较细小的土,如黏性土、粉砂及细砂土等,由于孔隙很小,可以认为大多数情况下水流动属于层流范围。

水的能量一般用水头表示,包括位置水头、压力水头和流速水头。如图 4-3 所示,任意取一基准面,对 a 截面,位置水头是 a 截面相对于基准面的距离 z_1,压力水头是 a 截面的测压管水头 h_1。

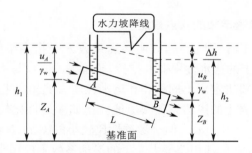

图 4-3 水在土中渗透示意

A 截面总水头为 $h_1 = Z_A + \dfrac{u_A}{\gamma_w}$

B 截面总水头为 $h_2 = Z_B + \dfrac{u_B}{\gamma_w}$

两端水头差为 $\Delta h = h_1 - h_2$,那么单位流程上的水头损失,即为水力坡降,用 i 表示为

$$i = \frac{\Delta h}{L} = \frac{h_1 - h_2}{L} \qquad (4\text{-}1)$$

式中,L 为 A、B 两点间的渗透长度。水力坡降 i 是两个截面的水头差与水在土中的渗流路径之比。它可以表示水在流动过程中能量的损失,没有量纲。

4.1.2 达西渗透定律

水在土体中流动时,随着土颗粒大小的变化,孔隙通道变化很大。对于细粒土中,由于土体颗粒本身就很小,其中的孔隙通道也是曲折细小,渗透过程中黏滞阻力很大,水流速度很小,属于层流范围。法国水力学家达西通过对砂土进行渗透试验,装置如图 4-4 所示。当水流速度较小时,某时间间隔 t 内流过土样的总水量 Q 与水头差 Δh 成正比,与土柱截面 A 成正比,与土柱长度 L 成反比,还与土的性质有关,可用式(4-2)表示。

音频

水头基本概念

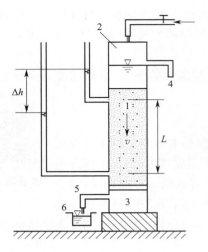

1—土柱；2—进水口；3—滤网；
4，5—出水口；6—量杯。

图 4-4　达西定律示意

$$Q = k\frac{\Delta h}{L}At = kiAt \qquad (4\text{-}2)$$

单位时间的渗流量用式(4-3)表示,单位为 cm^3/s。

$$q = \frac{Q}{t} = k\frac{\Delta h}{L}A = kiA \qquad (4\text{-}3)$$

单位时间渗流量除以土样面积即为单位时间水在土中的渗透长度,也就是水在土中的渗透速度,因此渗透速度 v 为

$$v = ki \qquad (4\text{-}4)$$

式中　v——渗透速度(cm/s);

　　　i——水力坡度;

　　　k——比例系数,也称为土的渗透系数(cm/s)。

前述水流呈层流状态时,水的渗透速度与水力坡降的一次方成正比的关系,已为大量试验资料所证实。这是水在土体中渗透的基本规律,即达西渗透定律。

文档

渗透系数表

音频

流速和流量

1. 达西渗透定律的几点规定

(1)当 $i = 1$ 时,则 $v = k$,表明渗透系数 k 是指在单位水力坡降时的渗透速度。k 是表示土的透水性强弱的指标,单位为 cm/s,与水的渗透速度单位相同,其数值大小主要决定于土的种类和透水性质。毛昶熙主编的《堤防工程手册》给出了一些常见岩土的渗透系数阅历值。比如渗透性比较大的粗砾土,其渗透系数能够达到 $0.5\sim1$ cm/s;但是渗透性比较小的黏土,其渗透系数在 $1\times10^{-10}\sim1\times10^{-6}$ cm/s,可见其相差很大。土的渗透系数不仅用于渗透计算,还可用来评定土层透水性的强弱,作为选择坝体、路堤等土工填料的依据。

(2)由于水在土体中的渗透不是经过整个土体的截面积,而仅仅是通过该截面积内土体的孔隙面积,因此,水在土体孔隙中渗透的实际速度要大于按式(4-1)计算出的渗透速度。为了方便,在工程计算中,除特殊需要外,一般只按达西定律计算土的渗透速度,而不计算其实际速度。

达西定律是土力学中的重要定律之一。在工程建设中,如墩台基础、水道或水库的渗漏计算,基坑排水的计算,井孔的涌水量计算等,都是以达西定律为基础,同时达西定律也是研究地下水运动的基本定律。

2. 达西渗透定律的适用范围

(1)达西定律只适用于流速较小的层流范围。在大卵石、砾石地基中,渗透速度很大。如图 4-5 所示,当渗透速度超过某一临界流速 v_{cr} 时,渗透速度 v 与水力坡降 i 的关系就表现为非线性的紊流规律,此时达西定律便不再适用。

(2)水在砂类土或较疏松的黏性土中渗流,一般都符合达西定律,例如图 4-6 中 a 直线所示情况。

(3)水在密实黏土中的渗流,由于受到薄膜水的阻碍,其渗流会偏离达西定律。如图 4-6 中 b 曲线所示,渗透速度与水力坡降不呈线性关系,当水力坡降较小时,甚至不发

生渗流。只有当水力坡降达到某一数值 i_b，克服了薄膜水的阻力后，才开始渗流。一般可把黏性土这一渗流特性简化为图 4-6 中 c 直线所示的关系，其中 i_b 称为黏性土的起始水力坡降。

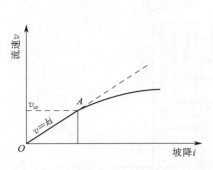

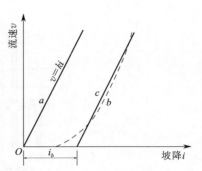

图 4-5　流速与水力坡率关系　　　　图 4-6　砂性土、黏性土的渗透规律

4.1.3　渗透系数的测定方法

渗透系数的大小是直接衡量土的透水性强弱的重要力学性质指标。渗透系数的测定可以分为现场试验和室内试验两大类。一般，现场试验比室内试验得到的结果要准确可靠。因此，对于重要工程常需进行现场测定。

根据《土工试验规程》的规定，室内测定土的渗透系数的方法包括三种，分别为 100 型常水头法、300 型常水头法和变水头法。100 型常水头法适用于 $d_{max} \leqslant$ 10 mm 的砂类土和含少量砾石的无黏聚性土；300 型常水头法适用于 $d_{max} \leqslant$ 75 mm 的粗粒土和级配碎石；变水头法适用于粉土和黏性土。具体操作方法详见《土工试验规程》，下面简单介绍其试验方法和原理。

文档

成层土的
渗透系数

1. 常水头法

常水头法就是在整个试验过程中，水头保持不变，试验装置如图 4-7 所示。用量筒和秒表测出某一时刻 t 内流经试样的水量 V，即可求出流过土体的流量，再根据达西定律求解渗透系数 k。由 $V = qt = vAt = kiAt = k\dfrac{h}{L}At$，得到渗透系数计算式(4-5)。

$$k = \frac{VL}{Aht} \tag{4-5}$$

2. 变水头法

对于黏性土，由于其渗透系数小，流经水量少，常水头法已不再适用。变水头法是指在整个试验过程中，水头是随着时间而变化的，试验装置如图 4-8 所示，试样的一端与细玻璃管相接，在试验过程中测出某一时段内细玻璃管中水位的变化，就可根据达西定律求出水的渗透系数。

设玻璃管的内截面积为 s，试验开始以后任一时刻 t 的水位差为 h，经时段 dt，细玻璃管中水位下落 dh，则在时段 dt 内流经试样的水量，可以利用微积分关系得出 $dV = -s\,dh$，同时利用达西渗透定律可以写出 $dV = k\dfrac{h}{L}A\,dt$，根据管内减少水量等于流经试样水量，同时分离变量，两边积分可得到渗透系数计算式(4-6)。

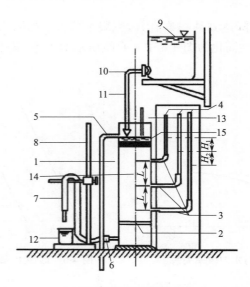

(a)100型常水头渗透仪示意

1—封底金属圆筒；2—金属孔板；3—测压孔；4—玻璃测压管；5—溢水孔；6—渗水孔；7—调节管；
8—滑动支架；9—容量为5 000 mL的供水瓶；10—供水管；11—止水夹；12—容量为500 mL的量筒；
13—温度计；14—试样；15—砾石层。

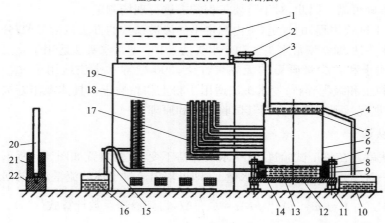

（b)300型常水头渗透仪示意

1—容量80 L供水箱；2—供水阀门；3—供水管；4—溢水管；5—上透水板；6—直径300 mm金属筒；7—紧固板；
8—紧固拉杆；9—金属筒座；10—溢出水容器；11—地脚支杆；12—金属底板；13—下透水板；14—渗水孔；
15—调节器；16—渗透水收集容器；17—测压管；18—刻度尺；19—机箱体；20—锤头导杆；
21—活动锤头；22—固定锤头。

图 4-7   常水头试验装置

$$k = 2.3 \frac{sL}{A(t_2 - t_1)} \lg \frac{h_1}{h_2} \qquad (4\text{-}6)$$

3. 现场测定

野外注水试验和抽水试验等是在现场钻井孔或挖试坑，然后向地基中注水或抽水，量测地基中的水头高度和渗流量，再根据相应的理论公式求出渗透系数 k 值。具体方法可以参考有关资料，在此不再赘述。

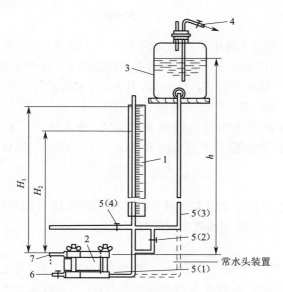

1—变水头管;2—渗透容器;3—供水瓶;4—接水源管;5—进水管夹;6—排气管;7—出水管。

图 4-8 变水头试验装置

练习题

〖判断题〗

1. 土的渗透系数越大,渗透速度越快。(　　)
2. 水力坡度越大,渗透速度越快。(　　)

〖简答题〗

3. 渗透定律的内容是什么?
4. 达西渗透定律的适用范围有哪些?
5. 渗透系数的测定方法有哪些?

任务 4.2　水对土的作用力

引导问题

1. 浮容重的换算关系是什么?
2. 孔隙比、孔隙率的换算关系是什么?

任务内容

　　土体由土颗粒构成骨架,水在孔隙中流动,由于颗粒的阻碍,水会对颗粒产生冲击力,相应的颗粒对水也会产生反作用力。这种由于水的渗流作用对土颗粒产生的力,称为渗透力。如果这个力与土颗粒所受的重力反向,并且大于重力,根据牛顿第二定律,土颗粒会沿着合外力的方向产生加速度,也就是运动,那么对于土体来说,就会失去稳定,在施工中要特别关注。下面我们来看影响渗透力大小的因素。

4.2.1 渗透力

如图 4-9 所示,在渗流土体中沿渗流方向取一个土柱来研究,设土柱长度为 L,横截面积为 A。因测压管高度 $h_1 > h_2$,水从截面 1 流向截面 2。对于土柱进行受力分析,截面 1 受 $F_1 = \gamma_w h_1 A$ 作用,截面 2 受 $F_2 = \gamma_w h_2 A$ 作用,使水流动的力为

$$F_1 - F_2 = \gamma_w(h_2 - h_1)A = \gamma_w \Delta h A$$

设 f_s 为单位土体积中土颗粒对渗流水的阻力,则土柱 AL 对渗流的总阻力 $F_s = f_s AL$。由于土柱静止,根据静力平衡条件可得 $(h_1 - h_2)\gamma_w A = f_s AL$,计算得到阻力为

$$f_s = \frac{h_1 - h_2}{L}\gamma_w = \frac{\Delta h}{L}\gamma_w = i\gamma_w$$

通过前述分析,渗透力与渗流水受到的阻力相互为作用力和反作用力的关系。渗透力大小与水力坡降成正比,比例系数为水的容重,即

$$j = i\gamma_w \tag{4-7}$$

渗透力是一种体积力,单位为 kN/m^3。渗透力的方向不同,对土体的作用也不同,如图 4-10 所示。图 4-10 中 a 点的渗透力方向与重力方向一致,增大了土粒间作用力,对土体稳定是有利的;图中 c 点的渗流力方向与土重方向相反,对土体起托浮的作用。而且当向上的渗透力大于土的浮容重时,土粒就会被渗流挟带向上涌出(牛顿第二定律),这就是引起土体渗透变形的根本原因。

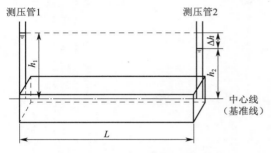

图 4-9   水在土中渗流

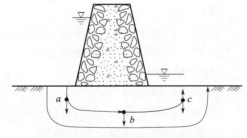

图 4-10   渗透对土体作用示意

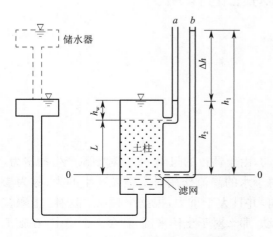

图 4-11   渗透破坏试验示意

4.2.2 临界水力坡降

如图 4-11 所示装置,当左侧的注水容器与土样表面水位高度一致时,$\Delta h = 0$,水是不发生渗流的;当提高左侧储水容器时,土柱上下两个截面水头差增大,当增大到一定值,使向上的渗透力与土体重力相等时,土体达到极限平衡状态;如果水头差继续增大,即当 $j > \gamma'$,那么土体表面土颗粒和水就会集体向上运动,发生渗透破坏。使土体开始发生渗透变形的水力坡降,称为临界水力坡降,用 i_{cr} 表示,可以根据 $j = \gamma'$,进行计算,即 $i_{cr}\gamma_w = \dfrac{G_s - 1}{1 + e}\gamma_w = (1 - n)(G_s - 1)\gamma_w$,

计算得到临界水力坡降 i_{cr} 为

$$i_{cr} = \frac{G_s - 1}{1 + e} = (1 - n)(G_s - 1) \qquad (4\text{-}8)$$

由式（4-11）可知，临界水力坡降与土粒比重 G_s 及孔隙比 e（或孔隙率 n）有关，其值为 $0.8 \sim 1.2$。在工程计算中，通常将土的临界水力坡降除以安全系数 K 后才得出设计上采用的容许水力坡降值 $[i]$。施工中需严格控制该值，以免发生安全事故。

练习题

〖简答题〗
渗透力对水工构筑物的影响有哪些？

任务 4.3　水对工程的破坏作用

引导问题

1. 什么是颗粒级配？
2. 不均匀系数、曲率系数如何计算？

任务内容

根据渗透破坏试验可知，土体在渗流作用下，当向上渗透力大于土的浮容重时，土粒就会被渗流挟带走，地基土由于这种渗流作用而出现的变形或破坏称为渗透变形或渗透破坏，如基坑涌水、地面隆起、水坝渗漏等。至今，渗透变形仍是水工建筑物发生破坏的重要原因之一。

4.3.1　渗透变形的基本形式

在实际工程中常见的渗透变形主要有两种，即流土和管涌。

1. 流土

在下游逸出处，渗透力与土体所受重力反向，当渗透力大于等于土的浮容重时，土体表层局部范围内发生土颗粒群悬浮、移动的现象称为流土。不管何种类型的土，只要水力坡降超过临界值，都会发生流土破坏。流土发生于渗流逸出处的土体表面而不是土体内部。基坑开挖时常遇到的流砂现象，就属于流土破坏。流砂即砂类土发生流土现象，它发生在细砂、粉砂和淤泥质土中。

根据之前发生流土的数据分析，流土往往发生在下游路堤薄弱处。图 4-12 所示路堤，地基表层为渗透系数较小的黏性土层，但是其厚度较薄；黏性土层以下为渗透性较大的砂土层。渗透水流在砂土层流速较大，水头损失很小，其水头损失将主要在下游水流逸出处的薄黏性土层中，这会造成黏性土层中水力坡降较大。只要水力坡降达到临界值，就会在薄弱处出现表面土体隆起，裂缝开展，砂粒涌出，以至整块土体被渗透水流抬起的现象，这就是典型的流土破坏。

若地基土的不均匀系数 $C_u < 10$，即为比较均匀的砂土时，当 $i > i_{cr}$，这时地表就会出现小泉眼，冒气泡，继而土颗粒群向上鼓起，发生浮动、跳跃的现象，称为砂沸。砂沸也是

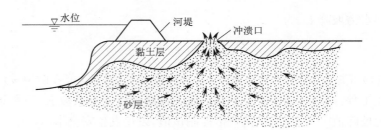

图 4-12　河堤下游逸出处的流土破坏

流土的一种形式。

2. 管涌

在渗透水流作用下,土中的细颗粒在粗颗粒间形成的孔隙中移动以至流失,最终导致

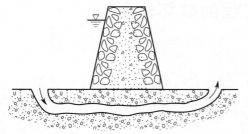

图 4-13　河堤的管涌示意

土体中形成贯通的渗流管道,造成土体塌陷,这种现象称为管涌,如图 4-13 所示。管涌多发生在砂性土中,其特征是颗粒大小差别较大,往往缺失某种粒径,孔隙粒径大且相互连通。2024 年 7 月湖南省岳阳市××湖一线决堤,决堤口在短短一个多小时内从十米扩大至近百米,就是因为发生管涌,起初只是一个小泉眼,封堵失败后发展到决堤。这就是管涌,它的发展一般需要一定的时间,是一种渐进性质的破坏,也叫作渗流的潜蚀现象。

4.3.2　渗透破坏类型的判别

土体渗透变形的发生和发展取决于土体本身,包括土体颗粒的大小、组成、级配、结构等,同时与当地施工时的水力条件也有关系,只有水力坡降超出允许值才会发生。

1. 流土可能性的判别

在渗透水流逸出处,任何土只要满足水力坡降大于临界水力坡降这一水力条件,就会发生流土。因此,可以利用渗流逸出处的水力坡降 i 和该地基的临界水力坡降 i_{cr} 来判定流土的可能性,见表 4-1。

表 4-1　流土的判别

序　号	条　件	状　态
1	$i < i_{cr}$	土体处于稳定状态
2	$i > i_{cr}$	土体发生流土破坏
3	$i = i_{cr}$	土体处于临界状态

2. 管涌可能性的判别

由管涌的定义可知,土是否发生管涌,首先决定于土的类型。一般黏性土只会发生流土而不会发生管涌,故属于非管涌土。无黏性土中要发生管涌必须满足以下两个条件。

（1）土体级配组成——几何条件

土中粗颗粒所构成的孔隙直径必须大于细颗粒的直径,才可能让细颗粒在其中移动,这是管涌产生的必要条件。表4-2为管涌的判别。

表4-2　管涌的判别

不均匀系数C_u	细料的含量	结　　论
$C_u<10$的较均匀土	—	颗粒粗细相差不多，粗颗粒形成的孔隙直径不比细颗粒大，因此细颗粒不能在孔隙中移动，也就不可能发生管涌
$C_u>10$的不均匀砂砾石土	细料含量在25%以下(细料是指级配曲线水平段以下的粒径，图4-14曲线①中b点以下的粒径)	由于细料填不满粗料所形成的孔隙，渗透变形基本上属管涌型
	细料含量在35%以上	细料足以填满粗料所形成的孔隙，粗细料形成整体，抗渗能力增强，渗透变形是流土型
	细料含量在25%~35%之间	过渡型，具体形式还要看土的松密程度
级配连续的不均匀土	土中有5%以上的细颗粒小于土的孔隙平均直径时，即$D_0>d_5$	破坏形式为管涌
	土中小于D_0的细粒含量<3%，即$D_0<d_3$	可能流失的土颗粒很少，不会发生管涌，呈流土破坏

土的孔隙平均直径D_0可用经验公式(4-9)计算。

$$D_0=0.25d_{20} \tag{4-9}$$

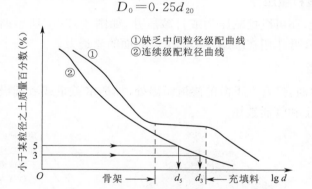

图4-14　颗粒级配曲线

(2)水力条件

渗透力能够带动细颗粒在孔隙间移动是发生管涌的水力条件，而渗透力与水力坡降成正比，因此发生管涌的水力条件也可用水力坡降来表示。但至今，管涌的临界水力坡降的计算方法尚不成熟，国内外研究者提出的计算方法较多，但算得的结果差异较大，故还没有一个被公认的合适的公式。对于一些重大工程，应由渗透破坏试验来确定。在无试验条件的情况下，可参考国内外的一些研究成果。

我国学者在对级配连续与级配不连续的土进行了理论分析与试验研究的基础上，提出了管涌土的临界坡降与允许坡降的范围值，见表4-3。

表4-3　管涌的水力坡降范围

水力坡降	级配连续土	级配不连续土
临界坡降i_{cr}	0.2~0.4	0.1~0.3
允许坡降$[i]$	0.1~0.25	0.1~0.2

4.3.3 渗透变形的防治措施

在施工中,防渗工程措施一般原则是上堵下疏,即在上游截渗、延长渗流途径 L,下游开挖减压井、通畅渗透水流、减小渗透压力、防止渗透变形。

1. 垂直截渗和水平防渗铺盖

坝体施工时,可以在上游修建垂直防渗墙,如图 4-15(a)所示。不管是水平防渗铺盖还是垂直防渗墙,都延长了渗流途径 L,从而降低了下游逸出的水力坡降。

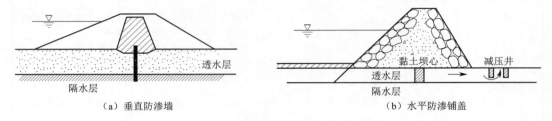

(a)垂直防渗墙   (b)水平防渗铺盖

图 4-15　渗透变形防治措施

2. 挖减压沟或打减压井

在渗流溢出处,还可以挖减压沟或打减压井,如图 4-15(b)所示,将其贯穿渗透性小的黏性土层,从而降低作用在渗透性小的土层底面的渗透力。

3. 加透水盖重

在施工或抗险时,经常在下游的渗流溢出处,加透水盖重或者铺设反滤层,如图 4-16所示,可以防止流土和管涌破坏。

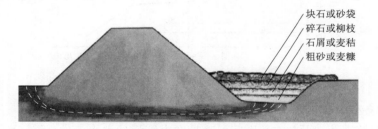

图 4-16　铺设反滤层

练习题

〖简答题〗
渗透变形的防治措施有哪些?

项目 5

计算土中的应力

项目知识架构

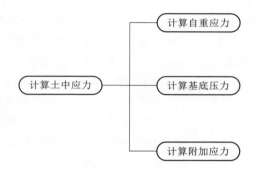

知识目标

1. 掌握复杂条件下土体中自重应力的计算方法；
2. 掌握基底压力的简化计算；
3. 掌握附加应力的分布规律及其计算方法；
4. 了解不同基础下基底压力的实际分布形式。

能力目标

1. 能够看懂结构受力图；
2. 能够在设计和施工时正确计算土中自重应力和基底压力。

素养目标

1. 培养自学和独立思考能力及创新实践能力；
2. 培养利用信息技术获取知识、学习知识的信息素养；
3. 培养团结协作和沟通协调的能力；
4. 培养吃苦耐劳、严谨求实的工作作风；
5. 引导主动践行社会主义核心价值观，增强家国意识；传承发扬各时期铁路精神，立志扎根铁路生产建设一线建功立业，勇担民族复兴时代重任；

6. 引导树立工程建设和环境友好的价值观和正确的工程伦理观,增强社会法治意识、责任意识与责任担当,加强生态文明理念与自然和谐的环保意识;

7. 引导弘扬劳模精神、劳动精神、工匠精神,培养立足岗位的创新意识和科学精神。

任务 5.1   计算自重应力

引导问题

1. 什么是应力?
2. 什么是应变?
3. 什么是应力状态分析?

任务内容

如图 5-1 所示,工程结构都是建造在土层上的。建筑物的建造使地基土中原有的应力状态发生了变化,如同其他材料一样,地基土受力后也要产生应力和应变。在地基土层上修建结构物,基础将建筑物的荷载传递给地基,使地基中原有的应力状态发生变化,从而引起地基变形,其竖直方向的变形即为沉降。因此,研究地基土中应力的分布规律是研究地基、建筑物变形和稳定问题的理论依据,也是地基基础设计中的一个十分重要的环节。

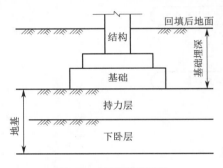

图 5-1   地基基础示意

5.1.1   土中应力

土中应力可分为自重应力和附加应力两种。自重应力是指上覆土体本身的重量所引起的应力,自土生成之日起就是存在的,如图 5-2 所示,自重应力的分布与计算类似于水压力的分布与计算。一般说来,自重应力不会使地基产生变形,这是因为自土层形成之日起自重应力就会使土层压缩,沉降变形早已完成。但对于新近沉积的土、新填土或水文地质条件改变的土层,其自重应力将会发生变化,这时候就需要考虑自重应力导致的变形。

附加应力是指建筑物的荷载在地基土中产生的应力,如图 5-3 所示,荷载 P 作用在基础上,通过基础传递给地基土,应力逐渐向下向四周扩散($\sigma = P/A$)。附加应力改变了地基土中原有的应力状态,引起地基产生变形,从而导致建筑物基础产生沉降。在地基基础设计时,这一结果必须考虑。

计算土中应力,一般使用弹性力学的方法进行求解,也就是将土体看成是均质的、连续的、各向同性的线弹性材料。因此就可以按照材料力学中的公式计算土体的应力和应变。实际上,土既不是均质的,也不是连续的、各向同性的、理想的弹性体,而是弹塑性的异性体。鉴于一般建筑物荷载在土中引起的应力并不是很大,所以应力与应变之间才有近似的线性关系,此时,才可以将土体作为弹性体看待,采用弹性理论计算土中应力。

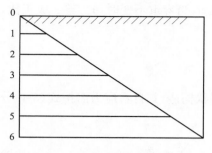
图 5-2　地基土自重应力分布

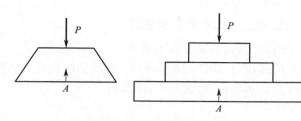
图 5-3　地基土中附加应力扩散示意

土是松散的介质,一般不能承受拉应力,或只有很小的抗拉强度(比如黄土)。在土中出现拉应力的情况也很少,因此在土力学中规定:压为正、拉为负。如图 5-4 所示,建立坐标系,xy 平面向两边无限延伸,称为无限大平面,无限大平面以下的无限空间称半无限空间。我们可以建立半无限坐标系,以天然地面任一点为坐标原点 O,z 轴竖直向下为正,xy 平面为水平面。当地基相对于基础尺寸而言大很多时,就可以把地基看作是半无限空间弹性体。

5.1.2　自重应力的分布与计算

1. 均匀土体中的自重应力

当地基土为均质时,同一标高水平面上的竖向自重应力都是均匀无限分布的。土体内任一竖直面都是对称面,对称面上的剪应力等于零,根据剪应力互等定理可知,任一水平面上的剪应力也等于零。设地基土为均质的、连续的、各向同性的线弹性体,其天然容重为 γ,在土中切取一个底面积为 A 的土柱,在深度 z 处的竖向自重应力就等于这个土柱对底面的压强,如图 5-5 所示。

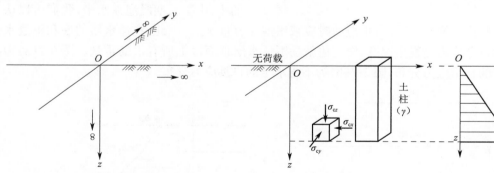

图 5-4　半无限空间坐标系　　　　图 5-5　均质土的自重应力

自重应力用 σ_c 表示,竖直方向的自重应力用 σ_{cz} 表示,有

$$\sigma_{cz}=\frac{G}{A}=\frac{\gamma z A}{A}=\gamma z \tag{5-1}$$

式中　σ_{cz}——土的竖向自重应力(kPa);

　　　G——土柱的重力(kN);

　　　γ——土的容重(kN/m^3);

　　　z——地面至计算点的深度(m)。

由公式(5-1)可知,土的自重应力随深度 z 线性增加,当容重不变时,σ_{cz} 与 z 成正比,呈三角形分布,如图 5-5 所示。

2. 成层土体中的自重应力

(1)天然地层自重应力计算

前面说过,第四纪的沉积土,最典型的构造就是层状构造,其自重应力需按式(5-1)分层计算后再叠加,按式(5-2)计算有

$$\sigma_{cz} = \gamma_1 h_1 + \gamma_2 h_2 + \cdots + \gamma_n h_n = \sum_{i=1}^{n} \gamma_i h_i \tag{5-2}$$

式中　n——计算范围内的土层数;

　　　h_i——第 i 层土的厚度(m);

　　　γ_i——第 i 层土的容重(kN/m^3),地下水位以上的土层一般采用天然容重,地下水位以下的透水土层采用浮容重,如有特殊情况,按实际情况取值。

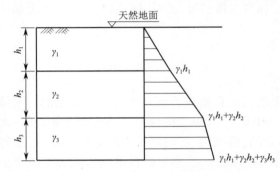

图 5-6　成层土体中的自重应力分布

(2)自重应力的分布

土的自重应力沿深度成直线或折线分布,在土层分界面处发生变化,即当土层发生变化,其斜率(土的容重)会发生变化,如图 5-6 所示。

3. 地下水与不透水层的影响

地下水位以下的土层,由于受到水的浮力作用,对于透水土,计算时应采用浮容重,按照式(5-1)计算。对于不透水的土,由于长期浸泡在水中,我们可以认为其已经完全饱和,计算自重应力时应采用饱和容重 γ_{sat}。因此,在透水层的底和不透水层的顶自重应力会发生突变,突变值就是不透水层顶面以上所有水的重量。图 5-7(a)为透水土的自重应力分布,图 5-7(b)为不透水土的自重应力分布。

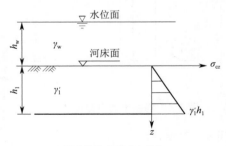

(a)透水土的自重应力分布

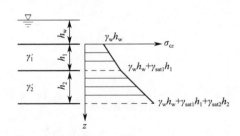

(b)不透水土的自重应力分布

图 5-7　土层中的自重应力分布

对于水位面以下的土层在计算自重应力时,大家要切记,我们计算的是土的自重应力,计算的起点为土面,但是计算时要考虑水的影响。

考虑土层是否透水时,一般认为,长期浸泡在水中的黏性土,若其液性指数 $I_L \leqslant 0$,表

明该土处于半干硬状态,可按不透水考虑,若 $I_L \geqslant 1$,表明该土处于流塑状态,可按透水考虑。I_L 介于 $0 \sim 1$ 之间的土层是否透水,应根据实际工程综合考虑。

4. 水平向自重应力

在半无限体内取一个单元体,如图 5-5 所示,该单元体上两个水平向自重应力 σ_{cx},σ_{cy} 相等,并按式(5-3)计算。

$$\sigma_{cx} = \sigma_{cy} = K_0 \sigma_{cz} = K_0 \gamma z \tag{5-3}$$

式中　K_0——土的侧压力系数,也称静止土压力系数。

例题 5-1

已知地层剖面如图 5-8 所示,试计算其自重应力,并绘制自重应力分布图。

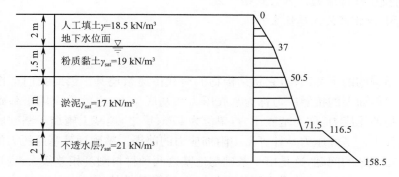

图 5-8　例题 5-1(单位:kPa)

[**解**]:水的容重取 $\gamma_w = 10 \ kN/m^3$

一层的顶 $\sigma_{cz0} = 0$

一层的底 $\sigma_{cz1} = \gamma_1 h_1 = 18.5 \times 2 = 37 (kPa)$

二层的底 $\sigma_{cz2} = \gamma_1 h_1 + \gamma_2 h_2 = 37 + (19-10) \times 1.5 = 50.5 (kPa)$

三层的底 $\sigma_{cz3} = \gamma_1 h_1 + \gamma_2 h_2 + \gamma_3' h_3 = 50.5 + (17-10) \times 3 = 71.5 (kPa)$

四层的顶 $\sigma_{cz3}' = \gamma_1 h_1 + \gamma_2 h_2 + \gamma_3' h_3 + \gamma_w h_w = 71.5 + (1.5+3) \times 10 = 116.5 (kPa)$

四层的底 $\sigma_{cz4} = \gamma_1 h_1 + \gamma_2 h_2 + \gamma_3' h_3 + \gamma_w h_w + \gamma_{sat4} h_4 = 116.5 + 21 \times 2 = 158.5 (kPa)$

自重应力分布如图 5-8 所示。

练习题

〖**简答题**〗

1. 土中的应力按照成因分为哪几种? 定义是什么?

2. 土中应力计算的基本假定是什么?

〖**计算题**〗

3. 已知地层剖面如图 5-9 所示,粗砂层饱和容重为 $21.5 \ kN/m^3$,饱和黏土层饱和容重为 $18.5 \ kN/m^3$,试计算其自重应力,并绘制自重应力分布图。

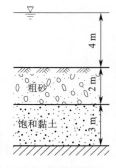

图 5-9　地层剖面

任务 5.2 计算基底压力

引导问题

1. 什么是刚性材料?
2. 什么是柔性材料?
3. 胡克定律的内容是什么?
4. 什么是弹性模量?
5. 圣维南原理的内容是什么?
6. 轴向拉压杆件应力计算公式是什么?
7. 压弯组合计算公式是什么?

任务内容

　　基础是结构物的下部结构,它将结构物的荷载传递给地基。因此我们把作用在基础底面和地基接触面上的接触应力称为基底压力和基底反力,也就是作用于基础底面地基土层单位面积的压应力,称为基底压力,单位为 kPa;反之,地基土施加于基础底面的压应力称为基底反力。基底压力是计算土中附加应力的前提。精确计算基底压力的大小和分布情况是个很复杂的问题,这是由于基础与地基这两种材料刚度相差很大,变形不能协调的缘故,此外它还受到基础的平面形状、尺寸、埋深等条件的影响。下面具体来看工程中如何计算基底压力。

5.2.1 基底压力分布规律

　　通过工程实践,可以知道基底压力的分布形式与基础的刚度、荷载的大小及分布、基础的埋深,以及地基土的性质都有关系。它涉及上部结构、基础、地基三者之间的共同作用问题。下面简单介绍基础刚度的影响。

1. 柔性基础

　　柔性基础,比如土坝及以钢板做成的储油罐底板,其刚度很小,能够承受一定的拉力而不开裂。因此一般认为柔性基础基底压力的分布形式与上部荷载的作用形式相同,如图 5-10 所示。

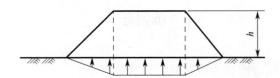

图 5-10　柔性基础基底反力的分布形式

2. 刚性基础

　　刚性基础,比如毛石、混凝土基础,刚度很大,只能承受压力,基础受力后本身变形很小,下沉后底面仍保持平面形状。对于刚性基础,基底压力的分布形式可以通过工程试验检测方法测出,其基底压力分布有三种形式,如图 5-11 所示。当荷载较小时,基底压力的形状接近弹性理论解,即图 5-11(a)中虚线所示;当荷载逐渐增大时,基底压力分布形状变为图 5-11(a)中的马鞍形;荷载继续增大时,基础边缘塑性破坏区逐渐扩大,所增加的荷载必须靠基底中部力的增大来平衡,基底压力图形变为抛物线形[图 5-11(b)]以至倒钟形[图 5-11(c)]。

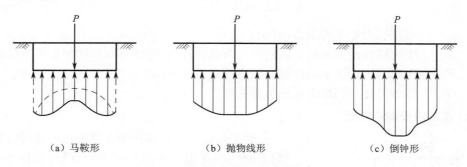

(a) 马鞍形　　　　　　　(b) 抛物线形　　　　　　　(c) 倒钟形

图 5-11　基底压力分布

5.2.2　基底压力的简化计算

根据分析,我们知道基底压力的分布形式在实际上是很复杂的,不管是马鞍形还是抛物线形,在工程上应用是不太实际的。就比如要验算地基是否能够承受上部的荷载,我们计算得到基底压力是个马鞍形,无法每一点都要验算,因工作量很大,而且没必要,我们只需要知道压力最大的点满足要求,那么其他点按正常来说就没有问题。那么根据工程的特点,我们可以对基底压力进行简化计算,只要能够满足工程计算精度就可以。

如图 5-12 所示,根据弹性理论中的圣维南原理可知,木块作用在桌面上的压力与其上面荷载的分布形式没有关系,只是在力的作用点附近有所差别,也就是外荷载的分布形式对压力计算的影响仅局限于一定深度范围,超出此范围以后,就只跟荷载的大小、方向和合力的位置有关。

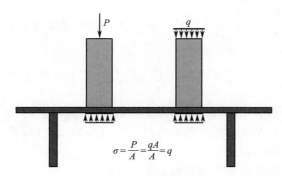

$$\sigma = \frac{P}{A} = \frac{qA}{A} = q$$

图 5-12　圣维南原理

大量试验证明:当基础宽度不小于 1.0 m,而且荷载不是很大时,刚性基础的基底压力分布可近似按直线变化规律计算。而这样简化计算所引起的误差也在容许范围内,其基本假定为:

(1)基础为不变形的绝对刚体,受荷载作用后基础底面始终保持为平面。

（2）基底压力与基础沉降成正比。

1. 基础承受中心荷载

对于竖向集中荷载作用于基础形心时,设基础底面积为 A,按照材料力学,轴向拉伸和压缩中正应力的计算公式,基底压力 σ_h 为

$$\sigma_h = \frac{P}{A} = \frac{F+G}{A} (\text{kPa}) \tag{5-4}$$

式中 σ_h——基础底面的平均压力（kPa）；

　　　　P——上部结构传至基础底面的竖直荷载设计值,包括基础和回填土自重（kN）；

　　　　F——上部结构传至基础顶面的竖直荷载设计值（kN）；

　　　　G——基础及其上回填土重标准值的总重（kN）。

2. 基础承受偏心荷载

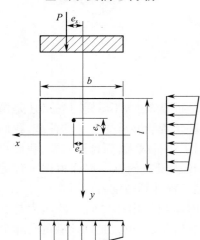

图 5-13 双向偏心荷载下的基底压力

对于竖向集中荷载作用于基础形心外时,可按材料力学的压弯组合中的公式进行计算,如图 5-13 所示,即

$$\sigma_h = \frac{P}{A} \pm \frac{M_x \cdot y}{I_x} \pm \frac{M_y \cdot x}{I_y} \tag{5-5}$$

式中 σ_h——基础底面任意点的基底压力（kPa）；

　　　　P——上部结构传至基础底面的集中竖直荷载设计值,包括基础和回填土自重（kN）；

　　　M_x, M_y——偏心荷载对基础底面 x、y 轴的力矩（kN·m）；

　　　I_x, I_y——基础底面 x、y 轴的惯性矩（m⁴）；

　　　e_x, e_y——偏心荷载对 x、y 轴的偏心矩（m）。

在实际工程中,应当尽量避免双向偏心的情况。这里我们以单向偏心为例,令 $e_y = 0, e_x = e, M_y = M = P \cdot e, W = W_y = \frac{I_y}{x} = \frac{lb^4/12}{b/2} = \frac{1}{6}lb^3, A = l \cdot b$,计算基底压力,根据式(5-5)可得基础边缘的正应力为

$$\left.\begin{array}{c}\sigma_{hmax}\\\sigma_{hmin}\end{array}\right\} = \frac{P}{A} \pm \frac{M}{W} = \frac{P}{A} \pm \frac{P \cdot e}{A} = \frac{P}{A}\left(1 \pm \frac{6e}{b}\right) \tag{5-6}$$

式中 $\sigma_{hmin}, \sigma_{hmax}$——基础底面的边缘的最小和最大压力（kPa）；

　　　　P——上部结构传至基础底面的竖直荷载设计值,包括基础和回填土自重（kN）；

　　　　e——竖直荷载合力的偏心距（m）；

　　　　b——基础底面边长（m）。

3. 基底压力的分布形式

从式(5-6)可以看出,基底应力的分布（图 5-14）有以下四种情况：

（1）当 $e = 0$ 时,即荷载不偏心,基底压力剖面为矩形。

（2）当 $e < \dfrac{b}{6}$ 时,σ_{hmin} 为正值,基底压力剖面为梯形。

（3）当 $e = \dfrac{b}{6}$ 时，σ_{hmin} 为零，基底压力剖面为三角形。

（4）当 $e > \dfrac{b}{6}$ 时，σ_{hmin} 为负值，表示基底一侧出现拉应力。

如果 σ_{hmin} 为负值，表示基底一侧出现拉应力。由于地基土不能承受拉应力，此时基底与地基土局部脱开，使基底地基反力重新分布。根据偏心荷载与基底地基反力的平衡条件（合力大小相等、方向相反、作用点重合），应力重分布之后，基底边缘最大地基反力 σ'_{hmax} 为

$$\sigma'_{hmax} = \frac{2P}{3\left(\dfrac{b}{2} - e\right) \cdot l} \tag{5-7}$$

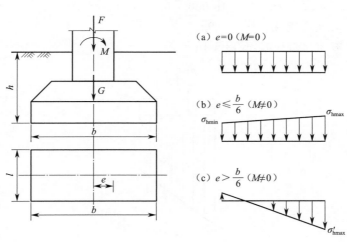

（a）$e = 0$（$M = 0$）

（b）$e \leqslant \dfrac{b}{6}$（$M \neq 0$）

（c）$e > \dfrac{b}{6}$（$M \neq 0$）

图 5-14　基底反力分布的简化计算

一般来说，工程中是不允许基底出现拉应力的。这种情况在设计中应尽量避免，但有时高耸结构物下的基底压力可能也会出现这种情况。因此，在设计基础尺寸时，应尽量使合力偏心矩满足 $e < \dfrac{l}{6}$ 的条件。

4. 基础承受水平荷载

当结构物承受水压力或侧向土压力时，基础会受到倾斜荷载的作用，如图 5-15 所示。计算时，可将斜向荷载分解为 z 向荷载和 x 向荷载，由 x 向荷载引起的基底水平应力一般假定为均匀分布于整个基础底面，则对于矩形基础有

$$\sigma_x = \frac{P_x}{A} \quad (\text{kPa}) \tag{5-8}$$

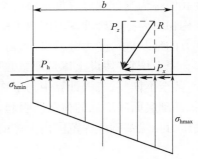

图 5-15　倾斜荷载作用下的基底压力

式中　　P_x——斜向荷载沿水平方向的分量（kN）；

　　　　σ_x——水平向的基底应力（kPa）。

5. 条形基础

当基础的长宽比 $a/b \geqslant 10$ 时，我们可以将其作为平面问题来计算，该基础可以当作

条形基础。对于条形基础,不管是中心荷载,还是偏心荷载,都可以沿长度方向取单位长度进行计算,即 $b=1$,公式同式(5-4)~式(5-7)。

例题 5-2

有一矩形桥墩基础 $a=10.0$ m,$b=6.0$ m,受到沿 b 方向的单向竖直偏心荷载 $P=16\ 000$ kN 的作用。试求:当偏心距 $e=0.8$ m 时,基底最大应力为多少?

[解]:基底面积 $A=a \cdot b=10\times6=60(\mathrm{m}^2)$

截面抵抗矩 $W=\dfrac{1}{6}a \cdot b^2=\dfrac{1}{6}\times10\times6^2=60(\mathrm{m}^3)$

当 $e=0.8$ m 时,有

$$\begin{matrix}\sigma_{hmax}\\\sigma_{hmin}\end{matrix}=\frac{P}{A}\pm\frac{M}{W}=\frac{16\ 000}{60}\pm\frac{16\ 000\times0.8}{60}=\begin{matrix}480\\53\end{matrix}(\mathrm{kPa})$$

基底压力分布为梯形分布,如图 5-16 所示。

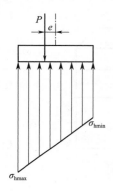

图 5-16　例题 5-2

5.2.3　基底附加压力的计算

对于结构物,它的基础不是直接放置在地表的,而是埋在地表以下一定深度,这个深度我们称为基础埋置深度。修建结构物之前,基底的位置只承受其以上土层的重力,修建结构物时要把基础埋深范围内土层先挖出去,然后在地基上修建结构物。因此,对结构物下方的地基进行受力分析可知,由于挖掉土层,会卸掉基底土所受重力,理论上地基的变形会完全恢复(假设土体是理想的弹性体)。实际上由于土的特殊性,这部分变形恢复很少,甚至不恢复,工程计算中为了弥补这一误差,一般认为地基的变形仅由修建结构物之后,基础底面净增加的荷载所引起,也就是基底附加压力。基底附加压力在数值上等于基底压力扣除基础埋深范围内土体的自重应力。基底压力均匀分布时,基底附加压力为

$$\sigma_{z0}=\sigma_h-\gamma_h h \tag{5-9}$$

式中　σ_{z0}——基底附加压力设计值(kPa);

　　　σ_h——基底压力设计值(kPa);

　　　γ_h——基础埋深范围内各土层的加权平均容重(kN/m³);地下水位以下取有效容重;

　　　h——基础埋深(m)。

例题 5-3

有一矩形桥墩基础 $a=10.0$ m,$b=9.0$ m,基础埋深 $h=3$ m,基础埋深范围土层加权

平均容重为 20 kN/m³,受到沿 b 方向的单向偏心荷载 $P=27\,000$ kN 的作用,偏心距 $e=1.2$ m,地层资料如图 5-17 所示。试计算基底压力和基底附加压力。

[解]:基底面积:$A=ab=10×9=90(m^2)$

验算偏心为

$$\frac{1}{6}b=\frac{1}{6}×9=1.5(m)<e=1.2cm,则\ \sigma_{hmin}>0$$

基础埋深内土层自重为

$$\gamma_0 h=20×3=60(kPa)$$

基底压力为

$$\frac{\sigma_{hmax}}{\sigma_{hmin}}=\frac{P}{A}\left(1±\frac{6e}{b}\right)=\frac{27\,000}{90}×\left(1±\frac{6×1.2}{9}\right)=\frac{540}{60}(kPa),呈梯形分布。$$

基底附加压力 $\sigma_{z0}=\sigma_h-\gamma_0 h=\frac{540}{60}-60=\frac{480}{0}(kPa)$,呈三角形分布,如图 5-17 所示。

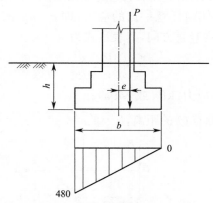

图 5-17　例题 5-3(单位:kPa)

练习题

〖简答题〗

1. 基底压力简化计算的基本假定是什么?
2. 基底压力的分布形式有哪几种?

〖计算题〗

3. 一桥墩基础,底面为矩形,宽 $b=6$ m,长 $a=10$ m,基础埋深为 2.5 m,基础埋深范围和基底均为粉质黏土,天然容重为 16 kN/m³,作用在基础底面中心的荷载 $P=6\,000$ kN,$M=3\,600$ kN·m,试计算该基础的基底压力和基底附加压力。

任务 5.3　计算附加应力

引导问题

1. 一点处的应力状态分析是什么?
2. 广义的胡克定律内容是什么?

任务内容

　　附加应力是由于在土层上修建结构物引起地基土内新增加的应力。因此,它是使地基产生变形的主要原因。在计算时与自重应力一样,需要假定地基土是均质的、连续的、各向同性的理想弹性材料,然后根据弹性理论的基本公式进行计算。而在现实当中,前述假定与实际情况并不相符。只有在荷载不是很大,地基中的塑性变形区又很小时,荷载与变形之间才可以近似看成线性关系。由于这一假定所引起的误差,经过实际工程验证,在满足一定条件时是容许的。下面主要给出几种常见情况下地基中附加应力的分布与计算。

5.3.1　竖直集中荷载作用下的地基附加应力计算

1. 竖直集中力作用

　　1885 年法国数学家布辛纳斯克用弹性理论推导,给出了在半无限空间弹性体表面上作用有竖直集中力时,弹性体内任意一点的应力,即 σ_x,σ_y,σ_z,$\tau_{xy}=\tau_{yx}$,$\tau_{yz}=\tau_{zy}$,$\tau_{xz}=\tau_{zx}$(图 5-18)。这里我们只看竖直方向,其表达式为

$$\sigma_z = \frac{3P}{2\pi} \cdot \frac{z^3}{R^5} \tag{5-10}$$

式中　σ_z——z 方向的法向应力(kPa 或 MPa);

　　　　R——M 点至坐标原点 O 的距离,$R=\sqrt{x^2+y^2+z^2}=\sqrt{r^2+z^2}$。

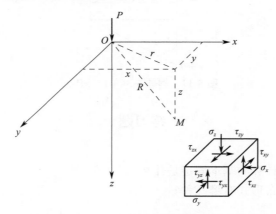

图 5-18　集中力作用下土中应力计算

　　利用几何关系 $R^2=r^2+z^2$,公式(5-10)可以变成

$$\sigma_z = \frac{3P}{2\pi}\frac{z^3}{R^5} = \frac{3P}{2\pi z^2}\frac{1}{\left[1+\left(\frac{r}{z}\right)^2\right]^{\frac{5}{2}}} = \alpha_1\frac{P}{z^2} \tag{5-11}$$

式中,$\alpha_1 = \dfrac{3}{2\pi\left[1+\left(\dfrac{r}{z}\right)^2\right]^{\frac{5}{2}}}$,称为集中荷载竖向附加应力系数,也可以写成 $\alpha_1=f(r/z)$,由表 5-1 查得。

表 5-1　集中荷载作用下的竖向附加应力系数

r/z	α_1	r/z	α_1	r/z	α_1	r/z	α_1
0.00	0.477 5	0.65	0.197 8	1.30	0.040 2	1.95	0.009 5
0.05	0.474 5	0.70	0.176 2	1.35	0.035 7	2.00	0.008 5
0.10	0.465 7	0.75	0.156 5	1.40	0.031 7	2.20	0.005 8
0.15	0.451 6	0.80	0.138 6	1.45	0.028 2	2.40	0.004 0
0.20	0.432 9	0.85	0.122 6	1.50	0.025 1	2.60	0.002 9
0.25	0.410 3	0.90	0.108 3	1.55	0.022 4	2.80	0.002 1
0.30	0.384 9	0.95	0.095 6	1.60	0.020 0	3.00	0.001 5
0.35	0.357 7	1.00	0.084 4	1.65	0.017 9	3.50	0.000 7
0.40	0.329 4	1.05	0.074 1	1.70	0.016 0	4.00	0.000 4
0.45	0.301 1	1.10	0.065 8	1.75	0.014 4	4.50	0.000 2
0.50	0.273 3	1.15	0.058 1	1.80	0.012 9	5.00	0.000 1
0.55	0.246 6	1.20	0.051 3	1.85	0.011 6	—	—
0.60	0.221 4	1.25	0.045 4	1.90	0.010 5	—	—

式(5-9)的适用条件：

(1)当基础底面的形状或基底下的荷载分布不规则时,可以把分布荷载等效成为多个集中力,然后用布辛纳斯克公式和叠加原理计算土中附加应力。

(2)当基础底面的形状及分布荷载都有规则时,那么可以按照高等数学中通过对荷载面积的积分求解得到相应的集中力,从而再利用式(5-11)计算。

例题 5-4

某地基的基底压力可等效成一个集中荷载作用,力 $P=2\ 000$ kN,试计算 $r=0$ m, $z=2$ m、4 m、6 m、8 m;$r=2$ m,$z=2$ m、4 m、6 m、8 m;$r=4$ m,$z=2$ m、4 m、6 m、8 m 处的竖向附加应力(列表计算)。

[**解**]:根据布辛纳斯克公式列表计算。

(1)计算水平距离 $r=0$ m 时,各深度处的附加应力见表 5-2。

表 5-2　$r=0$ m 附加应力计算结果

z(m)	2	4	6	8
r/z	0	0	0	0
α_1	0.477 5	0.477 5	0.477 5	0.477 5
$\sigma_z=\alpha_1 P/z^2$(kPa)	238.75	59.69	26.53	14.92

(2)计算水平距离 $r=2$ m 时,各深度处的附加应力见表 5-3。

表 5-3　$r=2$ m 附加应力计算结果

z(m)	2	4	6	8
r/z	1	0.5	0.33	0.25
α_1	0.084 4	0.273 3	0.368 58	0.410 3
$\sigma_z=\alpha_1 P/z^2$(kPa)	42.2	34.16	20.48	12.82

（3）计算水平距离 $r=4$ m 时，各深度处的附加应力见表 5-4。

表 5-4　$r=4$ m 附加应力计算结果

z(m)	2	4	6	8
r/z	2	1	0.67	0.5
α_1	0.008 5	0.084 4	0.189 16	0.273 3
$\sigma_z=\alpha_1 P/z^2$(kPa)	4.25	10.55	10.51	8.54

（4）利用表 5-2～表 5-4 数据可以作出图 5-19 所示图形，即附加应力分布图，且应注意。

①地面下同一深度的水平面上，沿力的作用线上的附加应力最大，向两边逐渐减小。

②距地面愈深，应力分布范围愈大，附加应力越小。

● 音 频

附加应力
分布情况

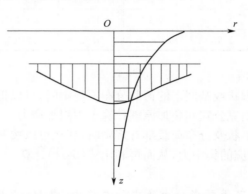

图 5-19　集中力作用下附加应力分布

2. 水平集中力作用

如果地基表面作用有平行于地基表面的水平荷载 P_x 时，希罗提根据弹性理论，求解出地基中任意点 M 的应力，这里同样只简单给出与沉降计算关系最大的竖向应力 σ_z，如图 5-20 所示。

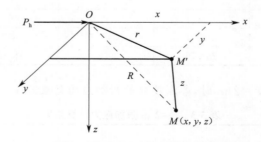

图 5-20　水平集中荷载作用于地基表面

$$\sigma_z=\frac{3P_x}{2\pi}\cdot\frac{xz^2}{R^5} \tag{5-12}$$

5.3.2　均质地基土中面积荷载作用下的土中附加应力

结构物的基础都是有一定面积的,基础底面的形状和基底压力分布形式也各不相同,因此在荷载作用下土中竖向附加应力的计算也不同。下面介绍几种常见情况下,土中附加应力计算方法。

1. 矩形面积承受竖向均布荷载

(1)基础中心点下的附加应力

基础底面为矩形(图 5-21),基底压力为均匀分布的 p 时,基础中心点下深度 z 处 M 点的竖向附加应力为

$$\sigma_z = \alpha_0 p \qquad (5-13)$$

式中,α_0 称为矩形面积承受均布荷载竖向附加应力系数,$\alpha_0 = f(a/b, z/b)$,由表 5-5 查得。

(2)基础角点下的附加应力

任意角点下深度 z 处 N 点的竖向附加应力为

$$\sigma_z = \alpha_d p \qquad (5-14)$$

式中,α_d 为垂直均布荷载下矩形基底角点下的竖向附加应力系数,无量纲,$\alpha_d = f(a/b, z/b)$,由表 5-6 查得。

(3)基础下任意点的附加应力

基础下任意点 K 处的附加应力可以利用角点下

图 5-21　矩形面积受均布荷载

的应力计算公式和叠加原理进行计算,这一方法称为角点法。K 点的位置主要有以下四种情况,如图 5-22 所示。在均布荷载 P 的作用下,计算 z 深度处 K 点的竖向附加应力时,可以将 K 点投影,做平行于矩形两边的辅助线,使 K 点成为几个小矩形的共角点,利用应力叠加原理,即可求得 K 点的附加应力。

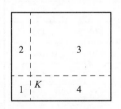

(a) K 点位于基础底面内

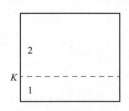

(b) K 点位于基础底面边上

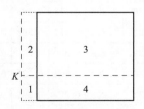

(c) K 点位于基础底面对边延长线内

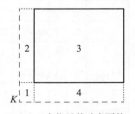

(d) K 点位于基础底面外

图 5-22　角点法示意

计算点 K 的投影位于基础底面以内时,根据角点法,过需要计算的 K 点,将矩形分成四块,K 点是所有划分四个新矩形的一个角点,如图 5-22(a)所示,附加应力为

$$\sigma_z = (\alpha_{d1} + \alpha_{d2} + \alpha_{d3} + \alpha_{d4}) p$$

计算点 K 的投影位于任一基础边缘时,根据角点法,过需要计算的 K 点,将矩形分成两块,K 点是所有划分两个新矩形的一个角点,如图 5-22(b)所示,附加应力为

$$\sigma_z = (\alpha_{d1} + \alpha_{d2}) p$$

计算 K 点的投影位于基础底面任意一条边外时,根据角点法,过需要计算的 K 点,

将矩形分成 4 块，K 点是所有划分四个新矩形的一个角点，如图 5-22(c)所示，附加应力为

$$\sigma_z = (\alpha_{d14} + \alpha_{d23} - \alpha_{d1} - \alpha_{d2})p$$

计算 K 点在基础底面以外时，根据角点法，过需要计算的 K 点，补充矩形，形成四个新矩形，如图 5-22(d)所示，附加应力为

$$\sigma_z = (\alpha_{d1234} - \alpha_{d12} - \alpha_{d14} + \alpha_{d1})p$$

在计算时，需要特别注意的是，对于新划分的矩形，a 为长边，b 为短边；不管是增加还是减少矩形，实际的荷载作用面积的代数和是不变的；计算点必须是所划分矩形的一个角点。表 5-5 为矩形面积承受均布荷载中心点下的竖向附加应力系数。表 5-6 为矩形面积承受均布荷载角点下的竖向附加应力系数。

表 5-5　矩形面积承受均布荷载中心点下的竖向附加应力系数

z/b	矩形的长宽比 a/b											$a/b \geqslant 10.0$ 条形基础
	1.0	1.2	1.4	1.6	1.8	2.0	2.4	2.8	3.2	4.0	5.0	
0.0	1.000	1.000	1.000	1.000	1.000	1.000	1.000	1.000	1.000	1.000	1.000	1.000
0.1	0.980	0.984	0.986	0.987	0.987	0.988	0.988	0.988	0.989	0.989	0.989	0.989
0.2	0.960	0.968	0.972	0.974	0.975	0.976	0.976	0.977	0.977	0.977	0.977	0.977
0.3	0.880	0.899	0.910	0.917	0.920	0.923	0.925	0.926	0.928	0.929	0.929	0.929
0.4	0.800	0.830	0.848	0.859	0.866	0.870	0.875	0.878	0.879	0.880	0.881	0.881
0.5	0.703	0.741	0.765	0.781	0.791	0.799	0.809	0.812	0.814	0.817	0.818	0.819
0.6	0.606	0.651	0.682	0.703	0.717	0.727	0.740	0.746	0.749	0.753	0.754	0.755
0.7	0.527	0.574	0.607	0.630	0.646	0.660	0.674	0.685	0.690	0.694	0.697	0.698
0.8	0.449	0.496	0.532	0.558	0.579	0.593	0.612	0.623	0.630	0.636	0.639	0.642
0.9	0.932	0.437	0.473	0.499	0.518	0.536	0.559	0.572	0.579	0.588	0.592	0.596
1.0	0.334	0.373	0.414	0.441	0.463	0.481	0.505	0.520	0.529	0.540	0.545	0.550
1.1	0.295	0.335	0.369	0.396	0.418	0.436	0.462	0.478	0.488	0.501	0.508	0.513
1.2	0.257	0.294	0.325	0.352	0.374	0.392	0.491	0.437	0.447	0.462	0.470	0.477
1.3	0.229	0.263	0.292	0.318	0.339	0.357	0.384	0.403	0.426	0.431	0.440	0.448
1.4	0.201	0.232	0.260	0.284	0.304	0.321	0.350	0.369	0.383	0.400	0.410	0.420
1.5	0.180	0.209	0.235	0.258	0.277	0.294	0.332	0.341	0.356	0.374	0.385	0.397
1.6	0.160	0.187	0.210	0.232	0.251	0.267	0.294	0.314	0.329	0.348	0.360	0.374
1.7	0.145	0.170	0.191	0.212	0.230	0.245	0.272	0.292	0.307	0.326	0.340	0.355
1.8	0.130	0.153	0.173	0.192	0.209	0.224	0.250	0.270	0.285	0.305	0.320	0.337
1.9	0.119	0.140	0.159	0.177	0.192	0.207	0.233	0.251	0.263	0.288	0.303	0.320
2.0	0.108	0.127	0.145	0.161	0.176	0.189	0.214	0.233	0.241	0.270	0.285	0.304
2.1	0.099	0.116	0.133	0.148	0.163	0.176	0.199	0.220	0.230	0.255	0.270	0.292
2.2	0.090	0.107	0.122	0.137	0.150	0.163	0.185	0.208	0.218	0.239	0.256	0.280
2.3	0.033	0.099	0.113	0.127	0.137	0.151	0.173	0.193	0.205	0.226	0.243	0.269
2.4	0.077	0.092	0.105	0.118	0.130	0.141	0.161	0.178	0.192	0.213	0.230	0.258
2.5	0.072	0.085	0.097	0.109	0.121	0.131	0.151	0.167	0.181	0.202	0.219	0.249

续上表

z/b	矩形的长宽比 a/b											a/b≥10.0 条形基础
	1.0	1.2	1.4	1.6	1.8	2.0	2.4	2.8	3.2	4.0	5.0	
2.6	0.066	0.079	0.091	0.102	0.112	0.123	0.141	0.157	0.170	0.191	0.208	0.239
2.7	0.062	0.073	0.084	0.095	0.105	0.115	0.132	0.148	0.161	0.182	0.199	0.234
2.8	0.058	0.069	0.079	0.089	0.099	0.108	0.124	0.139	0.152	0.172	0.189	0.228
2.9	0.054	0.064	0.074	0.083	0.093	0.101	0.117	0.132	0.144	0.163	0.180	0.218
3.0	0.051	0.060	0.070	0.078	0.087	0.095	0.110	0.124	0.136	0.155	0.172	0.208
3.2	0.045	0.053	0.062	0.070	0.077	0.085	0.098	0.111	0.122	0.141	0.158	0.190
3.4	0.040	0.048	0.055	0.062	0.069	0.076	0.088	0.100	0.110	0.128	0.144	0.184
3.6	0.036	0.042	0.049	0.056	0.062	0.068	0.090	0.090	0.100	0.117	0.133	0.175
3.8	0.032	0.033	0.044	0.050	0.056	0.062	0.070	0.080	0.091	0.107	0.123	0.166
4.0	0.029	0.035	0.040	0.046	0.051	0.056	0.066	0.075	0.084	0.095	0.113	0.158
4.2	0.026	0.031	0.037	0.042	0.048	0.051	0.060	0.069	0.077	0.091	0.105	0.15
4.4	0.024	0.029	0.034	0.038	0.042	0.047	0.055	0.063	0.070	0.084	0.098	0.144
4.6	0.022	0.026	0.031	0.035	0.039	0.043	0.051	0.058	0.065	0.078	0.091	0.137
4.8	0.020	0.024	0.028	0.032	0.038	0.040	0.047	0.054	0.060	0.070	0.085	0.132
5.0	0.019	0.022	0.026	0.030	0.033	0.037	0.044	0.050	0.056	0.067	0.079	0.126

表 5-6　矩形面积承受均布荷载角点下的竖向附加应力系数

z/b	a/b										
	1.0	1.2	1.4	1.6	1.8	2.0	3.0	4.0	5.0	6.0	10.0
0	0.250 0	0.250 0	0.250 0	0.250 0	0.250 0	0.250 0	0.250 0	0.250 0	0.250 0	0.250 0	0.250 0
0.2	0.248 6	0.248 9	0.249 0	0.249 1	0.249 1	0.249 1	0.249 2	0.249 2	0.249 2	0.249 2	0.249 2
0.4	0.240 1	0.242 0	0.242 9	0.243 4	0.243 7	0.243 9	0.244 2	0.244 3	0.244 3	0.244 3	0.244 3
0.6	0.222 9	0.227 5	0.230 0	0.235 1	0.232 4	0.232 9	0.233 9	0.234 1	0.234 2	0.234 2	0.234 2
0.8	0.199 9	0.207 5	0.212 0	0.214 7	0.216 5	0.217 6	0.219 6	0.220 0	0.220 2	0.220 2	0.220 2
1.0	0.175 2	0.185 1	0.191 1	0.195 5	0.198 1	0.199 9	0.203 4	0.204 2	0.204 5	0.204 5	0.204 6
1.2	0.151 6	0.162 6	0.170 5	0.175 8	0.179 3	0.181 8	0.187 0	0.188 2	0.188 5	0.188 7	0.188 8
1.4	0.130 8	0.142 3	0.150 8	0.156 9	0.161 3	0.164 4	0.171 2	0.173 0	0.173 5	0.173 8	0.174 0
1.6	0.112 3	0.124 1	0.132 9	0.143 6	0.144 5	0.148 2	0.156 7	0.159 0	0.159 8	0.160 1	0.160 4
1.8	0.096 9	0.108 3	0.117 2	0.124 1	0.129 4	0.133 4	0.143 4	0.146 3	0.147 4	0.147 8	0.148 2
2.0	0.084 0	0.094 7	0.103 4	0.110 3	0.115 8	0.120 2	0.131 4	0.135 0	0.136 3	0.136 8	0.137 4
2.2	0.073 2	0.083 2	0.091 7	0.098 4	0.103 9	0.108 4	0.120 5	0.124 8	0.126 4	0.127 1	0.127 7
2.4	0.064 2	0.073 4	0.081 2	0.087 9	0.093 4	0.097 9	0.110 8	0.115 6	0.117 5	0.118 4	0.119 2
2.6	0.056 6	0.065 1	0.072 5	0.078 8	0.084 2	0.088 7	0.102 0	0.107 3	0.109 5	0.110 6	0.111 6
2.8	0.050 2	0.058 0	0.064 9	0.070 9	0.076 1	0.080 5	0.094 2	0.099 9	0.102 4	0.103 6	0.104 8
3.0	0.044 7	0.051 9	0.058 3	0.064 0	0.069 0	0.073 2	0.087 0	0.093 1	0.095 9	0.097 3	0.098 7
3.2	0.040 1	0.046 7	0.052 6	0.058 0	0.062 7	0.066 8	0.080 6	0.087 0	0.090 0	0.091 6	0.093 3

续上表

z/b	a/b										
	1.0	1.2	1.4	1.6	1.8	2.0	3.0	4.0	5.0	6.0	10.0
3.4	0.036 1	0.042 1	0.047 7	0.052 7	0.057 1	0.061 1	0.074 7	0.081 4	0.084 7	0.086 4	0.088 2
3.6	0.032 6	0.038 2	0.043 3	0.048 0	0.052 3	0.056 1	0.069 4	0.076 3	0.079 9	0.081 6	0.083 7
3.8	0.029 6	0.034 8	0.039 5	0.043 9	0.047 9	0.051 6	0.064 5	0.071 7	0.075 3	0.077 3	0.079 6
4.0	0.027 0	0.031 8	0.036 2	0.040 3	0.044 1	0.047 4	0.060 3	0.067 4	0.071 2	0.073 3	0.075 8
4.2	0.024 7	0.029 1	0.033 3	0.037 1	0.040 7	0.043 9	0.056 3	0.063 4	0.067 4	0.069 6	0.072 4
4.4	0.022 7	0.026 8	0.030 6	0.034 3	0.037 6	0.040 7	0.052 7	0.059 7	0.063 9	0.066 2	0.069 6
4.6	0.020 9	0.024 7	0.028 3	0.031 7	0.034 8	0.037 8	0.049 3	0.056 4	0.060 6	0.063 0	0.066 3
4.8	0.019 3	0.022 9	0.026 2	0.029 4	0.032 4	0.035 2	0.046 3	0.053 3	0.057 6	0.060 1	0.063 5
5.0	0.017 9	0.021 2	0.024 3	0.027 4	0.030 2	0.032 8	0.043 5	0.050 4	0.054 7	0.057 3	0.061 0
6.0	0.012 7	0.015 1	0.017 4	0.019 6	0.021 8	0.023 3	0.032 5	0.038 8	0.043 1	0.046 0	0.050 6
7.0	0.009 4	0.011 2	0.013 0	0.014 7	0.016 4	0.018 0	0.025 1	0.030 6	0.034 6	0.037 6	0.042 8
8.0	0.007 3	0.008 7	0.010 1	0.011 4	0.012 7	0.014 0	0.019 8	0.024 6	0.028 3	0.031 1	0.036 7
9.0	0.005 8	0.006 9	0.008 0	0.009 1	0.010 2	0.011 2	0.016 1	0.020 2	0.023 5	0.026 2	0.031 9
10.0	0.004 7	0.005 6	0.006 5	0.007 4	0.008 3	0.009 2	0.013 2	0.016 7	0.019 8	0.022 2	0.028 0

2. 矩形面积承受三角形分布荷载

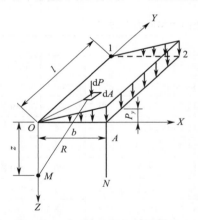

图 5-23　矩形面积受三角形荷载

基础底面为矩形，基底压力分布为三角形分布，如图 5-23 所示，荷载强度为零的角点 O 下，z 深度，M 点处的竖向附加应力为

$$\sigma_z = \alpha_{T_1} p \tag{5-15}$$

荷载强度最大值 p 处角点 A 下，z 深度，N 点处的竖向附加应力为

$$\sigma_z = \alpha_{T_2} p \tag{5-16}$$

式中　α_{T_1}, α_{T_2}——角点下的附加应力系数，α_{T_1} 和 α_{T_2} 都是 $f(a/b, z/b)$ 的函数，由表 5-7 查得。

表 5-7　矩形面积承受三角形分布荷载时角点下的竖向应力系数

z/b	a/b														
	0.2		0.4		0.6		0.8		1.0		1.2		1.4		1.6
	α_{T_1}	α_{T_2}	α_{T_1}	α_{T_2}	α_{T_1}	α_{T_2}	α_{T_1}	α_{T_2}	α_{T_1}	α_{T_2}	α_{T_1}	α_{T_2}	α_{T_1}	α_{T_2}	α_{T_1}
0.0	0.000	0.250	0.000	0.250	0.000	0.250	0.000	0.250	0.000	0.250	0.000	0.250	0.000	0.250	0.000
0.2	0.002	0.182	0.028	0.211	0.029	0.216	0.030	0.217	0.030	0.218	0.030	0.218	0.030	0.218	0.030
0.4	0.002	0.109	0.042	0.160	0.048	0.178	0.051	0.184	0.053	0.187	0.053	0.188	0.054	0.188	0.054
0.6	0.002	0.070	0.044	0.116	0.056	0.140	0.062	0.152	0.065	0.157	0.067	0.160	0.068	0.161	0.069
0.8	0.002	0.048	0.042	0.085	0.055	0.109	0.063	0.123	0.068	0.131	0.072	0.135	0.073	0.138	0.075

续上表

z/b	0.2 α_{T_1}	0.2 α_{T_2}	0.4 α_{T_1}	0.4 α_{T_2}	0.6 α_{T_1}	0.6 α_{T_2}	0.8 α_{T_1}	0.8 α_{T_2}	1.0 α_{T_1}	1.0 α_{T_2}	1.2 α_{T_1}	1.2 α_{T_2}	1.4 α_{T_1}	1.4 α_{T_2}	1.6 α_{T_1}
1.0	0.002	0.034	0.037	0.063	0.050	0.085	0.060	0.099	0.066	0.108	0.070	0.114	0.073	0.117	0.075
1.2	0.001	0.026	0.032	0.049	0.046	0.067	0.054	0.080	0.061	0.090	0.066	0.096	0.069	0.100	0.072
1.4	0.001	0.020	0.027	0.038	0.039	0.054	0.048	0.066	0.055	0.075	0.060	0.081	0.064	0.086	0.067
1.6	0.001	0.016	0.023	0.031	0.033	0.044	0.042	0.054	0.049	0.062	0.054	0.069	0.058	0.074	0.061
1.8	0.001	0.013	0.020	0.025	0.029	0.036	0.037	0.045	0.043	0.053	0.048	0.059	0.052	0.064	0.056
2.0	0.000	0.010	0.017	0.021	0.025	0.030	0.032	0.038	0.038	0.045	0.043	0.051	0.047	0.056	0.050
2.5	0.000	0.007	0.012	0.014	0.018	0.020	0.023	0.026	0.028	0.031	0.032	0.036	0.036	0.040	0.039
3.0	0.000	0.005	0.009	0.010	0.013	0.014	0.017	0.019	0.021	0.023	0.024	0.027	0.028	0.030	0.030
5.0	0.000	0.001	0.003	0.003	0.005	0.005	0.007	0.007	0.008	0.009	0.010	0.010	0.012	0.012	0.013
7.0	0.000	0.001	0.001	0.001	0.001	0.002	0.003	0.003	0.004	0.004	0.005	0.005	0.006	0.006	0.007
10.0	0.000	0.000	0.000	0.001	0.001	0.001	0.001	0.001	0.002	0.002	0.002	0.002	0.003	0.003	0.003

3. 条形面积承受均布荷载

如图 5-24 所示,条形基础基底压力为均匀分布时,地基土中任意一点 M 的竖向附加应力为

$$\sigma_z = \alpha_2 p \tag{5-17}$$

式中　α_2——条形面积承受均布荷载土中竖向附加应力系数,$\alpha_2 = f(x/b, z/b)$,由表 5-8 查得。

4. 条形面积承受三角形分布荷载

如图 5-25 所示,条形基础基底压力分布为三角形分布,基础宽度为 b,土中任意点 M 的竖向附加应力为

$$\sigma_z = \alpha_3 p \tag{5-18}$$

式中　α_3——条形面积承受三角形分布荷载土中竖向附加应力系数,$\alpha_3 = f(x/b, z/b)$,由表 5-9 查得。

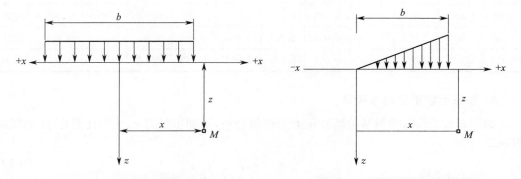

图 5-24　条形面积承受均布荷载　　　　图 5-25　条形面积承受三角形荷载

表 5-8　条形基础承受均布荷载任意点的竖向应力系数

z/b	x/b										
	0.00	0.10	0.25	0.50	0.75	1.00	1.50	2.00	3.00	4.00	5.00
0.00	1.000	1.000	1.000	0.500	0.000	0.000	0.000	0.000	0.000	0.000	0.000
0.10	0.997	0.996	0.499	0.010	0.005	0.000	0.000	0.000	0.000	0.000	0.000
0.25	0.960	0.954	0.905	0.496	0.088	0.019	0.002	0.001	0.000	0.000	0.000
0.50	0.820	0.812	0.735	0.481	0.218	0.082	0.017	0.005	0.001	0.000	0.000
0.75	0.668	0.660	0.610	0.450	0.260	0.150	0.040	0.020	0.010	0.000	0.000
1.00	0.552	0.540	0.510	0.410	0.290	0.190	0.070	0.030	0.010	0.000	0.000
1.50	0.396	0.400	0.380	0.330	0.270	0.210	0.110	0.060	0.020	0.010	0.000
2.00	0.306	0.300	0.290	0.280	0.240	0.210	0.130	0.080	0.030	0.010	0.010
2.50	0.245	0.240	0.240	0.230	0.220	0.190	0.140	0.100	0.030	0.020	0.010
3.00	0.210	0.210	0.210	0.200	0.190	0.170	0.140	0.100	0.050	0.030	0.020
4.00	0.160	0.160	0.160	0.150	0.150	0.140	0.120	0.100	0.070	0.040	0.030
5.00	0.130	0.130	0.130	0.120	0.120	0.120	0.110	0.100	0.070	0.050	0.030

表 5-9　条形面积三角形分布荷载任意点的竖向应力系数

z/b	x/b										
	−1.50	−1.00	0.50	0.00	0.25	0.50	0.75	1.00	1.50	2.00	2.50
0.00	0.000	0.000	0.000	0.000	0.250	0.500	0.750	0.500	0.000	0.000	0.000
0.25	0.000	0.000	0.001	0.075	0.256	0.480	0.643	0.424	0.015	0.003	0.000
0.50	0.002	0.003	0.023	0.120	0.263	0.410	0.477	0.353	0.056	0.017	0.003
0.75	0.006	0.016	0.042	0.153	0.248	0.355	0.361	0.293	0.108	0.024	0.009
1.00	0.014	0.025	0.061	0.159	0.223	0.275	0.279	0.241	0.129	0.045	0.013
1.50	0.020	0.048	0.096	0.145	0.178	0.200	0.202	0.185	0.124	0.062	0.041
2.00	0.033	0.061	0.092	0.127	0.146	0.155	0.163	0.153	0.108	0.069	0.050
3.00	0.050	0.064	0.080	0.096	0.103	0.104	0.108	0.104	0.090	0.071	0.050
4.00	0.051	0.060	0.067	0.075	0.078	0.085	0.082	0.075	0.073	0.060	0.049
5.00	0.047	0.052	0.057	0.059	0.062	0.063	0.063	0.065	0.061	0.051	0.047
6.00	0.041	0.041	0.050	0.051	0.052	0.053	0.053	0.053	0.050	0.050	0.040

5. 圆形面积承受均布荷载

如图 5-26 所示，圆形基础基底压力为均匀分布，基础半径为 r，土中任意点 M 的竖向附加应力为

$$\sigma_z = \alpha_c p \tag{5-19}$$

式中，α_c 为圆形面积承受均布荷载土中竖向附加应力系数，$\alpha_c = f(\rho/r, z/r)$，可由表 5-10 查得。

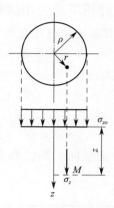

图 5-26 圆形面积承受均布荷载

表 5-10 圆形面积承受均布荷载任意点的竖向应力系数

z/r	ρ/r										
	0.0	0.2	0.4	0.6	0.8	1.0	1.2	1.4	1.6	1.8	2.0
0.0	1.000	1.000	1.000	1.000	1.000	0.500	0.000	0.000	0.000	0.000	0.000
0.2	0.992	0.987	0.987	0.970	0.890	0.468	0.077	0.015	0.005	0.002	0.001
0.4	0.949	0.943	0.922	0.860	0.712	0.435	0.181	0.065	0.026	0.012	0.006
0.6	0.864	0.852	0.813	0.733	0.591	0.400	0.224	0.113	0.056	0.029	0.016
0.8	0.756	0.742	0.699	0.619	0.504	0.366	0.237	0.142	0.083	0.048	0.029
1.0	0.646	0.633	0.593	0.525	0.434	0.332	0.235	0.157	0.102	0.065	0.042
1.2	0.547	0.535	0.502	0.447	0.337	0.300	0.226	0.162	0.113	0.078	0.053
1.4	0.461	0.452	0.425	0.383	0.329	0.270	0.212	0.161	0.118	0.086	0.062
1.6	0.390	0.383	0.362	0.330	0.288	0.243	0.197	0.156	0.120	0.090	0.068
1.8	0.332	0.327	0.311	0.285	0.254	0.218	0.182	0.148	0.118	0.092	0.072
2.0	0.285	0.280	0.268	0.248	0.224	0.196	0.167	0.140	0.114	0.092	0.074
2.2	0.246	0.342	0.233	0.218	0.198	0.176	0.153	0.131	0.109	0.090	0.074
2.4	0.214	0.211	0.203	0.192	0.176	0.159	0.140	0.122	0.104	0.087	0.073
2.6	0.187	0.185	0.179	0.170	0.158	0.144	0.129	0.113	0.098	0.084	0.071
2.8	0.165	0.163	0.159	0.150	0.141	0.130	0.118	0.105	0.090	0.080	0.069
3.0	0.146	0.145	0.141	0.135	0.127	0.118	0.108	0.097	0.087	0.077	0.067
3.4	0.117	0.116	0.114	0.110	0.105	0.098	0.091	0.084	0.076	0.068	0.061
3.8	0.096	0.095	0.093	0.091	0.087	0.083	0.078	0.073	0.067	0.061	0.055
4.2	0.079	0.079	0.078	0.076	0.073	0.070	0.067	0.063	0.059	0.054	0.050
4.6	0.067	0.067	0.066	0.064	0.063	0.060	0.058	0.055	0.052	0.048	0.045
5.0	0.057	0.057	0.056	0.055	0.054	0.052	0.050	0.048	0.046	0.043	0.041
5.5	0.048	0.048	0.047	0.045	0.045	0.044	0.043	0.041	0.039	0.038	0.036
6.0	0.040	0.040	0.040	0.039	0.039	0.038	0.037	0.036	0.034	0.033	0.031

5.3.3 非均质地基土中面积荷载作用下的土中附加应力

前面的附加应力计算公式,都是在假定地基土是均质的、连续的、各向同性的线弹性材料的基础上,由弹性力学推导得到的。在实际工程中,有很多是不符合这一假定的。如果还按这种方法计算,有时候误差很大,而且不安全。比如下卧层为不可压缩的岩层时,如图 5-27 所示,基底压力为均匀分布,在基础中心线上,岩层顶面处 A 点的竖向附加应力为

$$\sigma_z = \alpha_4 p \qquad (5\text{-}20)$$

式中,α_4 为基础中心线上岩层顶面处的竖向附加应力系数,$\alpha_4 = f(a/b, z/b)$,由表 5-11 查得。

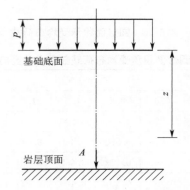

图 5-27 岩层顶面作用矩形面积均布荷载

表 5-11 基础中心线上岩层顶面处的竖向附加应力系数

z/b	圆形（半径＝a）	矩形（长方形为 $2a$，短边宽为 $2b$）					条形 $a/b=\infty$
		$a/b=1$	$a/b=2$	$a/b=3$	$a/b=10$		
0	1.000	1.000	1.000	1.000	1.000	1.000	
0.25	1.009	1.009	1.009	1.009	1.009	1.009	
0.50	1.064	1.053	1.033	1.033	1.033	1.033	
0.75	1.072	1.082	1.059	1.059	1.059	1.059	
1.00	0.965	1.027	1.039	1.026	1.025	1.025	
1.50	0.684	0.462	0.912	0.911	0.902	0.902	
2.00	0.473	0.541	0.717	0.769	0.761	0.761	
2.50	0.335	0.395	0.593	0.651	0.636	0.636	
3.00	0.249	0.298	0.474	0.549	0.560	0.560	
4.00	0.148	0.186	0.314	0.392	0.439	0.439	
5.00	0.098	0.125	0.222	0.287	0.359	0.359	
7.00	0.051	0.065	0.113	0.170	0.262	0.262	
10.00	0.025	0.032	0.064	0.093	0.181	0.185	
20.00	0.006	0.008	0.016	0.024	0.068	0.086	
50.00	0.001	0.001	0.003	0.005	0.014	0.037	
∞	0.000	0.000	0.000	0.000	0.000	0.000	

例题 5-5

某矩形钢筋混凝土基础上部结构传至基础顶面荷载 $F=12\,000$ kN,基底截面尺寸为 10 m$\times 5$ m,基础埋深 4 m,地质资料如图 5-28 所示,试计算基底中心点下 $z=0$ m、1 m、2 m、3 m、4 m 处的附加应力,以及基础底面以下 4 m 处的总应力。

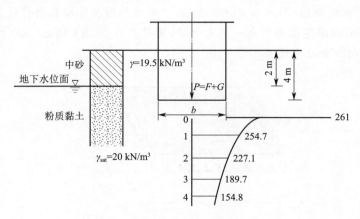

图 5-28　例题 5-5(单位:kPa)

[**解**]:(1)计算基底压力。

$$\sigma_{\rm h}=\frac{P}{A}=\frac{F+G}{A}=\frac{12\,000+20\times 10\times 5\times 4}{10\times 5}=320({\rm kPa})$$

(2)计算基底附加压力。

先计算基础埋深范围内的土层的加权平均容重,有

$$\gamma_0=\frac{\gamma_1 h_1+\gamma_2 h_2}{h_1+h_2}=\frac{19.5\times 2+(20-10)\times 2}{2+2}=14.75\ {\rm kN/m^3}$$

$$\begin{aligned}\sigma_{z0}&=\sigma_{\rm h}-\gamma_0 h\\&=320-19.5\times 2-(20-10)\times 2\\&=261({\rm kPa})\end{aligned}$$

(3)列表计算基底中心点下的附加应力,见表 5-12。

表 5-12　基底中心点下的附加应力计算结果

z(m)	a(m)	b(m)	a/b	z/b	α_0	$G_z=\alpha_0 p$(kPa)
0	10	5	2	0	1	261
1	10	5	2	0.2	0.976	254.7
2	10	5	2	0.4	0.870	227.1
3	10	5	2	0.6	0.727	189.7
4	10	5	2	0.8	0.593	154.8

(4)4 m 处总应力为附加应力和自重应力之和。

$$\sigma_{总}=\sigma_{cz}+\sigma_z=19.5\times 2+(20-10)\times 6+154.8=253.8({\rm kPa})$$

练习题

〖**简答题**〗

1. 附加应力的分布特点是什么?

2. 角点法计算任意点附加应力时,应注意什么?

〖**计算题**〗

3. 矩形底面基础 $a=6$ m,$b=4$ m,基底附加压力为 500 kPa,求基础中心点下深度 $z=4$ m 处的附加应力。

4. 如图 5-29 所示,矩形基础 10 m×8 m,上部结构传至基础底面荷载 $P=8\ 000$ kN,基础埋深 2.5 m,埋深范围内只有一种土中砂,其容重为 19.8 kN/m³,试计算 J、K、G 点下 4 m 处的竖向附加应力值。

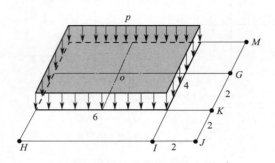

图 5-29　练习题 4(单位:m)

5. 如图 5-30 所示,条形基础 $b=4$ m,分布荷载 $p=400$ kPa,$z=6$ m,计算 M 点处的竖向附加应力。

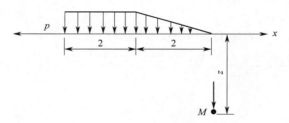

图 5-30　练习题 5(单位:m)

计算土的变形

项目知识架构

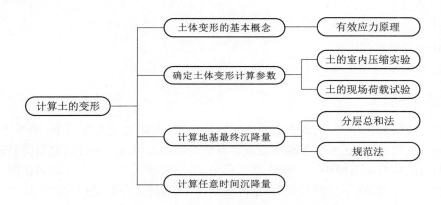

知识目标

1. 掌握土的室内压缩试验方法；
2. 了解现场荷载试验方法；
3. 掌握分层总和法计算地基沉降量；
4. 了解规范中地基沉降量的计算方法；
5. 了解地基沉降控制的指标。

能力目标

1. 能够理解土体变形的本质原因；
2. 能够进行土的室内外压缩试验；
3. 能够计算地基最终沉降量；
4. 能够进行工程沉降控制。

素养目标

1. 培养自学和独立思考能力及创新实践能力；
2. 培养利用信息技术获取知识、学习知识的信息素养；

3. 培养团结协作和沟通协调的能力；

4. 培养吃苦耐劳、严谨求实的工作作风；

5. 引导主动践行社会主义核心价值观，增强家国意识；传承发扬各时期铁路精神，立志扎根铁路生产建设一线建功立业，勇担民族复兴时代重任；

6. 引导树立工程建设和环境友好的价值观和正确的工程伦理观，增强社会法治意识、责任意识与责任担当，加强生态文明理念与自然和谐的环保意识；

7. 引导弘扬劳模精神、劳动精神、工匠精神，培养立足岗位的创新意识和科学精神。

任务 6.1　土体变形的基本概念

引导问题

1. 弹簧的工作原理是什么？
2. 什么是混凝土徐变？
3. 什么是静水压力？
4. 什么是压力水头？

任务内容

在建筑物荷载作用下，地基土中会产生附加应力，在附加应力作用下，地基土会产生竖直方向的变形，引起建筑物基础在竖直方向的变形称为沉降。当建筑物沉降量过大时，就会影响建筑物的正常使用。如在铁路工程中，由于轨道下方路基的不均匀沉降，会在轨道中产生附加力，使列车行驶不平顺；在桥梁结构中，沉降差还会使桥梁产生次应力，严重会导致梁体开裂，甚至断裂，造成不可弥补的破坏。

大量工程实践表明，这类工程事故，一部分原因是地基或基础本身质量有问题，另一部分则是因为地勘不详或设计考虑不周等。同时，地基和基础是地下隐蔽工程，出现问题初期是看不出来的，只有它影响到上部结构时，才会被发现。因此，对处于软弱地基上的建筑物，在进行地基和基础设计时，必须进行详尽的地质勘测，同时验算结构基础的沉降。因此地基沉降计算的目的，就是为建筑物设计时采取相应的措施提供依据。地基沉降量的计算方法有多种，这里主要介绍分层总和法、规范推荐的计算方法。

6.1.1　土的压缩性

在附加应力作用下，地基土产生竖向变形，从而引起建筑物基础的竖直方向的位移即沉降。地基的沉降一般包括瞬时沉降、固结沉降和次固结沉降三种。瞬时沉降是指加荷瞬间土骨架被压密而产生的沉降；固结沉降是由于土体排水压缩产生的沉降；次固结沉降是由土骨架蠕变而产生的沉降，类似于钢筋的徐变。大量工程实践证明，这三种沉降中，固结沉降最大，起主要作用。也就是土体被压缩，主要是孔隙体积被压缩。

1. 土的压缩的构成

大量试验表明，土的变形特性极为复杂。它不但与土的组成、状态、结构等基本性质有关，也与土的应力水平、变形条件等有关。土的压缩性是指土在各向相等压力或者侧限时竖向压力作用下体积缩小的特性。与弹性材料相比,土在变形时不仅会产生形状的变化,还会产生体积的变化,称为剪胀性。较密的土易产生剪胀,较松的土易产生剪缩。对于粗粒土,在其他条件相同时,相对密度越大,其压缩性越小;初始孔隙比越大,其压缩性越大。

土的压缩由三部分组成,第一部分是固体土颗粒被压缩;第二部分是液相和气相本身被压缩;第三部分是土体孔隙中填充的液相和气相被挤出孔隙,相应土体体积减小。

通过实测可知,在一般压力作用下,固体颗粒和水本身的压缩量可以忽略不计。所以土体的压缩主要是土中水和气体从孔隙中被挤出,同时土颗粒重新排列,孔隙体积减小而引起的。对于只有两相的饱和土而言,压缩主要是孔隙水的挤出引起的。由于土体渗透系数的不同,排水需要一定时间才能完成,即地基的压缩变形需要持续一定时间才能稳定。

在结构荷载作用下,透水性大的无黏性土,压缩变形稳定需要的时间短,建筑物施工完毕时,就可以认为其压缩变形已基本完成;而透水性小的黏性土,压缩变形稳定需要的时间就长,可能经过几年、几十年、甚至上百年,压缩变形才能稳定。

2. 土的固结

所谓固结就是指土体随着土中孔隙水的消散而逐渐压缩的过程。也就是土体在外加压力作用下,孔隙内的水和空气徐徐排出而使土体产生压缩的过程。对于饱和土,只有挤出孔隙水,孔隙体积才会减小。由于水被挤出,使土变得紧密的这一过程叫作土的渗透固结,或称为主固结。除渗透固结的压缩外,由于土骨架的蠕变引起的压缩,称为次固结。

6.1.2　有效应力原理

根据土体承受荷载的机理,如图 6-1 所示,我们可知对于饱和土体,在外力作用下,孔隙中的水将逐渐被挤出,而压力由孔隙水慢慢传递给土骨架。这种现象叫作土骨架和孔隙水的压力分担作用。其中由土骨架承受的这部分压力称为有效应力,它使土骨架压紧变形,在土粒之间产生摩擦力,从而使土体具有一定的强度。

图 6-1　土体承受荷载的原因

由孔隙水承受的这部分压力称为孔隙水压力。当饱和土体仅受自重应力作用时,孔隙中的水只产生静水压力。这种压力不能使土体产生变形,也不能使土体产生抗剪强度,因此它也叫作中性压力。这里所说的孔隙水压力,是指饱和土体在外界压力作用下所引起的、超过静水压力的那部分压力,也叫作超静水压力。

有效应力原理的模型是由测压管、弹簧(模拟土骨架)、带有小孔的活塞(孔隙通道)和一个盛水的容器组成,如图 6-2 所示。首先在容器中盛满水,容器的侧壁装有测压管,以显示容器内水的压力水头。模型中的弹簧代表土骨架,带孔活塞代表饱和土的排水通道,这里不计活塞重量。

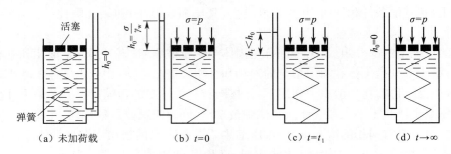

图 6-2 有效应力原理模型

有效应力原理的模型试验过程如下:

(1)当活塞上无荷载作用时,水和弹簧均未受力,测压管中液面和容器中液面一样高,即静水压力,如图 6-2(a)所示。

(2)$t=0$,在活塞上施加均布压力 σ,活塞未下降,弹簧无变形。但是我们可以看到测压管中显示出有超出静水压力的水头 h_0,如图 6-2(b)所示,这时压力 $\sigma=\gamma_w h_0$,说明外力全部由水承担,即孔隙水承受的超静水压力 $u=\sigma$,而弹簧还未来得及受力,此时弹簧所受的压应力 $\sigma'=0$。

(3)$t=t_1$,容器中的水在超静水压力作用下,开始通过活塞上的小孔向外排出,从而使活塞下降,并导致弹簧受力,同时测压管显示的压力水头也逐渐下降,如图 6-2(c)所示。说明水所承担的压力 u 在逐渐减少,而弹簧承担了水所减少的那部分压力。

(4)$t\rightarrow\infty$,随着水不断排出,活塞继续下降,测压管的压力水头也越来越低,而弹簧承受的压力则越来越大。直到测压管水头完全消失,如图 6-2(d)所示,σ 全部转移到弹簧上时,水停止流动,活塞不再下降,弹簧也停止压缩,这时 $u=0$,$\sigma'=\sigma$,压缩变形达到稳定。

饱和土中任一点的总压应力 σ 等于该点有效应力 σ' 和超静水压力 u 之和,即有效应力原理,可以用式(6-1)表示。

$$\sigma=\sigma'+u \tag{6-1}$$

练习题

〖名词解释〗

1. 固结
2. 渗透固结
3. 孔隙水压力
4. 有效应力

任务 6.2 确定土体变形计算参数

引导问题

1. 什么是弹性模量?

2. 什么是曲率?

3. 什么是曲线半径?

4. 千斤顶工作原理是什么?

任务内容

土的压缩主要是由于在荷载作用下土中孔隙体积的减少造成的,确定土体变形计算参数的方法包括室内压缩试验和现场荷载试验两类,通过试验可以确定荷载与土体变形之间的关系。

6.2.1 土的室内压缩试验

土的室内压缩试验包括侧限压缩试验和三轴压缩试验。这里主要介绍侧限压缩试验,三轴压缩试验在后面抗剪强度部分会详细介绍。土的侧限压缩试验也称固结试验。

1. 侧限压缩试验的压缩过程

首先用环刀切取原状土样,将环刀和土放入图 6-3 所示的固结仪中,土样上下表面应各垫一张滤纸和一块透水石。通过传压板对土样分级施加竖向力 P_i。每次加载后,需观测一段时间,待土样压缩稳定之后,用百分表测出压缩变形量 Δs_i,这时土样高度由原来的 h_{i-1} 变为 h_i,$h_i = h_{i-1} - \Delta s_i$,孔隙比也由原来的 e_{i-1} 变为 e_i,如图 6-4 所示,具体试验步骤可参考《土工试验规程》。

音频

侧限压缩试验
适用条件

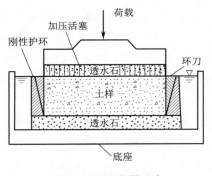

图 6-3 固结容器示意

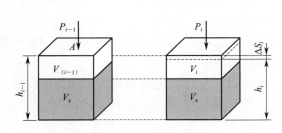

图 6-4 土体压缩示意

2. 侧限压缩试验中孔隙比的计算

由试验可得,在各级压力 P_i 作用下,可得到一系列的压缩变形量 Δs_i。由于土样受环刀及固结仪的刚性侧壁限制,试验时土样是不产生侧向膨胀的,它只有竖直方向的变形,因此这个试验也叫作侧限压缩试验。P_{i-1} 和 P_i 作用下土样的横截面面积 A 是不变的,利用三相草图可知,土体体积的改变只是由于孔隙体积的减小,即水和气体被挤出引起的,土颗粒的压缩量可以忽略不计。因此在试验过程中可以认为土粒体积 $V_s = h_s \cdot A$ 是不变的,假设土粒部分高度为 h_s,h_s 可以根据下述两种方法确定。

(1)已知土颗粒质量 m_s,有 $h_s = \dfrac{m_s \cdot g}{A\gamma_s}$。

(2)已知土体的密度 ρ,含水率 w 和土粒比重 G_s,有 $h_s = \dfrac{h_0}{1+e_0}$。

根据图 6-4 可知,土样在 P_i 作用下,压缩变形稳定后,土样的孔隙比 e_i 为

$$e_i = \frac{V_v}{V_s} = \frac{V_i - V_v}{V_s} = \frac{h_i A - h_s A}{h_s A} = \frac{h_i}{h_s} - 1 \tag{6-2}$$

式中,压缩后试样的高度 $h_i = h_0 - \Delta s_i$。

3. 压密定律

根据式(6-2),可以计算得到压缩试验结果。在坐标纸上,以 p 为横坐标,以孔隙比 e 为纵坐标,可以绘制出压力和孔隙比的关系曲线,称为压缩曲线或 $e—p$ 曲线,如图 6-5 所示。土的压缩曲线可以反映土的压缩性质,如图 6-6 所示。

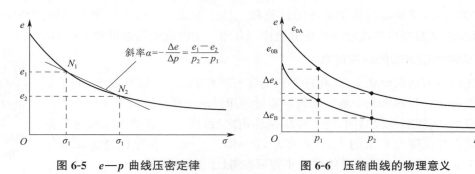

图 6-5　$e—p$ 曲线压密定律　　　图 6-6　压缩曲线的物理意义

首先从定性的角度可以看到,图 6-6 中两条曲线分别代表 A、B 两种土样的压缩曲线,A 土样的压缩曲线较陡,B 土样的压缩曲线较平缓,从图中可以看出在同一压力增量 Δp 的作用下,Δe_A 比 Δe_B 大,即 A 土样比 B 土样的压缩变形大,这说明在同等压力变化下 A 土样的压缩性比 B 土样压缩性大。因此压缩曲线的陡缓可以在一定程度上反映土的压缩性的高低。

在实际工程中,我们所取的土样也许已经是经过一次或者多次的加载、卸载过程。在试验中,从地基土中所取的原状土,其实也已经经历了一个卸荷过程,即卸去了土样在地基中所承受的自重应力。因此压缩试验所得的压缩曲线,实际上是再加荷曲线,而不是初始加载的压缩曲线。在实际工程应用中,应当重视该情况所造成的误差。

然后从定量的角度来分析,在图 6-5 所示的压缩曲线中,当压力由 p_1 增至 p_2 时,可以用割线 $N_1 N_2$ 近似地来代替对应的曲线段。由 $e—p$ 曲线可以看出,$N_1 N_2$ 段直线的斜率为负值,前面加负号使其为正,即

$$\alpha = -\frac{\Delta e}{\Delta p} = \frac{e_1 - e_2}{p_2 - p_1} \tag{6-3}$$

式(6-3)就是土的压密定律,它表示在压力变化不大时,土中孔隙比的变化量与所加压力的变化成正比,其比例系数也就是割线的斜率的大小可以反映土体压缩性的高低。一般用符号 α 表示,这里称为压缩系数,单位是 MPa^{-1} 或者 kPa^{-1}。从图 6-5 可以看到,压缩系数也就是这个割线的斜率是变化的,荷载段不同,斜率也不同。为了便于应用和比较,一般取 $p_1 = 0.1$ MPa 到 $p_2 = 0.2$ MPa 的压力范围内土的压缩系数,即 $\alpha_{0.1 \sim 0.2}$,作为评价地基土压缩性高低的指标,见表 6-1。

表 6-1　土的压缩性判定指标

土的压缩性分类	压缩系数 $\alpha_{0.1\sim0.2}$ (MPa^{-1})
高压缩性土	$\alpha_{0.1\sim0.2}\geqslant0.5$
中压缩性土	$0.1\leqslant\alpha_{0.1\sim0.2}<0.5$
低压缩性土	$\alpha_{0.1\sim0.2}<0.1$

例题 6-1

某土样的原始高度 $h_0=20$ mm,直径 $d=61.8$ mm,土粒容重 $\gamma_s=27.5$ kN/m^3,试验后将环刀中土样取出,烘干得土颗粒质量 $m_s=94$ g,压缩试验结果见表 6-2。试绘制土样的压缩曲线,并计算该土样的压缩系数,评定土样的压缩性。

表 6-2　压缩试验结果

压力 p_i(MPa)	0	0.05	0.1	0.2	0.3	0.4
压缩稳定后百分表读数(格数)	0	76	112	178	227	252

[解]:土样面积 $A=\dfrac{\pi d^2}{4}=\dfrac{3.14\times6.18^2}{4}=29.98(\text{cm}^2)$

土粒部分高度 $h_s=\dfrac{m_s\cdot g}{A\gamma_s}=\dfrac{94\times10^{-3}\times10\times10^{-3}}{29.98\times10^{-4}\times27.5}=11.40(\text{mm})$

初始孔隙比 $e_0=\dfrac{V_v}{V_s}=\dfrac{h_0}{h_s}-1=\dfrac{20}{11.40}-1=0.754$

各级压力下的相应孔隙比计算结果见表 6-3。

表 6-3　各级压力下的相应孔隙比计算结果

压力 p_i (MPa)	压缩稳定后百分表读数(格数)	压缩变形 Δs_i(mm)	土样高度 $h_i=h_0-\Delta s_i$(mm)	孔隙比 $e_i=\dfrac{h_i}{h_s}-1$
0	0	0	20	0.754
0.05	76	0.76	$20-0.76=19.24$	$\dfrac{19.24}{11.40}-1=0.688$
0.1	112	1.12	$20-1.12=18.88$	$\dfrac{18.88}{11.40}-1=0.656$
0.2	178	1.78	$20-1.78=18.22$	$\dfrac{18.22}{11.40}-1=0.598$
0.3	227	2.27	$20-2.27=17.73$	$\dfrac{17.73}{11.40}-1=0.555$
0.4	252	2.52	$20-2.52=17.48$	$\dfrac{17.48}{11.40}-1=0.533$

根据计算结果可绘制压缩曲线,如图 6-7 所示。

土的压缩系数 $\alpha_{0.1\sim0.2}=\dfrac{e_1-e_2}{p_2-p_1}=\dfrac{0.656-0.598}{0.2-0.1}=0.58(\text{MPa}^{-1})>0.5$ MPa^{-1}。查表 6-1 可知该土属于高压缩性土。

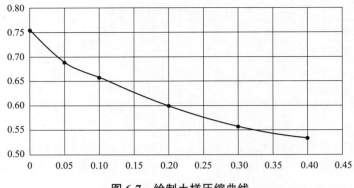

图 6-7   绘制土样压缩曲线

4. 压缩量的计算

根据对侧限压缩试验的分析,由于土样受环刀及固结仪的刚性侧壁限制,试验时土样是不发生侧向膨胀的,它只有竖直方向的变形。如图 6-8 所示,设在均布荷载 p_1 作用在厚度为 h_1 的土层,体积为 V_1,孔隙比为 e_1;荷载增加到 p_2 时,土层厚度变为 h_2,体积为 V_2,孔隙比为 e_2。土样的压缩量 Δs 可按如下计算。

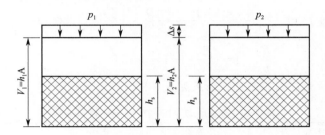

图 6-8   土样压缩量的计算

首先根据孔隙比的定义,孔隙比可以表示为 $e_1 = \dfrac{V_{v(i-1)}}{V_s} = \dfrac{V_1 - V_s}{V_s} = \dfrac{V_1}{V_s} - 1$,将其变形为 $\Rightarrow$

$1 + e_1 = \dfrac{V_1}{V_s} \Rightarrow V_s = \dfrac{V_1}{1 + e_1}$ 即 $V_s = \dfrac{V_1}{1 + e_1} = \dfrac{Ah_1}{1 + e_1}$。

同理可得 $e_2 = \dfrac{V_2}{V_s} - 1 \Rightarrow V_s = \dfrac{V_2}{1 + e_2} = \dfrac{Ah_2}{1 + e_2}$。

然后根据压缩过程中土粒的体积始终保持不变,即 $\dfrac{Ah_1}{1 + e_1} = \dfrac{Ah_2}{1 + e_2}$,从式中可求出压缩后试样高度 $h_2 = \dfrac{1 + e_2}{1 + e_1} h_1$,土样压缩量即为两级荷载作用稳定后的高度差,有

$$\Delta s = h_1 - h_2 = \frac{e_1 - e_2}{1 + e_1} h_1 \tag{6-4}$$

其中,e_1 和 e_2 可以按照荷载 p_1 和 p_2 在压缩曲线查出,已知土样在 p_1 荷载作用稳定后的高度为 h_1,利用式(6-4)可求得土样在 p_2 荷载作用稳定后压缩量 Δs。如果已知压缩量,将式(6-4)变形,还可计算压缩稳定后的孔隙比 e_2,有

$$e_2 = e_1 - \frac{\Delta s}{h_1}(1 + e_1) \tag{6-5}$$

例题 6-2

已知某土样初始高度为 $h_0=20$ mm，初始孔隙比 $e_0=0.685$，荷载 $p_1=0.1$ MPa 作用稳定后，试样的总变形量为 $\Delta s_1=0.542$ mm，荷载 $p_2=0.2$ MPa 时，试样的总变形量为 $\Delta s_2=0.755$ mm。试求该土样的压缩系数 $\alpha_{0.1\sim0.2}$，并判定土的压缩性。

[**解**]：将原始孔隙比及两级压力下的压缩量代入式(6-5)。

$$e_{0.1}=e_0-\frac{\Delta h_1}{h_0}(1+e_0)=0.685-\frac{0.542}{20}\times(1+0.685)=0.639$$

$$e_{0.2}=e_0-\frac{\Delta h_2}{h_0}(1+e_0)=0.685-\frac{0.755}{20}\times(1+0.685)=0.621$$

$$压缩系数\ \alpha_{0.1\sim0.2}=\frac{e_{0.1}-e_{0.2}}{p_2-p_1}=\frac{0.639-0.621}{0.2-0.1}=0.18(\text{MPa}^{-1})$$

查表 6-1，$0.1\leqslant\alpha_{0.1\sim0.2}<0.5$，可知土样为中压缩性。

例题 6-3

已知某一土厚度为 2 m，从现场取土做试验得，天然密度 $\rho=1.75$ g/cm³，含水率 $w=11.6\%$，比重 $G_s=2.75$，压缩试验资料同例题 6-1。修建结构物之前该土层荷载 $p_1=117.5$ kPa，修建结构物之后该土层荷载 $p_2=320$ kPa，求该土层的变形量。

[**解**]：(1)利用例题 6-1 表格中的孔隙比进行计算。查表 6-3 可得到土体压缩计算数据，见表 6-4。

表 6-4　土体压缩计算数据

压力 p_i(MPa)	0.1	0.2	0.3	0.4
孔隙比 e_i	0.656	0.598	0.555	0.533

(2)根据表 6-4 线性内插，计算得到修建结构物之前与修建之后的孔隙比，有

$$\frac{0.1175-0.1}{e_1-0.656}=\frac{0.2-0.1}{0.598-0.656}\ 得\ e_1=0.646$$

$$\frac{0.32-0.3}{e_2-0.555}=\frac{0.4-0.3}{0.533-0.555}\ 得\ e_2=0.551$$

(3)将 e_1 和 e_2 代入式(6-4)得

$$\Delta s=\frac{e_1-e_2}{1+e_1}h_1=\frac{0.646-0.551}{1+0.646}\times2\,000=115.4(\text{mm})$$

5. 压缩模量的计算

根据侧限压缩试验可知，土体压缩是在完全侧限的条件下进行，其所受的竖向压应力 σ_z 与竖向应变 ε_z 的比值，称为土的压缩模量，用 E_s 表示。

$$E_s=\frac{\sigma_z}{\varepsilon_z} \tag{6-6}$$

按照前述分析，荷载作用为 p_1 时，压缩稳定后试样高度为 h_1，孔隙比为 e_1；当压力增加到 p_2 时，相应的孔隙比就由 e_1 变为 e_2，土体压缩变形量为 $\Delta s=h_1-h_2$，这时 $\sigma_z=p_2-p_1$，$\varepsilon_z=\frac{\Delta s}{h_1}$，由式(6-4)可知 $\frac{\Delta s}{h_1}=\frac{e_1-e_2}{1+e_1}$，代入式(6-6)可得

$$E_s = \frac{\sigma_z}{\varepsilon_z} = \frac{p_2 - p_1}{\dfrac{\Delta s}{h_1}} = \frac{p_2 - p_1}{\dfrac{e_1 - e_2}{1 + e_1}} = \frac{1 + e_1}{\alpha} \qquad (6\text{-}7)$$

压缩模量 E_s 虽然是在无侧向膨胀条件下由试验得出,但它的物理意义与弹性模量是类似的,都是指材料产生单位应变所需要的应力。所以它的值越大,说明使材料产生单位应变所需的压应力值也越大,也就说明土越难压缩。因此,压缩模量 E_s 也可以用来表示土的压缩性。由式(6-7)可知,土体的压缩模量 E_s 也与荷载有关,是一个变量。根据推导可以得到压缩模量与压缩系数的换算关系为

$$E_{s(0.1\sim0.2)} = \frac{1 + e_1}{a_{0.1\sim0.2}} \qquad (6\text{-}8)$$

6. 压缩的其他指标

土的变形特性还受土的物理状态、应力路径和应力历史的影响。因此,地基设计中必须针对所研究的问题,采用有代表性的土样,在符合或接近实际应力状况的条件下进行试验,才能获得较为正确的应力变形计算指标。

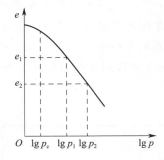

图 6-9 e—$\lg p$ 曲线

(1)压缩指数

在压缩试验中,测得各级荷载作用下的孔隙比资料后,如果将横坐标压力 P 换为 $\lg p$,纵坐标不变,便可绘出 e—$\lg p$ 曲线,如图 6-9 所示,它的后段接近于直线,其斜率 c_c 为一定值,其计算公式为

$$c_c = \frac{e_1 - e_2}{\lg p_2 - \lg p_1} \qquad (6\text{-}9)$$

式中,c_c 称为压缩指数。压缩指数 c_c 与压缩系数 α 的意义是相似的,都可以用来反映土体的压缩性。压缩指数 c_c 的值越大,土的压缩性越大,反之越小。

从图 6-9 可以看出,c_c 与 α 的不同之处,在于当应力超过某一限值之后,e—$\lg p$ 曲线的斜率不再随荷载而变化。因此在试验和绘制 e—$\lg p$ 曲线时,也更应当仔细认真,否则会引起较大误差。

(2)先期固结应力和超固结比

按照土层在地质历史上所受应力不同,可以将土分为正常固结土、超固结土及欠固结土,如图 6-10 所示。我们把土层在地质历史上曾经受过的最大竖向有效压力称为前期固结应力 p_c。设现有土体的自重应力为 p_0,则有

①当 $p_0 = p_c$ 时,为正常固结土。

②当 $p_0 < p_c$ 时,为超固结土。

③当 $p_0 > p_c$ 时,为欠固结土。

还可以根据超固结比,划分前述土的类型。超固结比用 OCR 表示,其定义为

$$\text{OCR} = \frac{p_c}{p_0} \qquad (6\text{-}10)$$

先期固结压力 p_c 取决于土层的受力历史,一般很难查明,只能根据原状土样的 e—$\lg p$ 曲线推求。该曲线开始一段通常为平缓曲线,后面一段才是比较陡的直线,如图 6-11 所

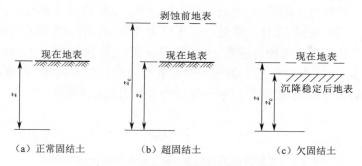

图 6-10　土层按前期固结应力 p_c 分类

示。这是因为土样从土层中取出之前经历了从 a 到 b 的压缩过程,取出时经历了从 b 到 d 的卸载过程,然后放在仪器内受压,压缩曲线段 db',当压力超过原来曾经受过的压力之后,才逐渐进入初始压缩直线段 $b'c$。

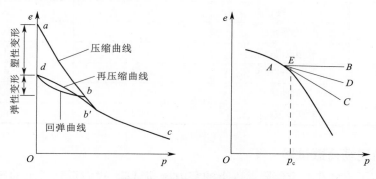

图 6-11　确定 p_c 的作图法

卡萨格兰德建议采用如下经验作图法确定 p_c。在 e—$\lg p$ 曲线上找出该点,相应于这一点的压力就是先期固结压力 p_c,则有

①在 e—$\lg p$ 曲线上找出曲率半径最小(即曲率最大)的点 A。

②过 c 点作该曲线的切线 AC 和水平线 AB。

③随后作出 $\angle BAC$ 的平分线 AD。

④然后将 e—$\lg p$ 曲线中的后段斜直线向上延伸与 AD 交于 E 点,在 e—$\lg p$ 曲线中与 E 点对应的应力即为前期固结应力 p_c。

按这种经验方法或其他类似的经验方法确定的先期固结应力只是一种大致的估计,因为在原状土的取样过程中,难免会有扰动破坏,这会影响 e—$\lg p$ 曲线的形状和位置,所得的先期固结应力也就失去了准确性。

(3)土的侧压力系数与侧向膨胀系数

土的室内压缩试验,土样在竖向压应力的作用下,由于受到环刀与固结仪的刚性侧壁的约束,不能产生侧向变形,因此土样对环刀的侧壁就会产生侧向压力。我们把侧向压应力 σ_x 与竖向压应力 σ_z 的比值称为土的侧压力系数,用 K_0 表示,也叫作静止土压力系数,表示为

$$K_0 = \frac{\sigma_x}{\sigma_z}$$

(6-11)

土的侧压力系数与土的类型、土的物理力学性质、受荷情况等都有关,可以通过试验测定。如果去掉侧向限制,土体在承受竖向压应力作用时,可以产生侧向膨胀,那么侧向应力就会为零。我们把土的侧向应变 ε_x 与竖向应变 ε_z 的比值称为土的侧向膨胀系数,也就是泊松比 μ。表 6-5 为常见土的侧压力系数与泊松比的参考值,很难由试验方法直接测定土的侧向膨胀系数,通常可以利用侧压力系数 K_0 进行换算。

$$\mu=\frac{K_0}{1+K_0} \tag{6-12}$$

表 6-5   土的侧压力系数 K_0 及侧膨胀系数 μ 的参考值

土的种类与状态		侧压力系数 K_0	侧膨胀系数 μ
碎石类土		0.18~0.25	0.15~0.20
砂类土		0.25~0.33	0.20~0.25
粉土		0.33	0.25
粉质黏土	半干硬状态	0.33	0.25
	硬塑状态	0.43	0.30
	软塑或流塑状态	0.53	0.35
黏土	半干硬状态	0.33	0.25
	硬塑状态	0.53	0.35
	软塑或流塑状态	0.72	0.42

6.2.2　土的现场荷载试验

前面介绍了土体在完全侧限条件下的室内压缩试验,我们得到了土的压缩系数和压缩模量,可以评价土体压缩性的高低,也可以计算土层的压缩量。但是,在实际工程中并不是所有的地基土都可以按照完全刚性的限制来计算,大多数情况中,地基土的侧限都是它周围的土。因此,往往需要知道这种情况下的压缩性指标,即现场实测指标。根据《铁路工程地质原位测试规程》(TB 10018—2018)规定,现场测试方法包括平板载荷试验、旁压试验、应力铲和扁板侧胀试验等。这里只介绍平板荷载试验。

只要不是完全刚性的条件限制,土在受压变形的同时,或多或少都会产生侧向的应力和应变。我们把在无刚性侧向限制的条件下,竖向压应力 σ_z 和竖向应变 ε_z 的比值称为变形模量,用 E_0 表示,土的变形模量的定义与一般弹性材料的弹性模量的定义是相同的。这里之所以不叫弹性模量是因为土不是一个理想的弹性材料,在外力作用下,它既有弹性变形又有塑性变形。土的变形模量可以通过现场试验直接测定,也可以根据压缩模量来计算。

1. 平板荷载试验装置和试验步骤

浅层平板载荷试验适用于浅层地基土。深层平板载荷试验适用于深层地基土或大直径桩的桩端岩土,其试验深度不应小于 5 m。每个场地同一持力层,平板载荷试验不宜少于 3 个试验点,试验点应布置在场地中有代表性的位置。试验点差异性较大时,应增加试验点数量。浅层平板载荷试验宜布置在基础底面高程处,且不应小于自然地面下 0.5 m。深层平板载荷试验应布置在基础底面或桩端。

荷载试验装置如图 6-12 所示。试验时,首先,在拟建基础附近挖一试验坑,这是因为该试验属于破坏性试验,一般不能直接放在基础的位置,坑底应在实测土层的标高处;然后在试坑中放荷载板,竖立荷载架,直接对其分级施加荷载;最后,根据试验数据绘制荷载—沉降曲线(p—s 曲线)及每级荷载作用下的沉降—时间曲线(s—t 曲线),计算土体的变形模量、地基承载力和土的变形特性等,其具体试验步骤如下:

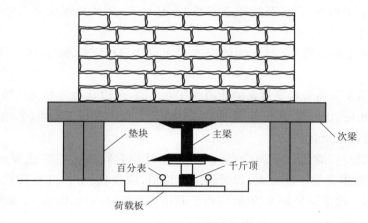

图 6-12　荷载试验装置

(1)开挖试坑,安装试验设备

在建筑工地现场,选择有代表性的部位进行载荷试验。开挖试坑,深度为基础设计埋深 d,试坑宽度 $B \geqslant 3b$,b 为荷载试验荷载板宽度或直径。试验中应注意保持试验土层的原状结构和天然湿度,宜在拟试压表面用不超过 20 mm 厚的粗、中砂找平,安装荷载板、千斤顶、百分表和梁体等试验装置。

荷载试验中的荷载板常用钢板或钢筋混凝土板,它可以是方形的,也可以是圆形的,对于一般土层面积可采用 0.25 m²;软土或粒径较大的填土,荷载板面积不宜小于 0.50 m²;对于均质紧密土层可用 0.10 m²,岩石地基不应小于 0.07 m²。

(2)施加荷载

在堆载平台上直接加铸铁块或砂袋等重物(就地取材,比如土、石、水等),如图 6-12 所示。试验前先将堆载工作完成,当试坑侧壁可以直立时,还可以利用倾斜的侧壁提供反力,最后用液压千斤顶进行加载。根据工程需要加载可采用慢速法,也就是沉降相对稳定法,它适用于饱和软黏土,即对变形有明确要求的建筑物;或者快速法,也就是沉降非稳定法,它适用于硬塑~坚硬状态黏性土、粉土、砂类土、碎石类土和软质岩。

①第一级荷载(包括设备重量)应接近开挖试坑卸除土体的自重。

②后续各级荷载增量,可取预估极限荷载的 1/10~1/7,如果不好预估,可按规程所给荷载增量取值,比如淤泥和松散的砂土每级荷载增量不得大于 15 等。

③加荷等级不应少于 8 级,最大加载量不应少于地基承载力设计值的 2 倍。

(3)测记荷载板沉降量

对于慢速法,每级加载后,按间隔 5 min、5 min、10 min、10 min、15 min、15 min,以后间隔 30 min,记录一次百分表的读数,直至连续 2 h 内每小时的沉降量小于 0.1 mm 时,

可施加下一级荷载。对于快速法,每施加一级荷载后,隔 15 min 观测沉降一次,观测 2 h
后施加下一级荷载。

当出现下列现象之一时,就可以认为地基土已经达到破坏阶段:

①当荷载板周围土体有明显的侧向挤出,周边岩土出现明显隆起或径向裂缝持续发
展时,可以认为地基土已经破坏。

②当荷载增加很少,但沉降量却急骤增大,即 p—s 曲线出现陡降现象时,可以认为
地基土已经破坏。

③在荷载不变的情况下,24 h 内沉降速率无法达到稳定标准时,可以认为地基土已
经破坏。

④当沉降量 s 与荷载板宽度 b 的比值大于 0.1 时,可以认为地基土已经破坏。

⑤当土层很硬,沉降量很小,但是加载量达到设计值的 2 倍及以上时,也可停止加载。

(4)处理荷载试验数据

平板荷载试验应满足以下两个条件,一是在试验时同一土层的试验点数不应少于
3 个;二是所测数据差异不能太大,如果超出允许值,应查找、分析其出现原因,剔除奇异
值,并加点重测。数据满足要求的话,可以绘制出荷载沉降曲线,即 p—s 曲线。

2. 荷载—沉降曲线(p—s 曲线)

荷载试验的 p—s 曲线通常有三种类型,图 6-13(a)所示的是一种典型的 p—s 曲线。
它表示地基土从开始承受荷载到破坏,地基变形大致可分为三个阶段。

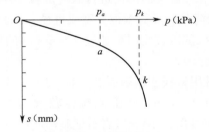

图 6-13　荷载试验曲线

(1)第一阶段相当于 p—s 曲线上的 Oa 部分,这一阶段土体变形主要是因为土骨架
被压密所造成的,p 与 s 基本上呈线性关系,所以称为直线变形阶段。相应的分界值 p_a
称为临塑荷载。我们可以利用弹性理论计算,浅层平板荷载试验的变形模量为

$$E_0 = I_0(1-\mu^2)b\frac{p_a}{s_a}\qquad(6-13)$$

式中　s_a——对应于临塑荷载时地基土竖向沉降量(mm);

　　　p_a——临塑荷载,单位面积地基土上的压力(MPa);

　　　b——荷载板的宽度或直径(mm);

　　　μ——侧向膨胀系数,可参考表 6-5 中的数据;

　　　I_0——与荷载板刚度、形状有关的系数,刚性方形板 $I_0=0.89$,刚性圆形板 $I_0=$
　　　　　0.79。

深层平板荷载实验的变形模量为

$$E_0 = \omega b \frac{p_a}{s_a} \tag{6-14}$$

式中，ω 是与试验深度和土类有关的系数，按规程取值。

（2）第二阶段相当于 p—s 曲线上的 ak 部分，这一阶段地基土中的应力与应变将不再保持线性关系。地基的变形由土骨架的压密和局部土体（主要是荷载板下边缘部分的土体）达到极限强度而产生的塑性变形构成。随着荷载的增加，塑性变形区会逐渐向基底的中心和深处发展，但没有连成一片，所以这个阶段称为局部剪切阶段。

（3）第三阶段相当于 p—s 曲线 k 点以后的部分，这一阶段表现出来的是当荷载超过某一限值 p_k 时，地基土的塑性变形区会连成一片，形成一贯通的滑动面，土开始向侧面被挤出。这时地基已完全破坏，丧失了稳定，因此这一阶段称为破坏阶段，相应的限值 p_k 称为极限荷载。

荷载试验是原位测试的一种方法，它可以避免因取样扰动等产生的误差，而且地基土受力也与实际工程更接近。但是它也有一些缺陷，比如在试验时的试坑不可能与实际基坑一般大，因此荷载板的尺寸与实际基础尺寸相差很大，其压力影响深度也不同，也就不能反映影响深度以下土层的变形特性。那么就得考虑在不同深度上进行荷载试验或用不同大小的荷载板进行荷载试验。

3. 变形模量与压缩模量的关系

除了前述试验方法，我们可以根据弹性力学原理，利用压缩模量 E_s 来计算得到变形模量 E_0。

$$E_0 = \left(1 - \frac{2\mu^2}{1-\mu}\right) E_s \tag{6-15}$$

但是，由于土这个材料，它不是理想的弹性体，按照式（6-15）求得的变形模量 E_0，与按荷载试验资料求得的 E_0，有时会有较大出入。因此在实际应用中，按照地区，常常根据收集的实测资料建立变形模量 E_0 与压缩模量 E_s 之间的关系，建立地区性经验系数 β，进行换算。

$$\beta = \frac{E_0}{E_s} \tag{6-16}$$

例题 6-4

某现场荷载试验，荷载板为方形，尺寸为 0.7 m×0.7 m，已知土的侧向膨胀系数 $\mu = 0.30$，试验结果见表 6-6。试绘出 p—s 曲线，并计算土的变形模量 E_0。

表 6-6 荷载试验结果

荷载 p(kPa)	0	100	200	300	400	500	600	700	800	820
压缩量 Δs(mm)	0	5.8	9.8	14.7	19.6	23.5	36.4	52.4	96.2	362

[解]：（1）根据荷载试验结果作图，如图 6-14 所示。

（2）根据图 6-14 可以看出，可以取荷载为 300 kPa 或 400 kPa 进行计算。

$$E_0 = I_0(1-\mu^2)b \frac{p_a}{s_a} = 0.89 \times (1-0.3^2) \times 700 \times \frac{300}{14.7} \approx 11.6 (\text{MPa})$$

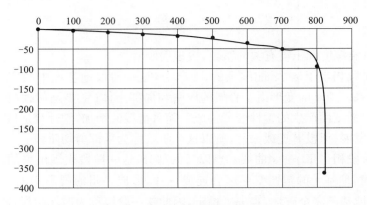

图 6-14　例题 6-4 荷载沉降曲线

练习题

〚名词解释〛

1. 压缩系数
2. 压缩模量

〚简答题〛

3. 如何根据压缩曲线比较两种土的压缩性？
4. 压密定律的内容是什么？
5. 地基变形的三个阶段是什么？
6. 现场荷载试验加载终止的标志是什么？

〚计算题〛

7. 某土样的原始高度 $h_0 = 20$ mm，直径 $D = 61.8$ mm，土粒比重 $G_s = 2.68$，泊松比 $\mu = 0.30$，压缩试验后烘干，干土样质量为 92 g，压缩试验结果见表 6-7。试计算土样各级荷载作用下的孔隙比，绘制压缩曲线，计算该土样的压缩系数、压缩模量、变形模量，并评定该土样的压缩性。

表 6-7　压缩试验结果

荷载 p(kPa)	0	0.05	0.1	0.2	0.3	0.4
压缩稳定后百分表读数(格数)	0	39	65	102	128	141

8. 已知一土样厚度为 20 mm，初始孔隙比 $e_0 = 0.866$，当作用荷载为 0.1 MPa 时，变形稳定后，孔隙比 $e_1 = 0.725$，当作用荷载为 0.2 MPa 时，变形稳定后，孔隙比变为 $e_2 = 0.628$，求：

(1)土样的压缩系数 $\alpha_{0.1 \sim 0.2}$、压缩模量 $E_{s(0.1 \sim 0.2)}$。

(2)当作用荷载为 0.1 MPa 时，变形稳定后，土样的总变形量。

(3)当作用荷载为 0.2 MPa 时，土样的总变形量。

(4)当荷载由 0.1 MPa 增至 0.2 MPa 时，土样的压缩量。

9. 某现场荷载试验，荷载板为刚性方板，尺寸为 0.8 m×0.8 m，已知土的侧向膨胀系数 $\mu = 0.30$，试验结果见表 6-8。试绘出 p—s 曲线，并计算土的变形模量 E_0。

表 6-8　荷载试验结果

荷载 p(kPa)	0	100	150	200	250	300	350	400	450	500	540
压缩量 Δs(mm)	0	3.2	5.9	9.1	12.3	15.4	18.5	21.6	25.3	49.7	216.2

任务 6.3　计算地基最终沉降量

引导问题

1. 弹性理论的基本假定是什么？
2. 什么是渗透系数？
3. 什么是固结？

任务内容

由地基压缩的构成可知，地基的沉降需要经过一定的时间才能达到完全稳定，即地基土排水、排气与其渗透性相关。对于砂类土的地基，由于渗透性较好，沉降稳定很快，所以在砂类土地基上的建筑物沉降往往在施工完毕后，差不多就已经完成。但是对一般黏性土地基，由于其渗透系数一般小于 10^{-3} cm/s，它的压缩就需要经过相当长的时间，几年、几十年、甚至更久才能完成。我们把地基变形完全稳定时，地基表面的最大竖向变形叫作基础的最终沉降量。下面重点介绍分层总和法计算地基沉降量，以及《铁路桥涵规范》中地基沉降量的计算方法。

分层总和法是当前工程实践中最广泛采用的沉降计算方法，也是《建筑规范》中规定的方法。对于一般黏性土，分层总和法可计算得到土层在侧限条件下的固结沉降量。各个规范进行修正时，还应考虑瞬时沉降和次固结沉降的效应。

6.3.1　分层总和法计算最终沉降量

由土体的构造可知，工程中常见的天然地基，最典型的构造就是层状构造。即使是同一土层，随着深度的变化，其物理力学性质指标也是不同的。例如土的压缩系数和压缩模量，土层受力不同，这两个指标也不同。因此，为了能够计算土层的变形量，可以把土体分成若干个薄层，分别计算每个薄层的压缩变形量，最后叠加成为总沉降量——分层总和法。分层总和法是一种近似计算法，它近似认为在每一薄层中应力和压缩指标是不变的。

1. 分层总和法基本原理

分层总和法首先计算基础中心点下地基中每一个薄层的压缩变形量 Δs_i。计算 Δs_i 时，假设土层只发生竖向压缩变形，没有侧向变形，然后将每一个薄层的压缩变形量 Δs_i 求和，即

$$\Delta s = \sum_{i=1}^{n} \Delta s_i \tag{6-17}$$

式中，n 为地基变形计算深度范围内所划分的土层数。对于前述计算，由于假定所引起的误差，可以根据荷载和地基条件对计算沉降量进行修正。

2. 分层总和法基本假定

计算每一个薄层的压缩变形量,我们可以按照材料力学中的公式进行计算。在厚度为 h 的土层上面施加连续均布荷载 p,由于周围土层对它的侧向约束,这时土层只有很小的侧向变形,以竖直方向的压缩变形为主。那么这与室内压缩试验的条件基本相同,我们可以选择压缩试验的结果进行取值计算。土体中应力可以按照项目 5 中的方法进行计算。因此,分层总和法基本假定为:

(1)假定地基是均质的、连续的、各向同性的半无限弹性体,那么就可以按弹性理论计算土中应力。

(2)取基底中心点下的附加应力进行计算,计算结果将偏大。

(3)假定在压力作用下,地基土不产生侧向变形,可采用侧限条件下的压缩性指标进行计算,可以适当弥补第二条假定所引起的误差,以基底中点的沉降代表基础的平均沉降。

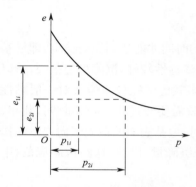

图 6-15 第 i 层土压缩曲线

(4)由于附加应力随着深度的增加而逐渐减小,而土的压缩模量等指标一般会越来越大,所以随着计算深度的增加,土层的压缩量越来越小,因此沉降只计算到一定深度,可以按照要求确定压缩层厚度。

3. 分层总和法计算公式

假设在修建结构物之前地基土中第 i 层土所受应力 $p_{1i}=\bar{\sigma}_{czi}$,修建结构物之后所受应力 $p_{2i}=\bar{\sigma}_{czi}+\bar{\sigma}_{zi}$,该土层压缩试验所得压缩曲线如图 6-15 所示。由应力 p_{1i} 查图 6-15 得土层平均自重应力作用下孔隙比为 e_{1i},由 p_{2i} 查图 6-15 得土层在平均总应力作用下孔隙比为 e_{2i},则土层压缩量代入式(6-4)得

$$\Delta s_i=\frac{e_{1i}-e_{2i}}{1+e_{1i}}h_i \tag{6-18}$$

式中 Δs_i——地基中第 i 层土的压缩量(mm);

h_i——地基中第 i 层土的厚度(mm);

e_{1i}——修建结构物之前,第 i 层土在平均自重应力 $(\bar{\sigma}_{cz})_i$ 作用时的孔隙比,可由侧限压缩试验资料取得;

e_{2i}——修建结构物之后,第 i 层土在平均总应力(自重+附加)作用时的孔隙比,可由侧限压缩试验资料取得。

(1)式(6-18)中的 Δs_i 也可用压缩系数 α_i 来表示,由压缩系数的定义 $\alpha_{1\sim2}=\frac{e_1-e_2}{p_2-p_1}$

可得 $\alpha_i=\frac{e_{1i}-e_{2i}}{p_{2i}-p_{1i}}=\frac{e_{1i}-e_{2i}}{[(\bar{\sigma}_{cz})_i+(\bar{\sigma}_z)_i]-(\bar{\sigma}_{cz})_i}=\frac{e_{1i}-e_{2i}}{(\bar{\sigma}_z)_i}$,将其代入式(6-18)可以得到压缩系数计算沉降量的表达式为

$$\Delta s_i=\sum_{i=1}^{n}\frac{\alpha_i(\bar{\sigma}_z)_i}{1+e_{1i}}h_i \tag{6-19}$$

（2）同理根据压缩模量的表达式 $E_s = \dfrac{1+e_1}{\alpha}$，可以得到压缩模量计算沉降量的表达式为

$$\Delta s_i = \sum_{i=1}^{n} \frac{(\overline{\sigma_z})_i}{E_{si}} h_i \tag{6-20}$$

从式（6-20）可以看出，土层的压缩量计算公式，与材料力学中轴向拉伸和压缩时，材料的变形计算公式是类似的。

4. 分层总和法计算地基沉降量的步骤

（1）第一步，将土体分层。考虑到分层总和法的基本假定，分层时应遵循以下 3 个原则，如图 6-16 所示。

①不同土层分界面应为分层面。

②同一土层地下水位面应为分层面。

③从理论上来讲，分层的厚度越小越精确，但是，计算量也就会越大，因此，从工程实际出发，一般规定每一薄层厚度 h_i 不得大于 0.4 倍的基础短边长度，且不得大于 2 m。

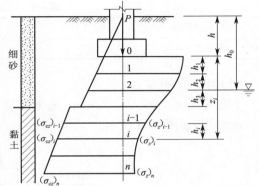

（2）第二步，计算基础中心点下各分层面处的自重应力 σ_{czi} 与每一薄层的平均自重应力 $\overline{\sigma}_{czi}$，自重应力应从天然地面算起。

图 6-16　分层总和法计算

（3）第三步，计算基底压力 σ_h 和基底附加压力 σ_{z0}。

（4）第四步，计算基础中心点下各分层面处的附加应力 σ_{zi} 与每一薄层的平均附加应力 $\overline{\sigma}_{zi}$，附加应力自基础底面算起。

（5）第五步，确定沉降计算深度 z_n，即压缩层厚度。根据项目 5 中应力计算可知，自重应力分布随深度逐渐增大，成折线分布，附加应力随深度增加逐渐减小，成曲线分布。通常可以认为，土层越靠下，自重应力越大，土层越密实，除新近填土以外，由自重应力引起的压缩变形早就已经完成。而随着附加应力越来越小，引起的变形也会越小。一般规定压缩层的下限为地基附加应力与地基自重应力的比值小于等于 0.2 处，即 $\sigma_{zi}/\sigma_{czi} \leqslant$ 0.2 处。当地基为压缩性大的软土时，则定在 $\sigma_{zi}/\sigma_{czi} \leqslant 0.1$ 处。需要注意的是，如果在确定的沉降计算深度以下尚有压缩性较大的土层时，沉降应计算至该土层底面为止。如果沉降计算深度内或者以下附近有岩层，则需要计算到岩层表面。

（6）第六步，根据式（6-18）、式（6-19）或式（6-20）计算各分层土的沉降量 Δs_i。

（7）第七步，根据式（6-17）计算土层的总沉降量 Δs，并进行修正。

例题 6-5

某结构柱下单独矩形基础如图 6-17 所示，已知基础底面积尺寸为 4.8 m×4 m，基础埋深 $h = 2.0$ m，地基均为粉质黏土，地下水埋深 5 m。上部荷重传至基础顶面 $F = 1\,800$ kN，粉质黏土的天然容重为 18 kN/m³，饱和容重为 20 kN/m³，压缩试验结果同例题 6-1。试用分层总和法计算基础最终沉降量。

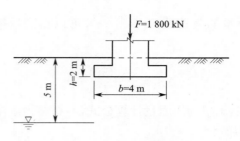

图 6-17　例题 8-5

[**解**]：利用例题 6-1 的计算结果表 6-3 可得该土层压缩试验结果，见表 6-9。

表 6-9　压缩试验结果

压力 p_i(MPa)	0.1	0.2	0.3	0.4
孔隙比 e_i	0.656	0.598	0.555	0.533

（1）第一步，分层。

每层厚度 $h_i \leqslant 0.4b = 1.6$ m，地下水位以上分两层，每层 1.5 m，地下水位以下按 1.6 m 分层，如图 6-18 所示。

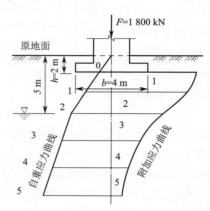

图 6-18　例题 6-5

（2）第二步，列表 6-10 计算基础中心点下各分层面处的自重应力 σ_{czi}，自重应力从天然地面算起。

表 6-10　自重应力计算

分层点编号	土层容重(kN/m³)	土层厚度(m)	分层面处自重(kN)
原地面	18	2.0	0
0	18	1.5	36
1	18	1.5	63
2	10	1.6	90
3	10	1.6	106
4	10	1.6	122
5			138

（3）第三步，计算基底压力 σ_{h} 和基底附加压力 σ_{z0}。基础和回填土平均容重 γ_{G} 取 20 kN/m³。

$$G = \gamma_{\mathrm{G}} A h = 20 \times 4 \times 4.8 \times 2 = 768(\mathrm{kN})$$

$$\sigma_{\mathrm{h}} = \frac{F+G}{A} = \frac{1\,800+768}{4 \times 4.8} = 133.75(\mathrm{kPa})$$

$$\sigma_{z0} = \sigma_{\mathrm{h}} - \gamma_0 h = 133.75 - 36 = 97.75(\mathrm{kPa})$$

（4）第四步，计算基础中心点下各分层面处的附加应力。附加应力分布曲线自基础底面算起。列表 6-11 计算基础中心点下地基中附加应力。由题意可知 $a = 4.8$ m，$b = 4$ m，$a/b = 1.2$，z 沿深度分布，查表 5-5 可得中心点下的附加应力系数。

表 6-11　附加应力计算

z(m)	z/b	α_0	σ_z(kPa)	σ_c(kPa)	σ_z/σ_c	z_n(m)
0	0	1.000	97.75	36		
1.5	0.375	0.830	81.1	63		
3.0	0.75	0.535	52.3	90	—	—
4.6	1.15	0.314 5	30.7	106		
6.2	1.55	0.198	19.4	122	0.15	
7.8	1.95	0.133 5	13.0	138	0.09	7.8

（5）第五步，确定沉降计算深度，即压缩层厚度 z_n。

从表 6-10 与表 6-11 计算可知，位于水下的粉质黏土，我们应计算到 $\sigma_{zi}/\sigma_{czi} = 0.09 \leqslant 0.1$ 处，即压缩层厚度 $z_n = 7.8$ m。

（6）第六步，根据式（6-18）计算各层土的沉降量 Δs_i，见表 6-12。

表 6-12　沉降量计算

z (m)	σ_{cz} (kPa)	σ_z (kPa)	h (mm)	$\bar{\sigma}_{cz}$ (kPa)	$\bar{\sigma}_z$ (kPa)	$\bar{\sigma}_{cz}+\bar{\sigma}_{cz}$ (kPa)	e_{1i}	e_{2i}	$\dfrac{e_{1i}-e_{2i}}{1+e_{1i}}$	s_i (mm)
0	36	97.75								
			1 500	49.5	90.275	139.775	0.688 7	0.632 9	0.033 0	49.5
1.2	63	82.8								
			1 500	76.5	67.55	144.05	0.671 0	0.630 5	0.024 2	36.3
2.4	90	52.3								
			1 600	98	41.5	139.5	0.657 3	0.633 1	0.014 6	23.36
4.0	106	30.7								
			1 600	114	25.05	139.05	0.647 9	0.633 3	0.008 9	14.12
5.6	122	19.4								
			1 600	130	16.2	146.2	0.638 6	0.629 2	0.005 7	9.12
7.2	138	13.0								

（7）第七步，根据式（6-17）计算土层的总沉降量 Δs。

按分层总和法求得基础最终沉降量为 $\Delta s = \sum \Delta s_i = 132.4$ mm。

6.3.2　规范法计算最终沉降量

《铁路桥涵规范》和《建筑规范》中，沉降计算方法是一种简化修正了的分层总和法。下面我们具体来看这两种规范中的计算方法。

1.《铁路桥涵规范》中地基沉降计算方法

我们主要看《铁路桥涵规范》，其基础底面以下压缩层厚度 z_n 范围内最终沉降量 Δs

的计算公式为

$$\Delta s = m_s \sum_{i=1}^{n} \Delta s_i = m_s \sum_{i=1}^{n} \frac{\sigma_{z0}}{E_{si}}(z_i C_i - z_{i-1} C_{i-1}) \tag{6-21}$$

式中 Δs_i——压缩层范围内第 i 层土的压缩变形量(m);

　　　　Δs——基础的总沉降量(m);

　　　　n——地基变形计算深度范围内所划分的土层数;

　　　　σ_{z0}——基底附加压力(kPa),有

$$\sigma_{z0} = \sigma_h - \gamma h$$

其中　　σ_h——基底压力,当 $z/b > 1$ 时,σ_h 采用基底平均压应力,当 $z/b \leqslant 1$ 时,σ_h 采用基底压应力中距最大应力点 $b/4 \sim b/3$ 处的压应力,z 为基础底面至计算土层顶面的距离(m),b 为基础宽度(m);

　　　　γ——土的容重(kN/m³);

　　　　h——基础埋置深度,(m),当基础受水流冲刷时,由一般冲刷线算起;当不受水流冲刷时,由天然地面算起;如位于挖方内,则由开挖后地面算起;

　　z_i, z_{i-1}——基础底面至第 i 层和第 $i-1$ 层土底面的距离(m);

　　　　E_{si}——基础底面以下受压土层内第 i 层土的压缩模量,根据压缩曲线按实际应力范围取值(kPa);

　　　　m_s——沉降经验修正系数,根据地区沉降的沉降观测资料及经验确定,无地区经验时与 ψ_s 相同,可按表 6-13 取值(其中 $p_0 = \sigma_{z0}$ 为基底附加压力,$f_{ak} = \sigma_0$ 为地基基本承载力,详细内容可参考项目 9 任务 9.2 内容),对于软土地基 m_s 不得小于 1.3;

　　C_i, C_{i-1}——基础底面至第 i 层土底面范围内和第 $i-1$ 层土底面范围内的平均附加应力系数,如图 6-19 所示,表 6-14 给出了部分平均附加应力系数,详细参考规范附录。

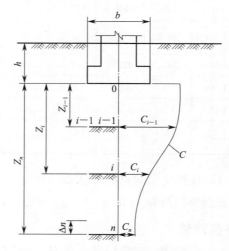

i—第 i 层土底面;n—第 n 层土底面;

$i-1$—第 $i-1$ 层土底面;C—平均附加应力系数曲线。

图 6-19 基础沉降计算示意

表 6-13 沉降计算经验系数 m_s

基底附加压力 σ_{z0}(kPa)	地基压缩模量当量值 $\overline{E}_s$(MPa)				
	2.5	4.0	7.0	15.0	20.0
	m_s				
$\sigma_{z0} \geqslant \sigma_0$	1.4	1.3	1.0	0.4	0.2
$\sigma_{z0} \leqslant 0.75\sigma_0$	1.1	1.0	0.7	0.4	0.2

注：①σ_0 系基础底面处地基的基本承载力；

②$\overline{E}_s$ 系沉降计算深度范围内压缩模量的当量值，按 $\overline{E}_s = \dfrac{\sum A_i}{\sum \dfrac{A_i}{E_{si}}}$ 计算其中 A_i 为第 i 层土附加应力系数沿土

层厚度的积分值。

表 6-14 矩形面积均布荷载中心点下的竖向平均附加应力系数 C

z/b	a/b												
	1.0	1.2	1.4	1.6	1.8	2.0	2.4	2.8	3.2	3.6	4.0	5.0	$\geqslant$10.0
0.0	1.000	1.000	1.000	1.000	1.000	1.000	1.000	1.000	1.000	1.000	1.000	1.000	1.000
0.1	0.997	0.998	0.998	0.998	0.998	0.998	0.998	0.998	0.998	0.998	0.998	0.998	0.998
0.2	0.987	0.990	0.991	0.992	0.992	0.992	0.992	0.993	0.993	0.993	0.993	0.993	0.993
0.3	0.967	0.973	0.976	0.978	0.979	0.979	0.980	0.980	981	0.981	0.981	0.981	0.981
0.4	0.936	0.947	0.953	0.956	0.958	0.960	0.961	0.962	0.962	0.963	0.963	0.296 3	0.963
0.5	0.900	0.915	0.924	0.929	0.933	0.935	0.937	0.939	0.939 1	0.940	0.940	0.940	0.940 3
0.6	0.858	0.878	0.890	0.898	0.903	0.906	0.910	0.912	0.913	0.914	0.914	0.915	0.915
0.7	0.816	0.840	0.855	0.865	0.871	0.876	0.881	0.884	0.885	0.886	0.887	0.887	0.888
0.8	0.775	0.801	0.819	0.831	0.839	0.844	0.851	0.855	0.857	0.858	0.859	0.860	0.860
0.9	0.735	0.764	0.784	0.797	0.806	0.813	0.821	0.826	0.829	0.830	0.831	0.832	0.836
1.0	0.698	0.728	0.749	0.764	0.775	0.783	0.792	0.798	0.801	0.803	0.804	0.806	0.807
1.1	0.663	0.694	0.717	0.733	0.744	0.753	0.764	0.771	0.775	0.777	0.779	0.780	0.782
1.2	0.631	0.663	0.686	0.703	0.715	0.725	0.737	0.744	0.749	0.752	0.754	0.756	0.758
1.3	0.601	0.633	0.657	0.674	0.688	0.698	0.711	0.719	0.725	0.728	0.730	0.733	0.735
1.4	0.573	0.605	0.629	0.648	0.661	0.672	0.687	0.696	0.701	0.705	0.708	0.711	0.714
1.5	0.548	0.580	0.604	0.622	0.637	0.648	0.664	0.673	0.679	0.683	0.686	0.690	0.693
1.6	0.524	0.556	0.580	0.599	0.613	0.625	0.641	0.651	0.658	0.663	0.666	0.670	0.675
1.7	0.502	0.533	0.558	0.577	0.591	0.603	0.620	0.631	0.638	0.643	0.646	0.651	0.656
1.8	0.482	0.513	0.537	0.556	0.571	0.588	0.600	0.611	0.619	0.624	0.629	0.633	0.638
1.9	0.463	0.493	0.517	0.536	0.551	0.563	0.581	0.593	0.601	0.606	0.610	0.616	0.622
2.0	0.446	0.475	0.499	0.518	0.533	0.545	0.563	0.575	0.584	0.590	0.594	0.600	0.606

《铁路桥涵规范》中采用相对变形作为控制标准，从计算深度 z_n 处向上取土层厚度 Δz，并计算土层的沉降值，满足式（6-23），Δz 的取值见表 6-15。计算时，采用试算法，先假设一个计算深度，按式（6-23）进行检算，直至满足要求。

$$\Delta s_n \leqslant 0.025 \sum_{i=1}^{n} \Delta s_i \tag{6-22}$$

式中 Δs_i——在计算深度 z_n 范围内,第 i 层土的计算沉降值(mm);

$\quad\quad\Delta s_n$——在计算深度 z_n 处向上取厚度为 Δz(图 6-18)土层的计算沉降值(mm)。

$\quad\quad\quad\quad\Delta z$ 按表 6-15 确定。

表 6-15 Δz 取值

基底宽度 b(m)	$b \leqslant 2$	$2 < b \leqslant 4$	$4 < b \leqslant 8$	$b > 8$
Δz(m)	0.3	0.6	0.8	1.0

2.《建筑规范》中地基沉降计算方法

《建筑规范》计算地基变形时,地基内的应力分布可采用弹性理论计算,其最终沉降量计算公式为

$$s = \psi_s s' = \psi_s \sum_{i=1}^{n} \frac{P_0}{E_{si}} (z_i \bar{\alpha}_i - z_{i-1} \bar{\alpha}_{i-1}) \tag{6-23}$$

式中 s——地基最终变形量(mm);

$\quad\quad s'$——按分层总和法算出的地基变形量(mm);

$\quad\quad\psi_s$——沉降计算经验系数,根据地区沉降观测资料及经验确定,无地区经验时可按规范中规定,与 m_s 相同,即表 6-13 取值;

$\quad\quad n$——地基变形计算深度范围内所划分的土层数;

$\quad\quad P_0$——对应于荷载效应永久组合时的基础底面处的附加压力(MPa);

$\quad\quad E_{si}$——基础底面下第 i 层土的压缩模量(MPa);

z_i , z_{i-1}——基础底面至第 i 层土和第 $i-1$ 层土底面的距离(m);

$\bar{\alpha}_i , \bar{\alpha}_{i-1}$——基础底面计算点至第 i 层土和第 $i-1$ 层土底面范围内平均附加应力系数,可按规范附录选择。

《建筑规范》压缩层厚度确定与《铁路桥涵规范》中的方法一样,当其下还有软土层时,应当继续向下计算。

另外如果结构旁边无相邻荷载且基础宽度在 $1 \sim 30$ m 范围内时,基础中心点下的沉降计算深度也可按简化式(6-24)进行计算。

$$z_n = b(2.5 - 0.4 \ln b) \tag{6-24}$$

式中 b——基础宽度(m)。

如果在计算深度范围内存在基岩时,z_n 可取至基岩表面;当存在较厚的坚硬黏性土层($e < 0.5$ 或 $E_s > 50$ MPa),或存在较厚的密实砂卵石层($E_s > 80$ MPa)时,z_n 可取至该土层表面。

对于房建结构,由于其一般都位于结构密集区,存在相邻结构。此时应计算相邻荷载引起的地基变形,其值可按应力叠加原理,采用角点法计算。

6.3.3   三种计算最终沉降量方法的说明

从前述计算可以看出,分层总和法中,分层要比规范中细一些,计算工作量较大,因此规范中将天然土层的分界面作为分层面来计算沉降量。而且采用了平均附加应力系数 C_i 和 C_{i-1},而不是附加应力系数。压缩层厚度的确定也有变化,分层总和法以基础中心点下的附加压应力与自重应力之比为 0.1 或 0.2 作为控制标准,这里没有考虑土层的构

造与性质,也没有考虑基础的大小,只是强调了荷载对压缩层的影响。规范采用了从计算深度 z_n 处向上取土层厚度 Δz,使其沉降量满足要求,来确定压缩计算深度。

练习题

〖简答题〗

1. 分层总和法计算地基沉降量时为什么要分层? 分层的原则是什么?
2. 分层总和法计算地基沉降量的基本假定是什么?
3. 分层总和法计算地基沉降量的步骤是什么?

〖计算题〗

4. 某结构柱下独立矩形基础,已知基础底面积尺寸为 8 m×5 m,基础埋深 $h=$ 3.0 m,地基均为粉质黏土地基。上部荷载传至基础底面 $P=16\,000$ kN,粉质黏土的天然容重为 19.5 kN/m³,压缩试验结果见表 6-16。试用分层总和法计算基础最终沉降量。

表 6-16　压缩试验孔隙比表

压力 p_i(kPa)	0	50	100	200	300	400
孔隙比 e_i	0.907	0.819	0.782	0.727	0.689	0.663

任务 6.4　计算任意时间沉降量

引导问题

1. 有效应力原理是什么?
2. 什么是孔隙水压力?
3. 什么是有效应力?

任务内容

在工程结构的建设和使用过程中,我们除了需要知道该结构地基的最终沉降量以外,有时还需要了解该地基达到某一沉降量所需的时间或者经过一定时间时可能产生的沉降量。根据任务 6.1 的内容可知,地基的沉降是因为孔隙中的液相和气相被挤出,引起体积的减少。对饱和土来讲,它的变形主要是孔隙的水被挤出去引起的。不同的土,其透水性差别很大,因此完成最终沉降量所需的时间也可能相差很大。因此我们可以根据地基土孔隙水的消散情况,这里主要考虑黏性土,来反映土体固结的情况。在实际工程中,首先可以根据前述方法计算地基最终沉降量,然后根据沉降与时间的关系计算地基任一时间的沉降量。

6.4.1　地基任意时间沉降量的计算

根据任务 6.1 的内容,土的有效应力原理为:总应力=有效应力+孔隙水压力,即 $\sigma=\sigma'+u$。从有效应力原理可以看出,土体在某一压力作用下,饱和土体的固结过程就是土中孔隙水压力不断消散,而土骨架所受的有效应力不断增大的过程,或者说是孔隙水压力逐渐转化为有效应力的过程。在这一过程中,任一时刻任一深度上的应力始终遵循着有效应力原理。那么在计算任一时间的沉降量时,如果可以准确测量出该点的孔隙水压力,那么就可以利用有效应力原理计算出地基土中的有效应力,从而计算地基的沉降量。这里只简单介绍几个相关概念。

固结度是指当地基为均质土层时,地基在固结过程中任一时间的沉降量 S_t 与地基的最终固结沉降 S 之比,称为地基在 t 时刻的固结度,用 U_t 表示,即

$$U_t = \frac{S_t}{S} \tag{6-25}$$

在计算地基任一时间的沉降量时,可以先求出土层的固结度 U_t,再按式(6-25)计算。

地基任一时间固结度的求解是一个很复杂的问题。对于饱和黏性土的单向渗透固结的情况,因为沉降量与有效应力是成正比的,所以任一时刻的竖向平均固结度,可根据此时刻的有效应力图面积与最终有效应力图面积之比来计算,即

$$U_t = \frac{\text{有效应力图面积}}{\text{最终应力图面积}} = 1 - \frac{\int_0^H u\,\mathrm{d}z}{\int_0^H \sigma\,\mathrm{d}z} \tag{6-26}$$

将孔隙水压力的计算公式代入式(6-26)积分,并化简后,可以得到

$$U_t = 1 - \frac{8}{\pi^2}\left(\mathrm{e}^{-\frac{\pi^2}{4}T_v} + \frac{1}{3^2}\mathrm{e}^{-\frac{3^2\pi^2}{4}T_v} + \frac{1}{5^2}\mathrm{e}^{-\frac{5^2\pi^2}{4}T_v} + \cdots\right) \tag{6-27}$$

式中 T_v——时间因素,与土的固结系数、固结时间和排水距离有关。

式(6-27)括号内的级数收敛很快,当 $U_t > 30\%$ 时,采用第一项时精度已经足够,即

$$U_t = 1 - \frac{8}{\pi^2}\mathrm{e}^{-\frac{\pi^2}{4}T_v} \tag{6-28}$$

● 音 频

减小沉降的
措施

6.4.2　地基容许沉降量控制

不同的结构物采用的地基变形控制特征值也不同。这里主要介绍《建筑规范》和《铁路桥涵规范》中地基变形控制值。在具体工程中我们应当根据其沉降控制特征值控制结构物的沉降,保证结构物的正常使用。

1.《建筑规范》的地基变形控制值

《建筑规范》中给出地基变形特征可分为沉降量、沉降差、倾斜、局部倾斜。

(1)沉降量:指单独基础中心的沉降值,如图 6-20(a)所示。

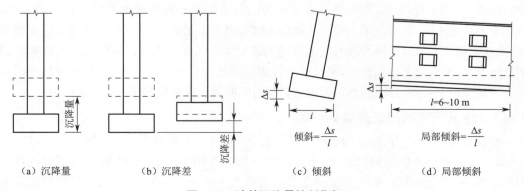

图 6-20　地基沉降量控制指标

（2）沉降差：指两相邻单独基础沉降量之差，如图 6-20(b)所示。

（3）倾斜：指单独基础在倾斜方向上两端点的沉降差与其距离之比，如图 6-20(c)所示。

（4）局部倾斜：指砌体承重结构沿纵墙 6～10 m 内基础两点的沉降差与其距离之比，如图 6-20(d)所示。

表 6-17 给出了几种结构的限值要求，其他可参考规范取值。

表 6-17　建筑物的地基变形允许值

变形特征		地基土类别	
		中、低压缩性土	高压缩性土
砌体承重结构的局部倾斜		0.002	0.003
工业与民用建筑相邻柱基的沉降差	（1）框架结构 （2）砌体墙填充的边排柱 （3）当基础不均匀沉降时不产生附加应力的结构	$0.002l$ $0.000\ 7l$ $0.005l$	$0.003l$ $0.001l$ $0.005l$
体型简单的高层建筑基础的平均沉降量(mm)		200	
高耸结构基础的倾斜	$H_g \leqslant 20$ $20 < H_g \leqslant 50$ $50 < H_g \leqslant 100$ $100 < H_g \leqslant 150$ $150 < H_g \leqslant 200$ $200 < H_g \leqslant 250$	0.008 0.006 0.005 0.004 0.003 0.002	

注：①本表数值为建筑物地基实际最终变形允许值；

②l 为相邻柱基的中心距离(mm)；H_g 为自室外地面起算的建筑物高度(m)。

2.《铁路桥涵规范》的地基变形控制值

《铁路桥涵规范》规定，墩台基础的沉降应按恒载计算，其在恒载作用下产生的工后沉降量不应超过表 6-18 规定的限值。特殊条件下无砟轨道桥梁无法满足沉降限值要求时，必须采取相应措施以满足轨道平顺性要求。超静定结构墩台沉降量除满足表 6-18 要求外，还得考虑相邻墩台的沉降差在梁体内部引起的附加力的作用。

表 6-18　静定结构墩台基础工后沉降限值

沉降类型	桥上轨道类型	设计速度(km/h)	限值(mm)	备注
墩台均匀沉降	有砟轨道	250 及以上	30	位于路涵过渡段范围的涵洞涵身工后沉降限值应与相邻过渡段工后沉降一致。不在过渡段范围内的涵洞涵身工后沉降最大不得超过 100 mm
		200	50	
		160 及以下	80	
	无砟轨道	250 及以上	20	
		200 及以下	20	
相邻墩台沉降差	有砟轨道	250 及以上	15	
		200	20	
		160 及以下	40	
	无砟轨道	250 及以上	5	
		200 及以下	10	

练习题

〖名词解释〗

1. 固结度

〖简答题〗

2.《建筑规范》中沉降控制指标有哪些？

3.《铁路桥涵规范》中沉降控制指标有哪些？

确定土的抗剪强度

项目知识构架

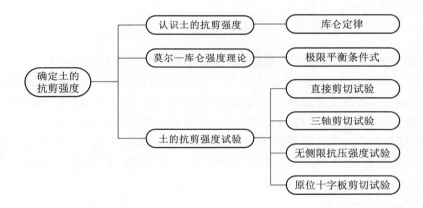

知识目标

1. 理解土的抗剪强度概念；
2. 掌握库仑定律，理解土的抗剪强度的构成因素；
3. 掌握土的抗剪强度理论，分析评价土体状态；
4. 掌握直接剪切试验的试验过程，并整理试验结果；
5. 了解三轴剪切试验、无侧限抗压强度试验、原位十字板剪切试验原理。

能力目标

1. 能够分析、评价地基状态；
2. 能够独立完成直接剪切试验，确定土的抗剪强度参数。

素养目标

1. 培养自学和独立思考能力及创新实践能力；
2. 培养利用信息技术获取知识、学习知识的信息素养；
3. 培养团结协作和沟通协调的能力；

4. 培养吃苦耐劳、严谨求实的工作作风；

5. 引导主动践行社会主义核心价值观，增强家国意识；传承发扬各时期铁路精神，立志扎根铁路生产建设一线建功立业，勇担民族复兴时代重任；

6. 引导树立工程建设和环境友好的价值观和正确的工程伦理观，增强社会法治意识、责任意识与责任担当，加强生态文明理念与自然和谐的环保意识；

7. 引导弘扬劳模精神、劳动精神、工匠精神，培养立足岗位的创新意识和科学精神。

任务 7.1　认识土的抗剪强度

引导问题

1. 直线方程的表示方法是什么？
2. 什么是摩擦力？

任务内容

材料的强度是指材料抵抗外部荷载的能力，对于弹性材料受力之后，材料中的应力与应变之间呈线性关系，这就是胡克定律。当材料内部的应力达到某一限值时，材料变形超过容许值，就会发生破坏。比如钢材在轴向拉力作用下，出现颈缩直到断裂，使钢筋产生颈缩的最大拉应力称为屈服强度，使钢筋完全断裂的最大拉应力称为抗拉强度，也就是材料的强度，或极限强度。所以有关材料的强度理论，我们也可称之为破坏理论。说到土的强度，考虑土是一个散粒体的堆积物，它的强度也是一个复杂的问题。

7.1.1　抗剪强度的概念

土是一种固液气三相的堆积体，它不同于一般的建筑材料，不能承受拉力，但能承受一定的压力。固体颗粒本身的强度可能不低，但是土颗粒之间的接触面相对软弱一些，容易发生滑动破坏，例如砂土的坡度以及黄土的直立土坡，如图 7-1 所示。

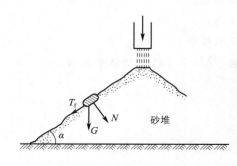

G—滑动土的重力；α—滑动面倾角；T_f—重力沿滑动面的分力；N—重力垂直于滑动面的分力。

图 7-1　土的强度概念

如图 7-2 所示，路堤的滑坡问题、地基土被挤出以及挡土墙倾覆的问题，都是由于基底压力超限，使部分土体沿着某一滑动面挤出，导致建筑物严重下陷，甚至倾倒等现象。

土体中滑动面的产生就是由于滑动面上的切应力达到土的抗剪强度所引起的。因此我们说土体的破坏基本都属于剪切破坏,所以把土的强度也叫作抗剪强度,即土的抗剪强度是指土体抵抗剪切破坏的极限能力。当土体受到外荷载作用后,土中各点应力将发生变化,随着外力的增大,其截面上的正应力和切应力也逐渐增大,若某点切应力达到其抗剪强度,土体就沿着切应力作用方向产生相对滑动,则该点便发生剪切破坏。

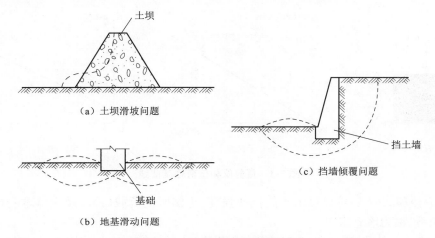

（a）土坝滑坡问题

（c）挡墙倾覆问题

（b）地基滑动问题

图 7-2　工程中的土体强度问题

在工程实践中,与土的强度有关的工程问题,主要有以下三类:

(1)土质建筑物的稳定性问题。

(2)挡土结构物背后的土压力问题。

(3)地基土的承载力问题。

土的剪切破坏形式也有很多种,比如墨西哥的艺术宫是由于地基变形太大所引起;加拿大特朗斯康谷仓则是地基强度不够引起的。因此,地基土的破坏标准,应根据土的性质和具体工程情况而定。对于剪裂破坏,一般用剪切过程中剪切面上剪应力的最大值作为土的破坏应力,即剪切强度;如果结构破坏是由于地基变形太大,那么对于变形不敏感的工程,可以用最大剪应力作为破坏应力,但是对于变形要求高的工程,过大的变形是不容许的,这时往往按最大容许变形来确定抗剪强度标准值。

7.1.2　库仑定律

1. 库仑定律

法国著名的力学家、物理学家库仑(Coulomb)采用如图 7-3(a)所示的直剪仪,系统地研究了各种土的抗剪强度特点。直剪仪的工作原理很简单,上下两个铜盒,将土放到里面,在盒上施加竖向力,然后给下盒施加水平推力,在上下盒的错位面剪切土样,得出了土的抗剪强度变化规律,绘出了土的抗剪强度曲线,图 7-3(b)表示无黏性土的抗剪强度关系,图 7-3(c)表示黏性土的抗剪强度关系。

根据直线方程,我们可以写出图 7-3(b)无黏性土和图 7-3(c)黏性土的抗剪强度表达式。

$$\tau_f = \sigma \tan \varphi \qquad (7-1)$$

$$\tau_f = \sigma \tan \varphi + c \qquad (7-2)$$

式中　τ_f——土的抗剪强度（kPa）；

　　　σ——作用在剪切面的法向压力（kPa）；

　　　φ——土的内摩擦角（°）；

　　　c——土的黏聚力（kPa）。

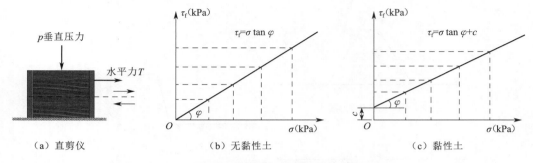

图 7-3　直剪仪和抗剪强度曲线

式（7-1）和式（7-2）可以表示土的抗剪强度、土体所受荷载（σ）以及土体本身（c 和 φ）之间的关系，称为库仑定律。

从图 7-3 以及式（7-1）和式（7-2）都可以看出，土的抗剪强度与剪切面上的法向应力呈线性关系，即随着法向应力的增大而线性增大。试验表明，在法向应力变化不大的范围内，抗剪强度曲线图 τ_f—σ 是一条直线。对于无黏性土，曲线通过坐标原点，截距 $c=0$，见式（7-1）。对于黏性土，该曲线在纵轴上有一个截距 c，其斜截方程为式（7-2）。这进一步说明了土体的剪切强度与滑动面上颗粒的摩擦是有关系的。

c 和 φ 是土体的抗剪强度参数，它们的取值在一定条件下可以认为是常数，其大小反映了土的抗剪强度的大小。

2. 土的抗剪强度的构成因素

（1）无黏性土

无黏性土抗剪强度的来源主要是土颗粒间的内摩擦，如图 7-4 所示。内摩擦力的计算类似我们之前所学物体表面摩擦力的计算，即正应力乘以摩擦系数，有 $\tau_f = \sigma \tan \varphi$。这里的摩擦系数为土体的内摩擦角的正切值 $\tan \varphi$。由于颗粒的形状不规则，除前述滑动摩擦外，咬合摩擦也会提供一定的强度。

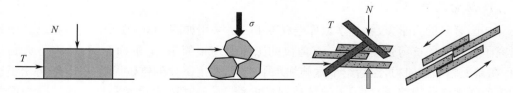

图 7-4　颗粒之间的摩擦和咬合

①滑动摩擦存在于土粒表面之间，即在土体剪切过程中，剪切面上的土粒发生相对移动所产生的摩擦。

②咬合摩擦是指相邻颗粒对于相对移动的约束作用。当土体内沿某一剪切面产生剪

切破坏时,相互咬合着的颗粒必须从原来的位置被抬起,跨越相邻颗粒,或者在尖角上将颗粒剪断,然后才能移动,土体越密实,颗粒越粗糙,棱角越分明,其咬合作用越强。

(2)黏性土

黏性土的强度包括两部分,一是土体颗粒间的内摩擦,二是颗粒间的黏聚力。内摩擦力的计算同无黏性土,即 $\tau_f = \sigma\tan\varphi$,其数值一般小于无黏性土。黏聚力是黏性土区别于无黏性土的特征,它使黏性土的颗粒黏结在一起。对于黏聚力的微观研究是一个很复杂的问题,目前比较认可的说法是将黏聚力分成原始黏聚力和固化黏聚力两种。原始黏聚力主要是指颗粒间的范德华力和库仑力(静电力);固化黏聚力则是决定于颗粒间存在的胶结物质的胶结作用。

①范德华力

范德华力以荷兰物理学家约翰内斯·迪德里克·范德瓦尔斯命名,是原子或分子之间依赖于距离的相互作用,这种粒间引力发生在颗粒间紧密接触点处,是细粒土黏结在一起的主要原因,会随着分子之间距离的增加迅速消失。这些吸引力不是由化学电子键引起,它们相对较弱。但尽管是弱化学力中最弱的一种,强度在 0.4~4 kJ/mol 之间,但当存在大量此类相互作用时,它们仍可能支持整体结构载荷。

②库仑力

库仑力也就是静电作用力。法国学者库仑在前人研究的基础上,通过与牛顿万有引力定律的类比和大量的试验研究得出结论,即真空中两个静止点电荷之间的相互作用力,与它们的电荷量的乘积成正比,与它们的距离的二次方成反比,作用力的方向在它们的连线上。电荷间这种相互作用力叫作静电力或库仑力。黏土颗粒上下平面带负电荷而边角处带正电荷。当颗粒间的排列是边对面或角对面时,将因异性电荷面产生静电引力。

③土中天然胶结物质

土中含有硅、铁、碳酸盐等物质对土粒产生胶结作用,使土具有黏聚力。比如黄土高原就是粉土粒组,被大量的可溶盐胶结在一起形成的蜂窝结构、裂隙构造,这导致了它的一系列特殊的工程特性。

另外,如果当地富含地下水,在地下水位以上的土,由于毛细水的表面张力作用,在土粒间会产生毛细水压力。毛细水压力对土颗粒也会产生胶结作用。颗粒越细小,毛细水压力越大。在黏性土中,毛细水压力有可能达到一个大气压以上。

粗粒土间如果存在胶结物质,那么也会产生一定的黏聚强度。另外,在非饱和的砂土中,颗粒间受毛细水压力的作用,当含水率适当时,也会有黏聚作用产生。比如海边的沙滩,我们可以将潮湿的沙子捏成团,但是当它干燥以后又会散开,所以此连接又称为假黏聚力,工程中一般不做考虑。

练习题

〖判断题〗

1. 土的抗剪强度是一个定值。(　　)
2. 土的抗剪强度指标是一个定值。(　　)

〖名称解释〗

3. 土的抗剪强度

〖简答题〗

4. 土的抗剪强度构成有哪些？

5. 影响土的抗剪强度的因素有哪些？

6. 库仑定律的内容有哪些？

任务 7.2   莫尔—库仑强度理论

引导问题

1. 材料中一点的应力状态分析内容是什么？

2. 三角函数的换算关系是什么？

任务内容

我们可以用库仑线表示土的抗剪强度，如果能够计算出土中任意一点、任意一个斜面上的正应力和切应力，就可以比较抗剪强度和切应力的大小，从而确定土体的状态，这就是强度理论。

7.2.1   土中一点的受力状态分析

由材料力学知识可知，一点的应力状态可以用三个正应力和三个切应力来表示，其关系满足广义的胡克定律。当我们改变坐标系，总可以找到一个单元体，使得这个单元体的三个正应力满足 $\sigma_1 > \sigma_2 > \sigma_3$，而且该单元体任意面上的切应力为零，那么这个单元体称之为主应力单元体，三个正应力称为主应力，如图 7-5 所示。

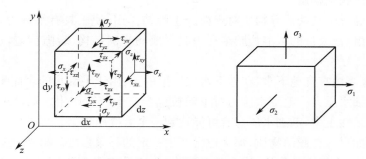

图 7-5   材料中一点的应力状态分析

对于结构下方的地基土，在土体中任取一单元体，它的受力可以看成是一个轴对称的，即 $\sigma_2 = \sigma_3$，则该单元体作用有大主应力 σ_1 和小主应力 σ_3。该单元体任意斜面上的正应力与剪应力的大小可根据静力平衡条件计算得到，即莫尔应力圆表示，如图 7-6 所示，其关系式为

$$
\begin{cases}
\sigma = \dfrac{1}{2}(\sigma_1 + \sigma_3) + \dfrac{1}{2}(\sigma_1 - \sigma_3)\cos 2\alpha \\[2mm]
\tau = \dfrac{1}{2}(\sigma_1 - \sigma_3)\sin 2\alpha
\end{cases}
\tag{7-3}
$$

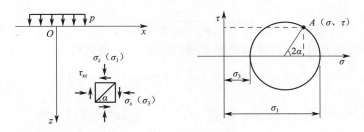

图 7-6　土中一点平面应力计算

7.2.2　莫尔—库仑强度理论

莫尔应力圆上任意一点的坐标对应的是,与大主应力作用平面成 α 角的斜面上的正应力 σ 和切应力 τ 的大小。库仑线表示的是土体的抗剪强度随切面上正应力的变化情况,因此可以将抗剪强度线与莫尔应力圆绘制于同一直角坐标系内。圆和线将有三种位置关系,如图 7-7 所示。

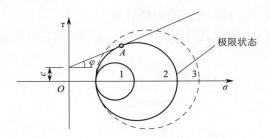

图 7-7　莫尔应力圆与抗剪强度之间的关系

(1)应力圆与库仑线相离,如图 7-7 中的 1 号圆,从图上可以看出单元体上任一个截面的剪应力均小于它的抗剪强度,所以该点处于稳定状态。

(2)应力圆与库仑线相切,如图 7-7 中的 2 号圆,从图上可以看出单元体内某一截面上的切应力等于其抗剪强度,达到极限平衡状态,所以 2 号圆也称为极限应力圆。

(3)应力圆与库仑线相割,如图 7-7 中的 3 号虚线圆,从图上可以看出库仑线上方的一段弧所代表的各截面的剪应力均大于土的抗剪强度,即该点已有破坏面产生,事实上这种应力状态是不可能存在的。

如图 7-8 所示,根据莫尔应力圆与抗剪强度线相切的几何关系,可求得抗剪强度指标 c、φ 和主应力 σ_1、σ_3 之间的关系为

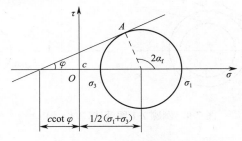

图 7-8　极限平衡状态

$$\sin \varphi = \frac{\sigma_1 - \sigma_3}{\sigma_1 + \sigma_3 + 2c \cot \varphi} \tag{7-4}$$

式(7-4)经三角变换后,可得到极限平衡条件式(7-5)或式(7-6)。

$$\sigma_1 = \sigma_3 \tan^2 \left(45° + \frac{\varphi}{2}\right) + 2c \tan \left(45° + \frac{\varphi}{2}\right) \tag{7-5}$$

$$\sigma_3 = \sigma_1 \tan^2 \left(45° - \frac{\varphi}{2}\right) - 2c \tan \left(45° - \frac{\varphi}{2}\right) \tag{7-6}$$

分析图7-7,莫尔应力圆的最高点所对应的斜面为切应力最大的面,即单元体中 $\alpha = 45°$ 的斜面上;土体中的剪切破坏面并不是在切应力最大的那个平面,土体的剪切破坏面是在与大主应力作用面夹角为 α_f 的斜面上,根据图7-8的几何关系 $2\alpha_f = 90° + \varphi$,可得其夹角为

$$\alpha_f = \pm \left(45° + \frac{\varphi}{2}\right) \tag{7-7}$$

式(7-4)、式(7-5)、式(7-6)可以用来判定土体中某点的状态,同时它也反映了抗剪强度参数 c、φ 和主应力 σ_1、σ_3 四者之间的函数关系。

对于无黏性土而言,由于其黏聚力 $c = 0$,式(7-5)和式(7-6)就变为

$$\sigma_1 = \sigma_3 \tan^2 \left(45° + \frac{\varphi}{2}\right) \tag{7-8}$$

$$\sigma_3 = \sigma_1 \tan^2 \left(45° - \frac{\varphi}{2}\right) \tag{7-9}$$

例题 7-1

地基中某一单元土体上的大主应力 σ_1 为 280 kPa,小主应力 σ_3 为 120 kPa。通过试验测得土的抗剪强度参数,黏聚力 c 为 15 kPa,内摩擦角 φ 为 20°。试问:

(1)该单元土体处于何种状态?

(2)单元土体最大剪应力出现在哪个面上,是否会沿剪应力最大的面发生剪破?

[解]:(1)此问题有两种计算方法,即图解法或计算法。

①图解法

在坐标纸上,按照截距等于 15 kPa,倾角 φ 等于 20°,可以作出库仑线,按照 σ_1 等于 280 kPa,σ_3 等于 120 kPa,可以作出莫尔应力圆,如图7-9所示。比较圆和线的位置,可以看到圆线相离,土体处理稳定状态,也就是弹性平衡状态。

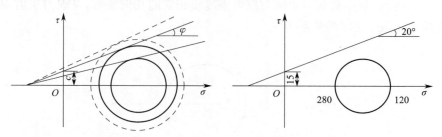

图7-9 例题7-1图解法(单位:kPa)

②计算法

可以计算大主应力,也可以计算小主应力。

$$\sigma_{1f}=\sigma_3\tan^2\left(45°+\frac{\varphi}{2}\right)+2c\tan\left(45°+\frac{\varphi}{2}\right)$$

$$=120\times\tan^2\left(45°+\frac{20°}{2}\right)+2\times15\times\tan\left(45°+\frac{20°}{2}\right)$$

$$=120\times2.039+30\times1.428$$

$$=287.52(\text{kPa})$$

如图 7-10 所示,计算得到的处于极限平衡状态的大主应力大于该单元土体实际大主应力,实际应力圆半径小于极限应力圆半径,该单元土体处于弹性平衡状态。

$$\sigma_{3f}=\sigma_1\tan^2\left(45°-\frac{\varphi}{2}\right)-2c\tan\left(45°-\frac{\varphi}{2}\right)$$

$$=280\times\tan^2\left(45°-\frac{20°}{2}\right)-2\times15\times\tan\left(45°-\frac{20°}{2}\right)$$

$$=280\times0.490-30\times0.700$$

$$=116.2(\text{kPa})$$

如图 7-11 所示,计算得到的处于极限平衡状态的小主应力小于该单元土体实际小主应力,实际应力圆半径小于极限应力圆半径,该单元土体处于弹性平衡状态。

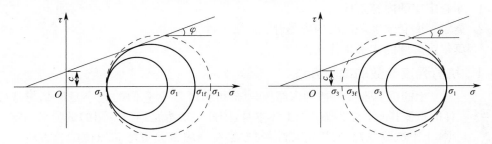

图 7-10 用大主应力判别示意   图 7-11 用小主应力判别示意

(2)最大剪应力出现在 $2\alpha=90°$ 平面上,即在与大主应力平面成的 $\alpha=45°$ 的斜面上。将 α 代入式(7-3)可得

$$\tau_{max}=\frac{\sigma_1-\sigma_3}{2}=\frac{280-120}{2}=80(\text{kPa})$$

最大剪应力面上的正应力为

$$\sigma=\frac{1}{2}(\sigma_1+\sigma_3)=\frac{280+120}{2}=200(\text{kPa})$$

将黏聚力和内摩擦角代入库仑定律可得该截面的抗剪强度为

$$\tau_f=\sigma\tan\varphi+c=200\times\tan20°+15=88(\text{kPa})$$

因为 $\tau_{max}<\tau_f$,所以,该单元土体处于弹性平衡状态。

通过分析可知,剪应力最大的面并不是破坏面,而是沿着与大主应力作用平面成 $45°+\frac{\varphi}{2}$ 的斜面发生破坏。库仑线表示的土体强度与莫尔应力圆表示的土体内任一点应力之间的关系,即圆和线的位置关系,表示了土体中该点的应力状态。

练习题

〖计算题〗

1. 地基中某点的应力为 $\sigma_1 = 450$ kPa，$\sigma_3 = 150$ kPa，并已知土的 $\varphi = 26°12'$，$c = 12$ kPa，问该点是否被破坏？

2. 在平面问题上，砂类土中一点的大小主应力分别为 600 kPa 和 200 kPa，内摩擦角 $\varphi = 30°$，问：

（1）该点的最大剪应力是多少？最大剪应力作用面上的法向应力是多少？

（2）此点是否已达到极限平衡状态？为什么？

（3）如此点达到极限平衡状态，求这一点的破裂面与最大主应力作用面的夹角以及破裂面上的剪应力和法向应力。

任务 7.3　土的抗剪强度试验

引导问题

1. 库仑定律的内容是什么？
2. 莫尔—库仑强度理论的内容是什么？
3. 莫尔应力圆的作法是什么？

7.3.1　抗剪强度参数的试验方法

●动画

**直接剪切
试验**

　　土的抗剪强度参数为内摩擦角 φ 和黏聚力 c，它们的大小是地基与基础设计的重要指标，主要取决于土体本身，因此一般都是通过专门的试验来测定。根据《土工试验规程》的规定，常用的方法有室内试验方法和原位试验方法。室内试验方法有直接剪切试验、排水反复直接剪切试验、三轴压缩试验和无侧限抗压强度试验；原位试验方法有十字板剪切试验。其中各种试验方法的试验仪器、试验条件、试验原理都不太一样，对于同一种土，其试验结果也不尽相同，在具体工程中应根据实际情况来选择合适的指标。

1. 直接剪切试验

直接剪切试验可以直接测定土样的黏聚力和内摩擦角。试验的原理就是前面所述库仑定律，由于其试验原理简单，试验设备操作方便，故应用较为广泛。直剪试验按加荷方式分为应变控制式和应力控制式两类，前者是以等速推动剪切盒使土样受剪，后者则是分级施加水平剪力于剪力盒，使土样受剪。直接剪切试验适用于黏性土、粉土及最大粒径小于 2 mm 的砂类土。对于渗透系数大于 10^{-6} cm/s 的土样，不适合做快剪试验；粗粒土最大粒径不能超过 75 mm。

（1）细粒土的直接剪切试验

我国普遍使用的是应变控制式直剪仪。试验装置如图 7-12 所示，包括剪切盒（上盒和下盒）、垂直加压设备、剪切传动装置、测力计、位移量测系统。

具体操作参考《土工试验规程》的规定，这里简单介绍其试验步骤。试验时先用插销

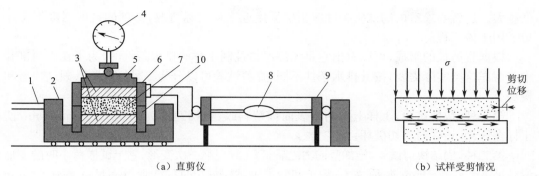

（a）直剪仪   （b）试样受剪情况

1—剪切传动轴；2—水槽；3—透水石；4—百分表；5—加压盖板；6—剪切盒上盒；
7—土样；8—百分表；9—量力环；10—剪切盒下盒。

图 7-12　直接剪切试验示意

固定上、下盒位置，用环刀切取原状土样，把土样推入剪切盒内后，拔去插销，通过传压活塞向土样施加竖向力 P，然后通过传动轴对下盒施加水平推力，使上、下盒分界面处产生相对滑动，达到剪坏标准。那么，剪坏时土样剪切面上的平均极限剪应力就是在竖向压应力 σ 作用下土的抗剪强度 τ_f。根据试验方法不同，需要控制土样的排水条件和剪切速率。每组试验共需取四个相同的土样，在不同的竖向压力 σ 下进行剪切，这样，得到四个不同的抗剪强度 τ_{f1}、τ_{f2}、τ_{f3}、τ_{f4}。

以竖向压应力 σ 为横坐标，抗剪强度为纵坐标，按所得的数据，先在坐标系中点出 4 点，然后绘制一条实测直线，实测点与直线点允许偏差上下不超 5%，抗剪强度线如图 7-13 所示。试验结果表明，抗剪强度与作用在剪切面上的竖向压应力呈线性关系。

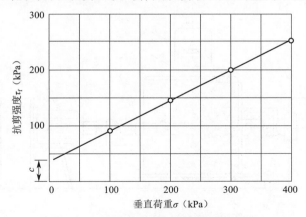

图 7-13　抗剪强度与垂直压力关系曲线

直接剪切试验加载终止的标准有两个，一是当量力环中的百分表读数不变或者后退时，表示试样已经被剪坏，取最大读数对应的剪应力为抗剪强度 τ_f，但还需要继续剪切，使得剪切位移在 4 mm 以上；二是当量力环中的百分表读数没有回弹，一直在增加，可取剪切位移达到 6 mm 时的剪应力作为抗剪强度 τ_f。

通过有效应力原理我们可以知道，随着土体的排水固结，作用在土骨架上的有效应力，是逐渐增大的。从图 7-13 可知，土的抗剪强度随着正应力线性变化。因此，我们可以认为土的抗剪强度与土体受力后的排水固结情况是相关的，即土体的固结度越高，抗剪强度越大。这就要求室内的试验条件应当尽量接近工程实际情况,得到的抗剪强度指标才更适用于该工程。

根据直剪仪的组成,可以看出它是无法严格控制土样的排水条件的,为了在直剪试验中能考虑这类实际需要,按其排水条件不同,直剪试验可以分为三种,即快剪、固结快剪和慢剪。

第一种,快剪试验,土样上下两个表面铺塑料膜,剪切速度为 0.8~1.2 mm/min,使土样在 3~5 min 内剪切破坏。

第二种,固结快剪试验,施加竖向力之后,每 1 h 观测一次变形,黏土试样每小时的变形量满足 $\Delta s \leqslant 0.005$ mm,粉质黏土、粉土和砂类土试样每小时的变形量满足 $\Delta s \leqslant 0.01$ mm 时,认为固结已经稳定。如果竖向变量不好读取,可以按加荷 24 h 为稳定标准。后续按照快剪试验操作就可以。

第三种,慢剪试验,土样上下两个表面铺滤纸,按前述固结步骤加压观测,稳定后,按 0.02 mm/min 进行剪切,直到剪切破坏。

(2)粗粒土的直接剪切试验

粗粒土的直接剪切试验使用大型直接剪切仪,如图 7-14 所示,仪器包括剪切盒、传压板滚轴排、垂直加压框架和水平加荷支座等组成。每组试样四个,快剪试验在剪切盒底部放置不透水板,固结快剪和慢剪在剪切盒底部放置带滤网的透水板。试验时将土样分层填入剪切盒,在接触面需要刨毛,剪切面避开分层面。此试验还可进行粗粒土与混凝土接触面的试验。试样上施加的最大垂直荷载不应小于工程所需压力。

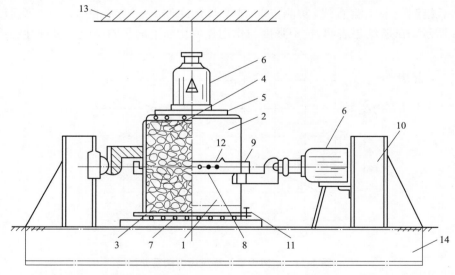

1—下剪切盒;2—上剪切盒;3—透水板;4—试样;5—传压板;6—千斤顶;7—滚轴排;8—开缝装置;
9—水槽;10—水平加荷支座;11—进水孔;12—固定销;13—上反力横梁;14—下反力横梁。

图 7-14　应力控制式粗粒土大型直接剪切仪示意

快剪试验剪切荷载应按预估最大剪切荷载的 10% 分级施加,每 30 s 施加一级,并测读水平位移和垂直位移百分表一次。当水平位移较大时,可适当加密分级。试验终止的标志分三种情况:一是剪切荷载出现峰值;二是剪切荷载不再增加而水平位移急剧增加;三是不出现前述两种情况,但是水平位移达试样直径或长度的 10% 时,也应结束试验。作图与细粒土的直剪试验相同,具体操作参考《土工试验规程》规定,这里不再详细介绍。

2. 排水反复直接剪切试验

排水反复直接剪切试验适用于测定土的残余强度参数,即黏聚力 c_r 和内摩擦角 φ_r,也可测定黏性土和泥化夹层强度参数。应变控制式反复直剪仪与快剪试验的试验仪器类似,但它还包括变速设备、可逆电动机和反推夹具。具体操作参考《土工试验规程》规定,这里不再详细介绍。

3. 三轴压缩试验

三轴压缩试验也可以称为三轴剪切试验,它的原理是就是莫尔—库仑强度理论。三轴压缩试验包括常规三轴压缩试验、一个试样多级加荷试验与粗粒土三轴压缩试验。三轴压缩试验可直接测定土的总抗剪强度参数和有效抗剪强度参数。常规三轴压缩试验方法适用于黏性土、粉土和砂类土;一个试样多级加荷试验方法适用于一般黏性土和粉土;粗粒土三轴压缩试验适用于最大粒径不大于 75 mm 的粗粒土。当土样受限,无法取得 3~4 个试样进行常规三轴压缩试验时,可采用一个试样多级加荷试验方法。

三轴压缩仪主要由压力室、加压系统和量测系统三大部分组成,图 7-15 是常规三轴压缩仪的压力室简图,粗粒土的三轴试验仪器要简化很多。压力室是一个由金属顶盖、底座和透明有机玻璃圆筒组成的密闭容器。

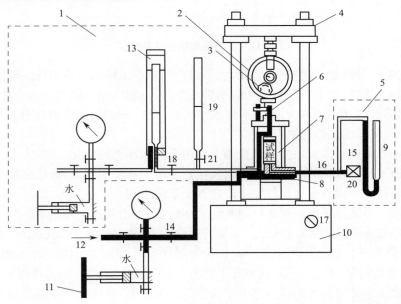

1—调压筒;2—周围压力表;3—体变管;4—排水管;5—周围压力阀;6—排水阀;7—变形量表;
8—量力环;9—排气孔;10—轴向加压设备;11—试样;12—压力室;13—孔隙压力阀;14—离合器;
15—手轮;16—量管阀;17—零位指示器;18—孔隙水压力表;19—量管。

图 7-15 三轴压缩仪压力室示意

三轴压缩试验是在不同的周围压力下进行,围压宜按等比级数施加,采用的最大围压应根据工程实际荷载确定。试验时,首先施加围压,如图 7-16 所示,土样三个方向受力相同,无切应力作用,即三个轴向就是其主应力方向。然后施加竖向压力 $\Delta\sigma$,使土样中产生切应力,此时小主应力 σ_3 保持不变,大主应力 $\sigma_1 = \sigma_3 + \Delta\sigma$ 不断增大,直至土样被剪坏。

根据此时的大主应力和小主应力,可绘出应力圆,取四个相同土样,在不同的围压,即小主应力下进行剪切破坏,得到破坏时的大主应力,绘出四个应力圆,这些应力圆都是土体处于剪切破坏时的极限应力圆,这四个应力圆具有相同的公切线,即该土样的抗剪强度线,作图 7-17,得出抗剪强度参数值。

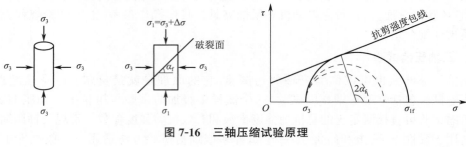

图 7-16   三轴压缩试验原理

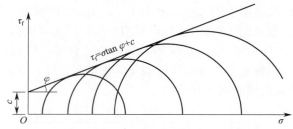

图 7-17   三轴压缩试验结果处理

三轴压缩仪很精密,区别于直剪仪,它可以严格控制土样的排水条件。根据试验过程中土样施加围压时的排水条件和剪切时的排水条件,三轴压缩试验可分为三种试验方法,即不固结不排水剪(UU 试验)、固结不排水剪(CU 试验)和固结排水剪(CD 试验)。

三轴压缩试验的试验优缺点有:

(1)能够严格控制排水条件以及量测土样中孔隙水压力的变化。

(2)三轴试验中试件的应力状态也比较接近实际三相受力状态,剪切破坏时的破裂面在试件的最弱处,不像直接剪切仪那样限定在上下盒之间。

(3)三轴压缩试验还可以测定土的其他力学性质,如土的弹性模量等。

(4)常规三轴压缩试验的主要缺点是试样所受的力是轴对称的,也就是由于围压的施加使得试件所受的三个主应力中,有两个是相等的,但在工程实际中土体的受力情况并非都属于这类轴对称的情况,不过真三轴仪可在不同的三个主应力($\sigma_1 \neq \sigma_2 \neq \sigma_3$)作用下进行试验。

(5)三轴压缩试验最大的缺点是由于仪器的结构复杂,导致试样制备和仪器操作都比较难,而且用时和费用都比较多。

4. 无侧限抗压强度试验

无侧限抗压强度试验原理与三轴压缩试验的原理一样,都是莫尔库仑强度理论。但是它是一种特殊的三轴试验,即只对土样施加垂直压力,而围压 $\sigma_3 = 0$。试验时由于试样侧向不受限制,可以任意变形,故称为无侧限抗压强度试验。无侧限抗压强度试验适用于测定黏性的无侧限抗压强度,以及在自重作用下不发生变形的饱和软黏性土的灵敏度。仪器设备比三轴压缩仪要简单很多,如图 7-18(a)所示。

试验时,将试样放置在台座上,因为没有侧向限制,土样侧向不受力,也不排水,以

$5\sim15$ r/min 的转速对试样加载，$8\sim10$ min 完成试验，量测出试样剪破时所受的最大压力 q_u，相当于三轴剪切中 $\sigma_3=0$ 时的不排水试验。

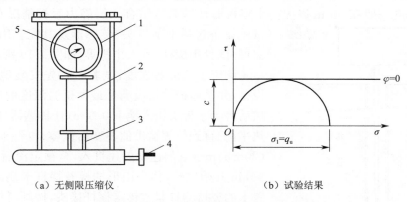

（a）无侧限压缩仪　　　　　　　　（b）试验结果

1—量力环；2—试样；3—升降螺杆；4—手轮；5—百分表。

图 7-18　无侧限抗压强度试验

由于围压 $\sigma_3=0$，故应力圆为过原点的一个圆，土的抗剪强度线为平行于横轴的切线，如图 7-18（b）所示，土的抗剪强度参数黏聚力 c_u 为应力圆的半径，内摩擦角等于 $0°$，计算见式（7-10）。

$$\tau_f = c_u = \frac{q_u}{2} \tag{7-10}$$

无侧限抗压强度试验还可以用来测定在自重作用下不发生变形的饱和软黏性土的灵敏度。饱和黏性土的强度与土的原始状态有很大关系，也就是在天然状态下这种土的强度不一定低，但是当结构遭到破坏或物理状态发生改变时，其强度会急剧降低，工程上用灵敏度 S_t 来反映土的结构受扰动对强度的影响程度。灵敏度的定义是原状土的无侧限抗压强度和重塑土的无侧限抗压强度的比值。

音频 ●

原状土和重塑
土的概念

$$S_t = \frac{q_u}{q_u'} \tag{7-11}$$

式中　q_u——原状土的无侧限抗压强度（kPa）；

q_u'——重塑土（将做完无侧限抗压强度试验的土样，刮去表面凡士林，包在塑料中，捏碎破坏其结构，重新制作成柱体土样，且其密度差不得超过 0.03 g/cm³）的无侧限抗压强度（kPa）。

根据灵敏度可以划分饱和黏性土的类型，见表 7-1。土的灵敏度愈高，其结构性愈强，结构改变后土的强度就降低越多。

表 7-1　土按灵敏度分类

分　类	灵　敏　度
低灵敏度土	$1 < S_t \leqslant 2$
中灵敏度土	$2 < S_t \leqslant 4$
高灵敏度土	$S_t > 4$

5. 十字板剪切试验

十字板剪切试验是原位测试方法，试验方法根据《铁路工程地质原位测试规程》（TB

10018—2018)进行操作,下面简单介绍如下。

十字板剪切试验是在现场原位直接测定软黏土的不排水剪强度以及灵敏度等参数,测试深度一般在 30 m 以内。十字板剪切试验应结合土层静力触探情况布置测点。试验设备包括十字板头、传感器及其配套用的仪表与器械、试验用探杆、贯入主机等,如图 7-19 所示。

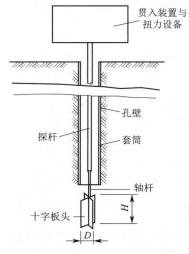

测定土的抗剪强度,试验时首先安装地锚等试验设备,并且地锚数量应满足最大试验深度的反力需要;然后将十字板头压入地下 0.5 m,让传感器与地温取得热平衡,直到仪表输出值不变后调零;再将十字板头以 (20±5)mm/s 的速率匀速贯入,至预定深后,静置 2~3 min 开始试验,移去山形插板及探杆卡块,将扭力装置上的夹持器拧紧或锁定探杆接头,按顺时针方向 1°/10 s 的速率匀速旋转手柄,十字板头每转 1°记录一次仪表读数,直至峰值读数后再测记 1 min,必要时可测记至稳定值出现(稳定值的确定以最小值读数连续出现 6 次为准)。

图 7-19   十字板剪切仪

当测定土的灵敏度时,可用管钳按顺时针方向迅速转动探杆六圈,将土体结构破坏,记下初读数,然后再继续前述试验步骤进行试验,记录重塑土的相应读数。

试验完毕之后按《铁路工程地质原位测试规程》(TB 10018—2018)对实测数据进行修正,土的十字板剪切强度 S_u 有

$$S_u = K\xi(\varepsilon_f) \tag{7-12}$$

式中 S_u——十字板剪切强度(kPa);

K——十字板常数,$K = \dfrac{6}{7\pi D^3}$(cm^{-3}),其中 D 为十字板宽度(cm);

ξ——传感器标定系数;

(ε_f)——十字板剪切试验点最大读数修正值。

十字板剪切试验也可以用来测定土的灵敏度。灵敏度等于原状土的十字板剪切强度平均值和重塑土的十字板剪切强度平均值的比值。

十字板剪切强度 S_u 作为地基土不排水抗剪强度用于工程设计计算时,应根据土层条件和当地地区性经验进行修正。

$$c_u = \eta S_u \tag{7-13}$$

式中 c_u——土的不排水抗剪强度(kPa);

η——修正系数。

土的原位十字板剪切试验,可以得到土的十字板剪切强度、残余强度、重塑强度和灵敏度,甚至是地基土不排水剪强度,但是在实际工程应用时都需要进行修正。该试验最大的优点就是试验仪器设备简单、操作方便,而且对地基土扰动少。

7.3.2   合理选择抗剪强度指标

关于土体抗剪强度指标,我们应该根据具体的工程实际情况,选择合适的指标,因

为指标的选择直接关系工程的经济和安全。如果选择的指标值过高，那么对于结构来说是偏于不安全的，有发生剪切破坏的可能；反之，如果选择的指标值过低，那么就没有充分发挥土的强度，对工程而言又是不经济的。

例如当地基为不易排水的饱和软黏土，施工期又较短，可选用不排水或快剪试验的抗剪强度指标；反之当地基容易排水固结，如砂类土地基，而施工期又比较长，可选用固结排水剪或慢剪试验的强度指标；当建筑物完工后很久，荷载又突然增大，如水闸完工后挡水的情况，可采用固结不排水剪或固结快剪试验的抗剪强度指标。又如总应力法分析土坝坝体的稳定时，施工期可采用不饱和快剪试验的强度指标，运营期间则可采用饱和固结快剪试验的强度指标。当分析浸水路堤水位骤然下降的边坡稳定性时，也可采用饱和固结快剪的强度指标。还有就是，如果我们能够准确地量测出土中孔隙水压力的大小和分布，那么采用有效应力法得到的指标是最接近实际情况的。

规范要求对于重要的工程应采用有效强度指标进行核算。对于控制土坡稳定的各个时期，应分别采用不同试验方法的强度指标。

练习题

〖填空题〗

1. 直接剪切试验根据其加荷速率不同可分为_____、_____、_____。

2. 三轴压缩试验根据其排水条件不同可分为_____、_____、_____。

〖简答题〗

3. 土的抗剪强度试验有哪些？

项目 8

计算挡土结构物上的土压力

项目知识构架

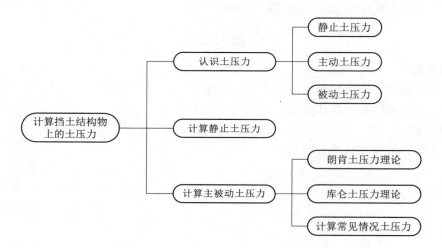

知识目标

1. 理解土压力的概念，掌握土压力的类型；
2. 掌握朗肯理论的适用条件和土压力的计算方法；
3. 了解库仑土压力理论的适用条件和计算土压力的方法。

能力目标

1. 能够判定结构物所受土压力的类型；
2. 能够利用两种理论进行简单条件下土压力的计算。

素养目标

1. 培养自学和独立思考能力及创新实践能力；
2. 培养利用信息技术获取知识、学习知识的信息素养；
3. 培养团结协作和沟通协调的能力；
4. 培养吃苦耐劳、严谨求实的工作作风；

5. 引导主动践行社会主义核心价值观，增强家国意识；传承发扬各时期铁路精神，立志扎根铁路生产建设一线建功立业，勇担民族复兴时代重任；

6. 引导树立工程建设和环境友好的价值观和正确的工程伦理观，增强社会法治意识、责任意识与责任担当，加强生态文明理念与自然和谐的环保意识；

7. 引导弘扬劳模精神、劳动精神、工匠精神，培养立足岗位的创新意识和科学精神。

任务 8.1　认识土压力

引导问题

1. 什么是挡土结构物？
2. 挡土结构物的类型有哪些？
3. 莫尔—库仑强度理论的内容是什么？

任务内容

土压力是指挡土结构物背后填土因自重或外荷载作用对墙背产生的侧向压力。因此，土压力就成为设计挡土结构物时的主要设计荷载。土压力的计算是一个十分复杂的问题，它涉及填料、墙身以及地基三者之间的共同作用。土压力的性质和大小与结构自身的位移、墙体高度、墙后填土的性质都等有关系。一般的挡土结构物其长度远大于高度，可以按平面问题考虑，故在计算土压力时可沿结构物长度方向取每延米考虑。

8.1.1　挡土结构物简介

挡土结构物是在工程中为了防止土体坍塌下滑而建造的构筑物，在公路、铁路、桥梁、隧道和水工结构中应用广泛，例如码头、隧道边墙、拱桥的桥台以及地下室外墙等，如图 8-1 所示。

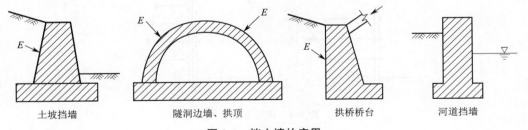

土坡挡墙　　　　隧洞边墙、拱顶　　　　拱桥桥台　　　　河道挡墙

图 8-1　挡土墙的应用

这里简单介绍工程中常见的一种挡土结构物——挡土墙。挡土墙按结构形式可以分为重力式挡土墙、薄壁式挡土墙、锚定式挡土墙、加筋土挡土墙等。可用块石、条石、砖、混凝土与钢筋混凝土等材料建筑。选择挡墙结构形式时，需重点考虑以下几个方面：一是挡土墙的用途、高度与其重要性；二是建筑场地的地形与地质条件；三是尽量量身打造，因地制宜；四是既要考虑结构的安全性，也要考虑其经济合理。

1. 重力式挡土墙

重力式挡土墙靠墙体自身重力平衡墙后土体的压力，如图 8-2 所示，其结构形式简单、施工方便、圬工量大，因此对地基和基础要求较高。依据墙背形式不同，又可以分为普通重力式挡墙、不带衡重台的折线墙背式挡墙和衡重式挡墙三种。

2. 薄壁式挡土墙

薄壁式挡土墙是钢筋混凝土结构，包括悬臂式和扶壁式两种。悬臂式挡土墙由立壁和底板组成，有三个悬臂，即立壁、墙趾和墙踵，如图 8-3（a）所示。

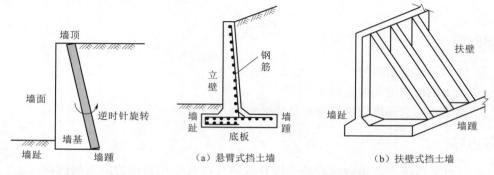

图 8-2　重力式挡土墙

（a）悬臂式挡土墙　　（b）扶壁式挡土墙

图 8-3　薄壁式挡土墙

当墙身较高时，可沿墙长一定距离立肋板（即扶壁）联结立壁与踵板，从而形成扶壁式挡墙，如图 8-3（b）所示。

3. 锚定式挡土墙

锚定式挡土墙属于轻型挡土墙，通常包括锚杆式和锚定板式两种，如图 8-4 所示。锚杆式挡土墙主要由预制的钢筋混凝土立柱和挡土板构成墙面、与水平或倾斜的钢锚杆联合作用支挡土体，主要是靠埋置岩土中的锚杆的抗拉力拉住立柱保证土体稳定的。锚定板式挡土墙则将锚杆换为拉杆，在其土中的末端连上锚定板。

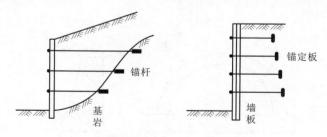

图 8-4　锚定式挡土墙

4. 加筋土挡土墙

加筋土挡土墙（图 8-5）是由填土、填土中的拉筋条以及墙面板三部分组成，它是通过填土与拉筋间的摩擦作用削减土的侧压力，起到稳定土体作用的。加筋土挡土墙属于柔性结构，对地基变形适应性大，建筑高度也可很大，适用于填土路基。但是需要考虑其挡板后填土的渗水稳定及地基变形对其的影响，需要通过计算分析选用。

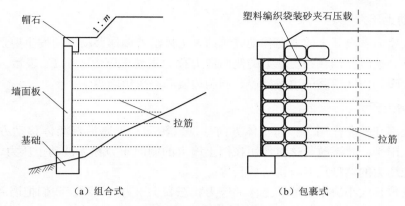

图 8-5 加筋土挡土墙

5. 短卸荷板式挡土墙

短卸荷板式挡土墙（图 8-6）是指在墙背设置卸荷平台或卸荷板，达到减少墙背土压力和增加稳定力矩的目的，以填土重量和墙身共同抵抗土体侧压力的挡土结构。

卸荷板是此挡土墙的重要构件，其主要作用是减少挡土墙下墙的土压力，增加全墙抗倾覆稳定性。由于板上回填料使挡墙自重增加，稳定力矩也相应增加；另外由于卸荷板的遮挡墙身下部所受的土压力减小，使其作用于挡墙的水平推力减小，倾覆力矩相应减小。短卸荷板挡土墙墙身通常为浆砌片石或片石混凝土，卸荷板材料为钢筋混凝土。

6. 其他支挡结构

除了前述几种结构形式以外，还有桩板式挡土墙，以及土钉墙、抗滑桩、预应力锚索等支挡结构。桩板式挡土墙主要用于基坑开挖及抗洪中。

8.1.2 土压力的分类

根据墙的移动情况和墙后土体所处的应力状态，作用在挡土墙上的土压力可分为三种，即主动土压力、静止土压力和被动土压力。其中主动土压力最小，被动土压力最大，静止土压力则介于两者之间，如图 8-7 所示。

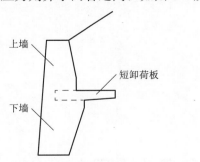

图 8-6 短卸荷板式挡土墙

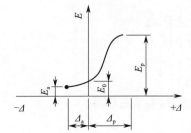

图 8-7 土压力与墙身位移的关系

1. 静止土压力

若挡土墙不动，土不动，墙后土体处于弹性平衡状态，这时作用在挡土墙上的侧向压力称为静止土压力，用 E_0 表示。静止土压力典型代表如地下室外墙、水池侧壁、河道支撑侧壁等。

2. 主动土压力

若挡土墙向着离开土体方向移动或转动，土体沿着墙体移动方向发生剪切，达到极限平衡状态，这时作用在挡土墙上的侧向压力称为主动土压力，用 E_a 表示。主动土压力的典型代表如山区道路的边坡挡墙、涵洞边墙和码头边墙等。

3. 被动土压力

若挡土墙在外力作用下，向土体方向移动或转动，土体沿着墙体移动方向发生剪切，达到极限平衡状态时，这时作用在挡土墙上的侧向压力称为被动土压力，用 E_p 表示。被动土压力的典型代表有拱桥桥台等。

挡土墙位移大小决定着墙后土体的应力状态和土压力的类型。我们把墙后土体达到极限平衡状态时挡土墙位移的临界值称为界限位移。根据大量的试验观测和研究，墙后土体达到主动极限平衡状态时界限位移比达到被动极限平衡状态的界限位移小很多，它除了与墙体位移方向和位移大小有关之外，还与挡土墙的高度和土的类别有关，见表 8-1。由于达到被动极限平衡状态所需的界限位移量太大，而工程结构本身不容许有如此大的位移，因此，设计时往往只取被动土压力值的一部分来作为结构的设计荷载。

表 8-1   产生主、被动土压力所需位移量

土压力状态	土的类别	挡土墙位移形式	所需位移量
主 动	砂性土	平移 绕墙趾转动	$0.001h$ $0.001h$
	黏性土	平移 绕墙趾转动	$0.004h$ $0.004h$
被 动	砂性土	平移 绕墙趾转动	$0.05h$ $>0.1h$

注：表中 h 为墙高。

练习题

〖名词解释〗

1. 土压力
2. 静止土压力
3. 主动土压力
4. 被动土压力

〖简答题〗

5. 挡土墙的类型有哪些？

任务 8.2   计算静止土压力

引导问题

1. 土压力的类型有哪些？产生的原因是什么？
2. 如何进行土体自重应力的分布与计算？

任务内容

静止土压力是在墙和土都没有任何位移的情况下，墙后土体的自重或者荷载对挡墙产生的侧向压力，它的计算类似于静水压力，计算时可参考。力是一个矢量，在计算时包括大小、方向和作用点三要素。

8.2.1　静止土压力的计算

计算静止土压力时，根据前述应力计算的内容，土体表面没有荷载作用时，土中任意深度 z 处只有自重应力作用，包括竖直方向的 $\sigma_{cz} = \gamma z$ 和水平方向的自重应力 $\sigma_{cx} = \sigma_{cy} = K_0 \sigma_{cz} = K_0 \gamma z$。当土体处于弹性平衡状态时，其侧向自重应力即为静止土压力，即

$$e_0 = K_0 \gamma z \tag{8-1}$$

式中　γ——土的天然容重(kN/m^3)；

K_0——静止土压力系数，也称侧压力系数，可由试验测定或泊松比换算来确定。

按照弹性半无限体假定，如果墙体是刚性的，由式(8-1)可知，在均质土中，静止土压力的大小与计算深度呈三角形分布，对于高度为 h 的竖直挡墙而言，取单位墙长进行计算，则作用在墙上静止土压力的合力值 E_0 如图 8-8 所示，其大小为应力分布图的面积，即

$$E_0 = \frac{1}{2} K_0 \gamma h^2 \tag{8-2}$$

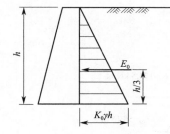
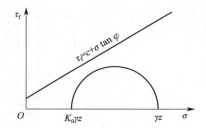

图 8-8　静止土压力分布

静止土压力 E_0 的方向水平，指向墙背，作用点在强度分布图的形心，距墙底 $H/3$ 高度处。

8.2.2　侧压力系数的确定

1. 根据泊松比换算

静止土压力系数和泊松比的关系为 $K_0 = \dfrac{\sigma_x}{\sigma_z}$，对于一般土，砂土的泊松比值可取 0.2～0.25，黏性土的泊松比值可取 0.25～0.40，则其相应的侧压力系数 K_0 的值在 0.25～0.67 之间。

2. 根据试验测定

对于一些重要的工程或者特殊的土体，其静止土压力系数 K_0 通常通过试验来测定。一般可由室内的静止侧压力系数试验或现场的应力铲、扁板侧胀原位试验等方法得到。

具体试验方法参考《土工试验规程》和《铁路工程地质原位测试规程》(TB 10018—2018)。

3. 根据经验估算

在缺乏试验资料时,可按经验公式(8-3)、式(8-4)估算 K_0 值。

$$砂性土 \quad K_0 = 1 - \sin \varphi' \tag{8-3}$$

$$黏性土 \quad K_0 = 0.95 - \sin \varphi' \tag{8-4}$$

式中 φ'——土的有效内摩擦角。

除了按式(8-3)和式(8-4)估算取值外,静止土压力系数 K_0 也可按表 8-2 进行取值。

表 8-2 常见土的静止土压力系数

粗粒土	静止土压力系数 K_0	细粒土	土的状态	静止土压力系数 K_0	细粒土	土的状态	静止土压力系数 K_0
碎石类土	0.15~0.20		半干硬	0.25		半干硬	0.25
砂类土	0.20~0.25	粉质黏土	硬塑	0.30	黏土	硬塑	0.35
粉土	0.25		软塑、流塑	0.35		软塑、流塑	0.42

例题 8-1

有一挡土墙,高 6 m,墙背竖直且光滑,墙后填土面水平。填土为黏性土,天然容重 $\gamma = 18 \text{ kN/m}^3$,内摩擦角 $\varphi = 20°$,黏聚力 $c = 8 \text{ kPa}$,泊松比 $\mu = 0.35$,如图 8-9 所示,试计算该墙所受静止土压力,并绘出土压力强度分布图。

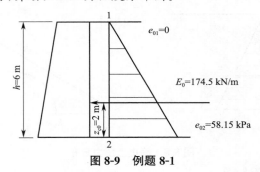

图 8-9 例题 8-1

[解]:由题意可知,静止土压系数可根据泊松比换算。

$$K_0 = \frac{\mu}{1-\mu} = \frac{0.35}{1-0.35} = 0.538$$

第一步,计算关键点土压力强度,作出强度分布图。

1 点静止土压力强度为

$$e_{01} = \gamma z K_0 = 18.0 \times 0 \times 0.538 = 0$$

2 点静止土压力强度为

$$e_{02} = \gamma z K_0 = 18.0 \times 6 \times 0.538 = 58.15 (\text{kPa})$$

第二步,计算静止土压力 E_0 的大小。计算方法有两种,一种是直接代入式(8-2),另一种是根据强度分布图直接求面积。

$$E_0 = \frac{1}{2} \times 58.15 \times 6 = 174.5 (\text{kN/m})$$

第三步，计算静止土压力 E_0 的作用点距墙底的高度 z_{c0}，即

$$z_{c0} = \frac{h}{3} = \frac{6}{3} = 2(\mathrm{m})$$

静止土压力 E_0 的方向水平指向墙背。

由例题 8-1 可知：

(1)计算土压力是沿着墙长度方向取的单位长度进行计算的，土压力的单位是 kN/m。

(2)土压力是一个矢量，根据力学知识可知，矢量包括大小、方向、作用点三要素。

练习题

〖简答题〗

如何确定土的静止土压力系数？

任务 8.3 计算主被动土压力

引导问题

1. 什么是土的极限平衡条件式？

2. 什么是静力平衡条件？

3. 什么是正弦定理？

4. 函数极值如何计算？

5. 什么是任意三角形的面积公式？

任务内容

前面给出了静止土压力的计算方法，那么主被动土压力又如何计算？经典的土力学给出了两种理论计算土体的主被动土压力，这里主要介绍朗肯土压力理论和库仑土压力理论。

8.3.1 朗肯土压力理论

1. 朗肯土压力理论的基本假定

朗肯土压力理论是从半无限土体的极限平衡应力状态出发，墙背假想为半无限体中的一个竖直平面，其基本假定为：

(1)假定挡墙是绝对不变形的刚体。

(2)墙背竖直且光滑，即不考虑墙背与填土之间的摩擦力，即 $\beta = 0$（β 为墙背与竖直线之间的夹角，以竖直线为准，俯斜为正，仰斜为负），$\delta = 0$（δ 为墙背与填土之间的内摩擦角）。

(3)墙后填土面为无限延伸的平面，即 $\alpha = 0$（α 为填土表面与水平面之间的夹角，水平面以上为正，水平面以下为负）。

现从墙后填土面以下任一深度 z 处 M 点取一单元土体进行研究，根据土的抗剪强度理论和土压力的概念进行分析，可知若这一单元土体不发生位移，土体处于弹性平衡状

态,可用图 8-10 中的应力圆①表示,此时应力圆①位于抗剪强度线以下,大主应力为竖直方向自重应力,即 $\sigma_1 = \sigma_{cz} = \gamma z$,小主应力为 $\sigma_3 = \sigma_x = e_0 = K_0 \gamma z$,即墙体所受侧向压力静止土压力。

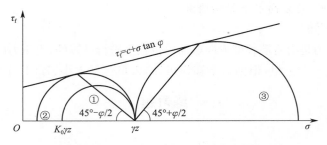

图 8-10　半无限土体的朗肯极限平衡状态

当挡墙由于某种原因,比如墙后积水引起土体容重增大、土面荷载增大等,离开土体移动或转动时,由于土体开始松弛,因而水平方向的应力从静止土压力开始逐渐减小,小到圆与线相切,即墙后土体即将开始滑动的瞬间,土体达到主动极限平衡状态,然后沿着与水平面(即大主应力作用平面)成 $\left(45° + \dfrac{\varphi}{2}\right)$ 的破裂面向下滑动,此时该点的应力状态可用图 8-10 中的应力圆②表示,这时应力圆②与抗剪强度线相切,该点的大主应力还是竖直方向自重应力,即 $\sigma_1 = \sigma_{cz} = \gamma z$,小主应力就是土体作用在挡墙上的主动土压力,即 $\sigma_3 = \sigma_x = e_a$。

同理,当挡墙向着土体方向移动或转动时(比如拱桥的桥台),由于土体被挤压,水平方向的应力从静止土压力开始逐渐增大,大到圆与线相切,即墙后土体即将开始滑动的瞬间,土体达到被动极限平衡状态,然后沿着与竖直面(即大主应力作用平面)成 $\left(45° + \dfrac{\varphi}{2}\right)$ 角的破裂面向上滑动,该点的应力状态可用图 8-10 中的应力圆③表示,这时应力圆③与抗剪强度线相切,该点的大主应力就是土体作用在挡墙上的被动土压力,即 $\sigma_1 = \sigma_x = e_p$,小主应力变为了竖直方向的自重应力,即 $\sigma_3 = \sigma_z = \gamma z$。

综上所述,朗肯土压力理论所求的土压力,是以莫尔—库仑强度理论为基础,当墙后填土面为水平面时,计算得到土体中任意一竖直面上的侧向压力。作用在竖直墙背上的土压力强度,就是土体达到极限平衡状态(主动或被动状态)时的半无限土体中任一竖直截面上的应力。土压力的方向与地面平行,即方向水平。作用点为土压力作用强度图的形心。

2. 主动土压力计算

(1)计算依据

如果挡土墙向离开填土方向移动或转动,墙后填土达到主动极限平衡状态,应力圆与库仑线相切,任一深度处大主应力为竖直方向自重应力,即 $\sigma_1 = \gamma z$,小主应力为水平方向的主动土压力强度,即 $\sigma_3 = e_a$,如图 8-11(a)所示。

(2)计算公式

根据土的莫尔—库仑强度理论,当土体中某点处于极限平衡时,最大主应力与最小主

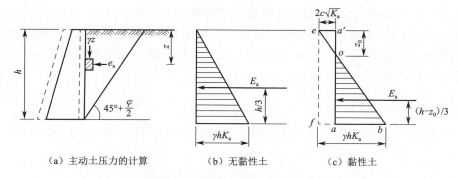

图 8-11 　朗肯主动土压力强度分布

应力之间的关系应满足极限平衡条件式。

①对于无黏性土,其黏聚力 $c=0$,主动土压力强度为小主应力,将大主应力,即该点的竖直方向的自重应力代入极限平衡条件式(7-9)可得主动土压力在该点的强度 e_a。

$$e_a = \gamma z \tan^2\left(45° - \frac{\varphi}{2}\right) = \gamma z K_a \tag{8-5}$$

式中 　K_a——朗肯主动土压力系数,$K_a = \tan^2\left(45° - \frac{\varphi}{2}\right)$,可以直接计算,也可查表 8-3;

　　　　c——填土的黏聚力(kPa);

　　　　φ——填土的内摩擦角(°),由试验确定。

表 8-3 　朗肯土压力系数

φ	$K_a = \tan^2\left(45° - \frac{\varphi}{2}\right)$	$K_p = \tan^2\left(45° + \frac{\varphi}{2}\right)$	φ	$K_a = \tan^2\left(45° - \frac{\varphi}{2}\right)$	$K_p = \tan^2\left(45° + \frac{\varphi}{2}\right)$
10°	0.704	1.42	28°	0.361	2.77
11°	0.679	1.47	29°	0.347	2.88
12°	0.656	1.52	30°	0.333	3.00
13°	0.632	1.57	31°	0.321	3.12
14°	0.610	1.64	32°	0.307	3.25
15°	0.588	1.69	33°	0.295	3.39
16°	0.568	1.76	34°	0.283	3.54
17°	0.548	1.82	35°	0.270	3.69
18°	0.528	1.89	36°	0.260	3.85
19°	0.508	1.96	37°	0.248	4.02
20°	0.490	2.04	38°	0.238	4.20
21°	0.472	2.12	39°	0.227	4.39
22°	0.455	2.20	40°	0.218	4.60
23°	0.438	2.28	41°	0.208	4.82
24°	0.421	2.37	42°	0.198	5.04
25°	0.406	2.46	43°	0.189	5.29
26°	0.391	2.56	44°	0.180	5.55
27°	0.376	2.66	45°	0.171	5.83

从式(8-5)可知,土体容重和朗肯主动土压力系数均为常数,故主动土压力强度 e_a 与该点深度 z 成正比,主动土压力强度沿墙高呈三角形分布,如图 8-11(b)所示。由于一般挡土结构物,其长度远远大于宽度,故取单位长度进行计算。主动土压力 E_a 的大小为土压力强度图形的面积。

$$E_a = \frac{1}{2} \gamma h^2 K_a \tag{8-6}$$

主动土压力 E_a 的作用点通过压力强度图的形心,距墙底三分之一高度处,即

$$z_{ca} = \frac{h}{3} \tag{8-7}$$

主动土压力 E_a 的方向为水平指向墙背,破裂面与最大主应力作用平面(水平面)间的夹角为 $\left(45° + \dfrac{\varphi}{2}\right)$。

②对于黏性土,由于其黏聚力不为零,主动土压力强度为小主应力,将大主应力,即该点的竖直方向的自重应力代入极限平衡条件式(7-6),计算主动土压力的强度 $e_a = \sigma_3$。

$$e_a = \gamma z \tan^2\left(45° - \frac{\varphi}{2}\right) - 2c \tan\left(45° - \frac{\varphi}{2}\right) = \gamma z K_a - 2c\sqrt{K_a} \tag{8-8}$$

从式(8-8)可知,黏性土的主动土压力强度由两部分构成:一部分是由土体自重引起的侧压力强度 $\gamma z K_a$,另一部分则是由黏聚力所引起的压力强度 $-2c\sqrt{K_a}$。土体中强度规定,压为正,拉为负,两部分叠加的结果如图 8-11(c)所示。从图 8-11 中可以看到:应力图形中有一部分在墙轴线左侧,对墙背产生拉应力,我们都知道土一般是不能够承担拉力的,在实际计算中应当扣除该面积部分应力。我们把这一部分墙高度称为临界深度 z_0,由 $\gamma z_0 K_a - 2c\sqrt{K_a} = 0$ 计算。

$$z_0 = \frac{2c}{\gamma \sqrt{K_a}} \tag{8-9}$$

主动土压力 E_a 的大小为压力强度图形的面积,由于土体不能够承担拉力,需扣除 z_0 范围内的压力图形面积,即

$$E_a = \frac{1}{2}(h - z_0)(\gamma h K_a - 2c\sqrt{K_a}) \tag{8-10}$$

若将 z_0 的表达式代入可得

$$E_a = \frac{1}{2}\gamma h^2 K_a - 2ch\sqrt{K_a} + \frac{2c^2}{\gamma} \tag{8-11}$$

主动土压力 E_a 的作用点通过压力强度图的形心,即

$$z_{ca} = \frac{h - z_0}{3} \tag{8-12}$$

主动土压力 E_a 的方向为水平,破裂面与最大主应力作用平面(水平面)间的夹角为 $\left(45° + \dfrac{\varphi}{2}\right)$。

3. 被动土压力计算

(1)计算依据

如果挡土墙向挤压土体的方向移动或转动,墙后填土达到被动极限平衡状态,应力圆

与库仑线也相切,此时任一深度处的竖直方向自重应力变成了小主应力,即 $\sigma_3 = \gamma z$,大主应力为水平方向的被动土压力强度 $\sigma_1 = e_p$,如图 8-12(a)所示。

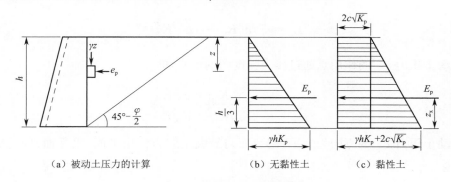

（a）被动土压力的计算　　　　（b）无黏性土　　　（c）黏性土

图 8-12　朗肯被动土压力强度分布

（2）计算公式

①对于无黏性土,其黏聚力 $c=0$,被动土压力强度为大主应力,将小主应力,即该点的竖直方向的自重应力代入极限平衡条件式(7-8),计算被动土压力在该点的强度 e_p。

$$e_p = \sigma_1 = \gamma z \tan^2\left(45° + \frac{\varphi}{2}\right) = \gamma z K_p \tag{8-13}$$

其中,$K_p = \tan^2\left(45° + \frac{\varphi}{2}\right)$,叫作朗肯被动土压力系数,见表 8-3。

从式(8-13)可以看出,土体容重和朗肯主动土压力系数均为常数,故被动土压力强度 e_p 与该点的主动土压力强度一样,沿墙高呈三角形分布,如图 8-12(b)所示。

被动土压力 E_p 的大小为压力强度图形的面积。

$$E_p = \frac{1}{2}\gamma h^2 K_p \tag{8-14}$$

被动土压力 E_p 的作用点通过压力强度图的形心,距墙底三分之一高度处,即

$$z_{cp} = \frac{h}{3} \tag{8-15}$$

被动土压力 E_p 的方向为水平,破裂面与最大主应力作用平面（水平面）间的夹角为 $\left(45° - \frac{\varphi}{2}\right)$。

②对于黏性土,被动土压力强度为大主应力,将小主应力,即该点的竖直方向的自重应力代入极限平衡条件式(7-5),计算被动土压力在该点的强度 e_p。

$$e_p = \gamma z \tan^2\left(45° + \frac{\varphi}{2}\right) + 2c\tan\left(45° + \frac{\varphi}{2}\right) = \gamma z K_p + 2c\sqrt{K_p} \tag{8-16}$$

式中　　　　　c——填土的黏聚力（kPa）;

　　　　　　　φ——填土的内摩擦角（°）,由试验确定;

$K_p = \tan^2\left(45° + \frac{\varphi}{2}\right)$——朗肯被动土压力系数,见表 8-3。

从式(8-16)可知,黏性填土的土压力也是由两部分构成,一部分是由土体自重引起的侧压力强度 $\gamma z K_p$,另一部分则是由黏聚力所引起的压力强度 $2c\sqrt{K_p}$,两部分叠加的结果

如图 8-12(c)所示，被动土压力强度应力图形为梯形。

被动土压力 E_p 的大小为压力强度图形的面积。

$$E_p = \frac{1}{2}\gamma h^2 K_p + 2ch\sqrt{K_p} \qquad (8\text{-}17)$$

被动土压力 E_p 的作用点通过压力强度图的形心，即

$$z_{cp} = \frac{h}{3} \cdot \frac{\gamma h K_p + 6c\sqrt{K_p}}{\gamma h K_p + 4c\sqrt{K_p}} \qquad (8\text{-}18)$$

被动土压力 E_p 的方向为水平，破裂面与最大主应力作用平面（水平面）间的夹角为 $\left(45° - \dfrac{\varphi}{2}\right)$。

例题 8-2

有一挡土墙，高 6 m，墙背竖直且光滑，墙后填土面水平。填土为黏性土，容重 $\gamma = 18$ kN/m³，内摩擦角 $\varphi = 20°$，黏聚力 $c = 8$ kPa，泊松比 $\mu = 0.35$，如图 8-13 所示，求该挡墙所受主动土压力和被动土压力，并绘出土压力强度分布图。

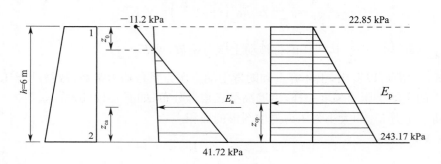

图 8-13 例题 8-2 土压力强度分布

[解]：(1)因为 $\alpha = 0$、$\delta = 0$、$\beta = 0$，所以采用朗肯土压力理论计算。

主动土压力系数为 $K_a = \tan^2\left(45° - \dfrac{\varphi}{2}\right) = \tan^2\left(45° - \dfrac{20°}{2}\right) = 0.490$

$$\sqrt{K_a} = \tan\left(45° - \frac{\varphi}{2}\right) = \tan\left(45° - \frac{20°}{2}\right) = 0.700$$

被动土压力系数为 $K_p = \tan^2\left(45° + \dfrac{\varphi}{2}\right) = \tan^2\left(45° + \dfrac{20°}{2}\right) = 2.040$

$$\sqrt{K_p} = \tan\left(45° + \frac{\varphi}{2}\right) = \tan\left(45° + \frac{20°}{2}\right) = 1.428$$

(2)主动土压力计算。

第一步，计算关键点土压力强度，作出强度分布图。

1 点主动土压力强度 $e_{a1} = \gamma z K_a - 2c\sqrt{K_a} = 18.0 \times 0 \times 0.490 - 2 \times 8 \times 0.700 = -11.2$(kPa)

2 点主动土压力强度 $e_{a2} = \gamma z K_a - 2c\sqrt{K_a} = 18.0 \times 6 \times 0.490 - 2 \times 8 \times 0.700 = 41.72$(kPa)

第二步,计算主动土压力 E_a 的大小。

主动土压力的计算有两种计算方法,一种方法是直接代入式(8-10)或式(8-11),另一种是利用强度分布图的面积计算。

$$临界高度\ z_0 = \frac{2c}{\gamma\sqrt{K_a}} = \frac{2\times8}{18\times0.700} = 1.27\ (\text{m})$$

$$计算主动土压力\ E_a = \frac{1}{2}\times41.72\times(6-1.27) = 98.7\ (\text{kN/m})$$

第三步,计算主动土压力 E_a 的作用点距墙底的高度 $z_{ca} = \dfrac{h-z_0}{3} = \dfrac{6-1.27}{3} = 1.58\ (\text{m})$

主动土压力 E_a 的方向水平指向墙背。

(3)被动土压力计算。

第一步,计算关键点土压力强度,作出强度分布图。

1 点被动土压力强度

$$e_{p1} = \gamma z K_p + 2c\sqrt{K_p} = 18.0\times0\times2.040 + 2\times8\times\sqrt{2.040} = 22.85\ (\text{kPa})$$

2 点被动土压力强度

$$e_{p2} = \gamma z K_p + 2c\sqrt{K_p} = 18.0\times6\times2.040 + 2\times8\times\sqrt{2.040} = 243.17\ (\text{kPa})$$

第二步,计算被动土压力 E_p 的大小。

被动土压力的计算有两种计算方法,一种方法是直接代入式(8-17);另一种是利用强度分布图的面积计算。

$$E_p = \frac{1}{2}\times(22.85+243.17)\times6 = 798.06\ (\text{kN/m})$$

或 $E_p = A_1 + A_2 = 22.85\times6 + \dfrac{1}{2}\times(243.17-22.85)\times6 = 137.1 + 660.96 = 798.06\ (\text{kN/m})$

第三步,计算被动土压力 E_p 的作用点距墙底的高度 z_{cp}。z_{cp} 的计算有两种方法,一是可以直接代入式(8-18)计算,二是可以计算其强度分布图的形心。

$$z_{cp} = \frac{h}{3}\cdot\frac{\gamma h K_p + 6c\sqrt{K_p}}{\gamma h K_p + 4c\sqrt{K_p}} = \frac{6}{3}\times\frac{18\times6\times2.040 + 6\times8\times1.428}{18\times6\times2.040 + 4\times8\times1.428} = 2.17\ (\text{m})$$

或 $$z_{cp} = \frac{A_1\times z_{c1} + A_2\times z_{c2}}{E_p} = \frac{137.1\times\dfrac{6}{2} + 660.96\times\dfrac{6}{3}}{798.06} = 2.17\ (\text{m})$$

被动土压力 E_p 的方向水平指向墙背。

4. 朗肯土压力理论的应用

工程实践表明,当挡土结构物能基本满足朗肯土压力条件时,仍可应用朗肯理论计算挡土墙所受的土压力。

(1)填土面有满布荷载

当挡土墙后填土面有连续均布超载 q 作用时,可以将均布荷载 q 换算成作用在地面上的一定厚度土层的重量。这里需要假设土质与墙后填土土质完全相同,即假设一厚度为 h' 的土层,其产生的自重应力在实际土面处与荷载 q 的作用相同,然后计算填土面处和墙底处的土压力(自重应力从假想土层表面算起)。以无黏性土为例,其当量土层厚度

为均布荷载除以土层容重，即 $h' = \dfrac{q}{\gamma}$，那么填土面处的主动土压力强度为

$$e_{a1} = \gamma h' K_a = q K_a \tag{8-19}$$

挡土墙墙底处土压力强度为

$$e_{a2} = \gamma(h + h')K_a = (q + \gamma h)K_a \tag{8-20}$$

主动土压力分布如图 8-14(a)所示。实际的土压力分布是梯形 $ABCD$ 部分(即墙高范围内)，主动土压力方向水平指向墙背，作用点位置在梯形的形心。

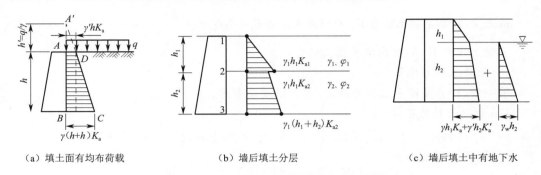

（a）填土面有均布荷载　　　　　　（b）墙后填土分层　　　　　　（c）墙后填土中有地下水

图 8-14　常见情况下的朗肯土压力计算

（2）墙后填土分层

如果挡土结构物后的填土由不同性质的土分层填筑时，如图 8-14(b)所示，在计算第一层土时，按单层计算土压力，计算第二层土时，将上层土视为作用在第二层土上的超载，按填土面有满布荷载计算。但是在分层面处，即一层的底和二层的顶计算出的土压力强度有两个数值，应按各自土层的抗剪强度参数 c 和 φ 分别计算其土压力系数，再计算土的土压力。当墙后填土分为多层时，要注意土层分层面处应有两个土压力。

（3）墙后填土中有地下水

挡墙后填土中经常会有各种原因导致的积水，比如地表降水、渗水或墙体排水不畅等。水的存在会在一定程度上恶化填土的物理力学性质，从而影响土压力的大小。比如填土中由于水的渗入，会降低其内摩擦角，也就是会降低土的强度。此外还需考虑水产生的侧向压力。这也就是为什么在每年的雨季是泥石流和滑坡的高发时间段。

墙后填土的透水性，也将影响土压力计算。在地下水位以上的土，其土压力仍按原指标进行计算。由于水膜的润滑作用，一般水位以下土体内摩擦角将会降低，在计算时按实际情况与规范取值。

①当墙后填土透水时，在水位面以下的土取浮容重，抗剪强度指标若无专门测定，则仍用原来的 c、φ。但是由于地下水的存在，将有静水压力也作用在墙背上，静水压力从水位面算起。这样挡土墙所受的总侧压力将变为土压力和水压力之和，合力的作用点为总应力图的形心，方向水平，如图 8-14(c)所示。

②当墙后填土不透水时，在水位面以下的土取饱和容重，计算土压力时就不需要再计算水压力了。

例题 8-3

有一挡土墙，高 6 m，墙背竖直且光滑，墙后填土面水平。填土表面分布有连续均布荷

载 $q=10$ kPa,墙后填土分 2 层,第一层填土为砂土,厚度 4 m,天然容重 $\gamma=18$ kN/m^3,饱和容重为 $\gamma_{sat}=20.5$ kN/m^3,内摩擦角 $\varphi=30°$(注:水位上下内摩擦角不变),第二层填土为黏性土,厚度 2 m,饱和容重为 $\gamma_{sat}=19$ kN/m^3,内摩擦角 $\varphi=20°$,黏聚力 $c=8$ kPa,地下水埋深 2 m,如图 8-15 所示。计算挡墙所受的侧向压力,并绘出压力强度分布图。

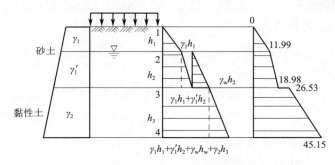

图 8-15　例题 8-3(单位:kPa)

[解]:

①因为 $\alpha=0$、$\delta=0$、$\beta=0$,所以采用朗肯土压力理论计算,系数计算如下。

$$K_{a1}=\tan^2\left(45°-\frac{\varphi}{2}\right)=\tan^2\left(45°-\frac{30°}{2}\right)=0.333$$

$$\sqrt{K_{a1}}=\tan\left(45°-\frac{\varphi}{2}\right)=\tan\left(45°-\frac{30°}{2}\right)=0.577$$

$$K_{a2}=\tan^2\left(45°-\frac{\varphi}{2}\right)=\tan^2\left(45°-\frac{20°}{2}\right)=0.490$$

$$\sqrt{K_{a2}}=\tan\left(45°-\frac{\varphi}{2}\right)=\tan\left(45°-\frac{20°}{2}\right)=0.700$$

②计算主动土压力。

第一步,计算关键点土的自重应力,如图 8-16 所示。

1 点 $\sigma_{cz1}=0$

2 点 $\sigma_{cz2}=18.0\times2=36$(kPa)(水位面、水上、水下的 c 和 φ 不变)

3 点 $\sigma_{cz3}^{\text{上}}=36+(20.5-10)\times2=57$(kPa)

　　$\sigma_{cz3}^{\text{下}}=57+10\times2=77$(kPa)

4 点 $\sigma_{cz4}=77+19\times2=115$(kPa)

第二步,计算关键点土压力强度,作出强度分布图。

1 点主动土压力强度 $e_{a1}=\gamma z K_{a1}=0\times0.333=0$

2 点主动土压力强度 $e_{a2}=\gamma z K_{a1}=36\times0.333=11.99$(kPa)

3 点主动土压力强度 $e_{a3}^{\text{上}}=\gamma z K_{a1}=57\times0.333=18.98$(kPa)

$$e_{a3}^{\text{下}}=\gamma z K_{a2}-2c\sqrt{K_{a2}}=77\times0.490-2\times8\times0.700=26.53\text{(kPa)}$$

4 点主动土压力强度 $e_{a4}=\gamma z K_{a2}-2c\sqrt{K_{a2}}=115\times0.490-2\times8\times0.700=45.15$(kPa)

第三步,计算主动土压力 E_a。

根据图形计算主动土压力 E_a 的大小,将图形分成 5 块面积,有

$$E_a = \frac{1}{2} \times 2 \times 11.99 + 11.99 \times 2 + \frac{1}{2} \times 2 \times (18.98 - 11.99) + 26.53 \times$$

$$2 + \frac{1}{2} \times 2 \times (45.15 - 26.53)$$

$$= 11.99 + 23.98 + 6.99 + 53.06 + 18.62 = 114.64 (kN/m)$$

主动土压力 E_a 的作用点为

$$z_{ca} = \frac{A_1 \times z_{c1} + A_2 \times z_{c2} + A_3 \times z_{c3} + A_4 \times z_{c4} + A_5 \times z_{c5}}{E_a}$$

$$= \frac{11.99 \times \left(\frac{2}{3} + 4\right) + 23.98 \times \left(\frac{2}{2} + 2\right) + 6.99 \times \left(\frac{2}{3} + 2\right) + 53.06 \times \frac{2}{2} + 18.62 \times \frac{2}{3}}{114.64}$$

$$= 212.007 \div 114.64 = 1.85 (m)$$

主动土压力 E_a 的方向水平指向墙背。

③计算挡墙所受水压力。

根据题意可知,挡墙在水下砂土层受水压力(即 2 和 3 点之间),水下黏土层按不透水考虑,黏土层本身按饱和容重计算,不计水压力,水压力分布如图 8-15 所示。

2 点水压力强度 $e_{w2} = \gamma_w z = 0$

3 点水压力强度 $e_{w3} = \gamma_w z = 10 \times 2 = 20 (kPa)$

水压力 E_w 的大小,即强度图面积 $E_w = \frac{1}{2} \times 20 \times 2 = 20 (kN/m)$

水压力 E_w 的作用点,即强度图的形心距墙底的距离 $z_{cw} = \frac{2}{3} + 2 \approx 2.67 (m)$

水压力 E_w 的方向水平指向墙背。

④挡墙所受总的侧向压力。

总压力 E 的大小 $E = E_a + E_w = 114.64 + 20 = 134.6 (kN/m)$

总压力 E 的作用点 $z_c = \frac{E_a \times z_{ca} + E_w \times z_{cw}}{E} = \frac{114.64 \times 1.85 + 20 \times 2.67}{134.64} = 1.97 (m)$

总压力 E 的方向水平指向墙背。

8.3.2　库仑土压力理论

前述分析可以看出,我们利用朗肯理论计算时,假定比较苛刻,并不是所有的情况都满足这些条件。区别于朗肯土压力理论,库仑理论既不需要墙背竖直且光滑,也不需要填土面水平,而且计算理论简便,能适用于各种复杂情况。因此我国的土建类规范大多都规定,挡土墙、桥梁墩台所承受的土压力应按库仑土压力理论计算。

1. 库仑土压力理论的基本假设

库仑土压力理论是 1773 年由库仑提出,根据墙后土体所形成的滑动楔体的静力平衡条件计算土压力的方法。库仑理论的计算结果比较接近实际,因而至今仍得到广泛应用。

库仑土压力理论的基本假设有:

(1)墙后填土为无黏性的土。

(2)挡土墙和墙后滑动土楔形体均为绝对不变形的刚体。

（3）当墙身向离开填土或挤压土体方向移动或转动时,墙后土体产生的滑动面是一个通过挡土墙墙踵的平面。

2. 主动土压力计算

如图 8-16（a）所示,当挡墙向离开填土的方向移动或转动时,使墙后土体有滑动的趋势,当墙后土体沿某一破裂面 AC 即将发生滑动时,滑动土楔形体 ABC 达到主动极限平衡状态。取滑动土楔形体 ABC 为隔离体,由于滑动土楔形体在即将滑动的瞬间处于极限平衡状态,故满足力学中的平衡方程。分析滑动土楔形体的受力,其上作用有三个力。

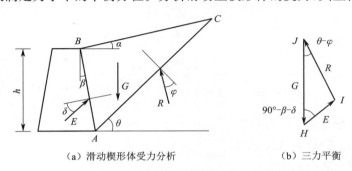

（a）滑动楔形体受力分析　　　　（b）三力平衡

图 8-16　库仑主动土压力计算

①滑动楔形体本身重力 G。如果能够确定破裂面 AC 的位置,就可以确定滑动楔形体,它是一个三棱柱,其体积为底面积乘以高。我们可以根据任意三角形的面积公式,计算滑动楔形体的横截面积 S,高度沿挡土墙长度方向,取单位长度 $l=1$,那么重力 $G=\gamma Sl$,方向竖直向下。

②滑动楔形体下方土体对破裂面 AC 上的反力 R。反力 R 是滑动楔形体滑动时,破裂面上的切向摩擦力和法向反力的合力。由于滑动土楔形体向下滑动,可知其切向摩擦力的方向是沿着滑动面 AC 向上的。由前述假定可以确定反力 R 的方向,由于 $c=0$,根据抗剪强度公式写出破裂面 AC 上切应力和法向应力的关系 $\tau_f=\sigma\cdot\tan\varphi$,由三角关系就可以得出切应力和正应力的合力也就是反力 R 的方向。反力 R 与破裂面 AC 的法线之间的夹角等于土的内摩擦角 φ,并位于该法线的下侧。这里可以看出只有无黏性土才能确定方向,黏性土的抗剪强度公式中,由于黏聚力的存在,角度是无法确定的。

③墙背对滑动土楔形体的反力 E。反力 E 是墙背对滑动土楔的切向摩擦力和法向正应力的合力。与该力大小相等、方向相反的滑动土楔作用在墙背上的力就是土压力。根据滑动土楔形体向下滑动,可知其切向摩擦力的方向是沿着墙背 AB 向上的,同②中反力 R 一样,虽然反力 E 的大小我们现在不知道,但是它的方向可以确定。因为 $c=0$,根据抗剪强度公式 $\tau_f=\sigma\tan\delta$,由三角关系就可以得出切应力和正应力的合力也就是反力 E 的方向。反力 E 与墙背 AB 的法线之间的夹角等于土和挡墙之间的内摩擦角 δ,并位于该法线的下侧。

在土体达到极限平衡状态时,滑动土楔形体在以上三个力的作用下处于平衡状态,因此这三个力构成了一个闭合的力矢三角形,如图 8-16（b）所示,在力的三角形中按正弦定律 $\dfrac{E}{\sin(\theta-\varphi)}=\dfrac{G}{\sin(90°+\delta+\beta+\varphi-\theta)}=\dfrac{R}{\sin(90°-\beta-\delta)}$ 计算,即

$$E = G \frac{\sin(\theta - \varphi)}{\sin(90° + \delta + \beta + \varphi - \theta)} \tag{8-21}$$

式(8-21)中滑动破裂面 AC 的倾角 θ 是未知的,取不同的 θ 值可绘出不同的滑动面,得出不同的 G 和 E 值,因此,G 和 E 都是关于 θ 的函数,即:$G = f(\theta)$,$E = f(\theta)$。我们可以按照高等数学中微积分计算函数 $E = f(\theta)$ 的极值。令式(8-21)一阶导数等于 0 求得 θ 角,将 θ 角代入式(8-21),即可得出作用于墙背上的主动土压力合力 E_a 的大小,整理后其表达式为

$$E_a = \frac{1}{2} \gamma h^2 \lambda_a \tag{8-22}$$

其中

$$\lambda_a = \frac{\cos^2(\varphi - \beta)}{\cos^2\beta \cdot \cos(\beta + \delta) \left[1 + \sqrt{\dfrac{\sin(\varphi + \delta) \cdot \sin(\varphi - \beta)}{\cos(\beta + \delta) \cdot \cos(\beta - \alpha)}} \right]^2} \tag{8-23}$$

式中　　λ_a——库仑主动土压力系数;

$\quad\quad\quad \gamma$——填土的容重(kN/m^3);

$\quad\quad\quad \varphi$——填土的内摩擦角;

$\quad\quad\quad \alpha$——填土表面与水平面之间的夹角,水平面以上为正,水平面以下为负;

$\quad\quad\quad \beta$——墙背与竖直线之间的夹角,以竖直线为准,俯斜为正,仰斜为负;

$\quad\quad\quad \delta$——墙背与填土间的摩擦角,其值可由试验确定,无试验资料时,一般取为 $\left(\dfrac{1}{3} \sim \dfrac{2}{3}\right)\varphi$,也可参考表 8-4 取值。

表 8-4　墙背与填土间的摩擦角 δ

挡土墙情况	摩擦角 δ
墙背平滑、排水不良	$(0 \sim 0.33)\varphi$
墙背粗糙、排水良好	$(0.33 \sim 0.5)\varphi$
墙背很粗糙、排水良好	$(0.5 \sim 0.67)\varphi$
墙背与填土间不可能滑动	$(0.67 \sim 1.0)\varphi$

注:φ 为填土的内摩擦角。

由式(8-22)可以看出,库仑的主动土压力计算公式与朗肯主动土压力是一样的,只是系数不同。当填土面水平($\alpha = 0$)、填背直立($\beta = 0$)和光滑($\delta = 0$)时,将角度代入 λ_a 的公式,可得库仑主动土压力与朗肯主动土压力公式完全相同,说明朗肯土压力是库仑土压力的一个特例,即墙后填土面水平,墙背竖直且光滑,也就是朗肯土压力理论的基本假定。

主动土压力与墙高的平方成正比,为求得距墙顶任意深度 z 处的主动土压力强度 e_a,可将 E_a 对 z 求一阶导数得

$$e_a = \frac{dE_a}{dz} = \frac{d\left(\frac{1}{2}\gamma z^2 \lambda_a\right)}{dz} = \gamma z \lambda_a \tag{8-24}$$

由式(8-24)可知,库仑主动土压力强度分布与朗肯相似,沿墙高呈三角形分布。库仑主动土压力的作用点在离墙底 $h/3$ 处,方向指向墙背,与墙背的法线夹角为 δ。

3. 被动土压力计算

当挡墙在外力作用下向着挤压土体方向移动或转动时,墙后土体有被挤出的趋势,在墙后土体沿某一破裂面 AC 即将发生滑动时,滑动土楔形体 ABC 达到被动极限平衡状态,滑动土楔形体 ABC 将沿着墙背 AB 和通过墙踵 A 点的滑动面 AC 向上向后滑动。取滑动土楔形体 ABC 为隔离体,按前述库仑主动土压力公式推导思路,可得库仑被动土压力公式。

但不一样的是,滑动土楔形体的运动方向跟主动土压力不同,因此作用在滑动土楔形体上的反力 E 和 R 的方向与主动土压力时相反,位于滑动面法线上侧,如图 8-17 所示。根据正弦定理,可得被动土压力 E_p 的计算公式为

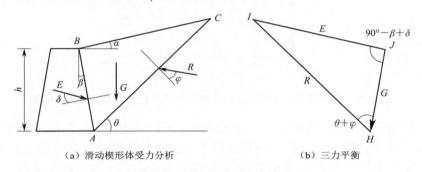

|(a) 滑动楔形体受力分析|(b) 三力平衡|

图 8-17　库仑被动土压力计算

$$E_p = \frac{1}{2}\gamma h^2 \lambda_p \tag{8-25}$$

其中,λ_p 为库仑被动土压力系数,整理为

$$\lambda_p = \frac{\cos^2(\varphi-\alpha)}{\cos^2\alpha \cdot \cos(\alpha-\delta)\left[1-\sqrt{\dfrac{\sin(\varphi+\delta)\cdot\sin(\varphi+\beta)}{\cos(\alpha-\delta)\cdot\cos(\alpha-\beta)}}\right]^2} \tag{8-26}$$

将 $\alpha=0$、$\beta=0$ 和 $\delta=0$ 代入式(8-25)和式(8-26)可知,库仑被动土压力公式与朗肯被动土压力公式也相同。相似的被动土压力强度可按式(8-27)计算。

$$e_p = \frac{\mathrm{d}E_p}{\mathrm{d}z} = \frac{\mathrm{d}\left(\frac{1}{2}\gamma z^2 \lambda_p\right)}{\mathrm{d}z} = \gamma z \lambda_p \tag{8-27}$$

由式(8-27)可知,被动土压力强度沿墙高也呈三角形分布。被动土压力的作用点在离墙底 $h/3$ 处,与墙背的法线夹角为 δ。

4. 库仑土压力理论的应用

在实际工程中,挡土墙并非都是直立和光滑的,而且墙后的填土面也不一定水平,再考虑到荷载条件或边界条件较为复杂的情况,那么朗肯就不适用了,那么就要考虑库仑这一方法,但是库仑的适用条件,也不是所有的情况都能用,这时可以采用一些近似方法进行计算。

①填土面有连续均布荷载

当挡土墙后填土面作用有连续均布荷载 q,与朗肯土压力理论相同,可以将均布荷载换算成一定厚度的土重,如图 8-18 所示,当量土层厚度 $h_1 = \dfrac{q}{\gamma}$,由于填土面和墙背面倾

斜,假想的墙高应为 h'_1+h,在 $\triangle A'AE$ 中,计算 h'_1 为

$$h'_1=h_1\frac{\cos\beta\cdot\cos\alpha}{\cos(\alpha-\beta)}\qquad(8\text{-}28)$$

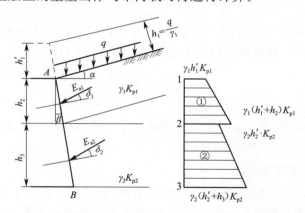

图 8-18   填土表面作用有连续均布荷载应用库仑土压力理论计算示意

然后,以 $A'B$ 为墙背,按填土面无荷载时的情况计算土压力。在实际考虑墙背土压力的分布时,只计墙背高度范围,不计墙顶以上 h'_1 范围的土压力。此时墙顶土压力 $e_{p1}=\gamma h'_1 K_p$,墙底土压力 $e_{p2}=\gamma(h'_1+h)K_p$。实际墙背 AB 上的土压力合力即为 h 高度上压力图的面积,即 $E_a=\gamma\left(h'_1+\dfrac{1}{2}h\right)K_p$,作用点在梯形面积形心处,与墙背法线成 δ 角。

②墙后填土分层

墙后填土分层如图 8-19 所示,假设各层土的填土面与填土表面平行,先将墙后土面上荷载 q 按式(8-28)转变成墙高 h'_1(其中 $h_1=q/\gamma_1$),然后自上而下计算土压力。计算下层土压力时,可将上层土的重量当作均布荷载对待进行计算。

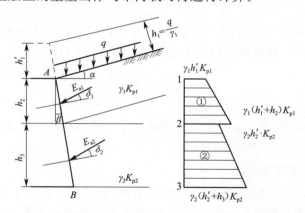

图 8-19   墙后填土分层应用库仑土压力理论计算示意

第一层土顶面处 $e_{p1}=\gamma_1 h'_1 K_{p1}$,第一层底面处 $e_{p1}^{\text{上}}=\gamma_1(h'_1+h_2)K_{p1}$。在计算第二层土时,需要将 $\gamma_1(h'_1+h_2)$ 的土重当作作用在第二层土上的荷载,按式(8-28)换算成土层的高度 h'_2,即

$$h'_2=\frac{\gamma_1(h'_1+h_2)}{\gamma_2}\cdot\frac{\cos\alpha\cdot\cos\beta}{\cos(\alpha-\beta)}\qquad(8\text{-}29)$$

故第二层土顶面处土压力强度为 $e_{p2}^{\text{下}}=\gamma_2 h'_2 K_{p2}$,第二层土底面处土压力强度为 $e_{p3}=$

$\gamma_2(h_2'+h_3)K_{p2}$，每层土的土压力合力 E_{pi} 的大小等于该层压力分布图的面积，作用点在各层压力图的形心位置，方向与墙背法线成 δ 角。如果需要可以按前述方法将土压力合成，即总压力。

除了按前述方法分层计算分层填土的土压力以外，还可以将各层土的容重和内摩擦角按土层厚度加权平均，然后就可以当成一种土质来计算土压力了。

③折线形墙背的土压力计算

在工程中由于地形特点以及施工需要，挡土墙的墙背有时会是折线形。在计算时可以将墙背的变化点作为分界线，把墙分为上墙与下墙两部分，如图 8-20 所示，我们可以将上墙和下墙作为独立的墙背，分别应用库仑土压力理论进行计算。

首先，按 AB 段墙背的倾角和填土表面的倾角计算土压力，强度分布图形如图 8-20(b)中 abc 所示。假设墙背 AB 与填土的外摩擦角为 δ_1，那么这一段墙背的土压力方向与墙背 AB 的法线成 δ_1 角。

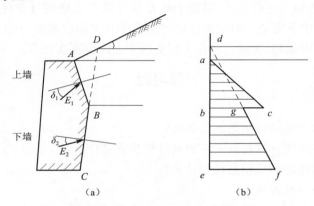

图 8-20　折线形墙背应用库仑土压力理论计算示意

然后将下墙墙背 BC 向上延长到填土表面 D，把 CBD 看作是一个假想的墙背，计算沿墙高 CD 的土压力强度，其分布图形为 def。由于实际的下墙是只有 BC 段，计算土压力时只应考虑 BC 段，即应力图形 abc 和 $befg$ 之和。该方法虽然计算简便，但是由于忽略了土楔体 ABD 的作用所带来的误差，必要时在工程应用中应根据规范进行校正。

④墙后填土为黏性填土

库仑土压力理论的基本假定中，第一条就是墙后填土必须是无黏性土，即 $c=0$。但是在自然界中存在的土并不都是单一的某一个粒组的土，土体中总是存在着或大或小的黏聚力，我们可以采用等值内摩擦角的方法，将黏聚力换算成内摩擦角，然后再应用库仑定律。经折算后的内摩擦角称为等值内摩擦角，用 φ_D 表示，常见有以下三种折算方法。

第一种，叫半经验数据法，就是不管黏聚力的大小，φ_D 都按 $30°\sim35°$ 取值，地下水位以下适当降低，按 $25°\sim30°$ 取值，墙高用小值，墙低用大值。

第二种，根据土的抗剪强度相等的原理计算 φ_D 值，如图 8-21 所示。

黏性土 $\tau_f=\sigma\tan\varphi+c=\gamma h\tan\varphi+c$

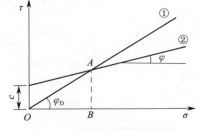

图 8-21　等值内摩擦角原理

砂性土 $\tau_f = \sigma \tan \varphi_D = \gamma h \tan \varphi_D$

假设黏性土的抗剪强度与砂性土抗剪强度在某深度处相等，即 $\gamma h \tan \varphi + c = \gamma h \tan \varphi_D$，求解 φ_D 为

$$\varphi_D = \arctan\left[\tan\left(\varphi + \frac{c}{\gamma h}\right)\right] \tag{8-30}$$

第三种，根据两种土的土压力相等的原理，即朗肯的主动土压力相等，计算 φ_D 为

$$\frac{1}{2}\gamma h^2 \tan^2\left(45° - \frac{\varphi}{2}\right) - 2ch \tan\left(45° - \frac{\varphi}{2}\right) + \frac{2c^2}{\gamma} = \frac{1}{2}\gamma h^2 \tan^2\left(45° - \frac{\varphi_D}{2}\right)$$

$$\varphi_D = 90° - 2\arctan\left[\tan\left(45° - \frac{\varphi}{2}\right) - \frac{2c}{\gamma h}\right] \tag{8-31}$$

根据经验方法确定 φ_D 值在使用中较为方便，但是以某一 φ_D 值代替黏性土求得的土压力，仅与某一墙高的土压力相符合。从图 8-15 中可以看出，根据一定墙高 h 换算的内摩擦角 φ_D 求得的土压力进行设计，对低于此 h 高度的挡土墙则过于保守，而对高于此 h 高度的挡土墙则处于不安全。因此要选取与黏性土真实情况相适应的 φ_D 值来计算黏性土的侧压力是比较困难的，所以只有在工程实践中去逐步充实完善。

练习题

〖简答题〗

1. 朗肯土压力理论的适用条件是什么？
2. 朗肯土压力理论计算被动土压力的计算步骤是什么？
3. 库仑土压力理论的适用条件是什么？
4. 什么是等值内摩擦角？

〖计算题〗

5. 某挡土墙高 $h = 6$ m，墙背竖直光滑，墙后填砂性土，地表面水平，填土容重 $\gamma = 18.5$ kN/m^3，内摩擦角 $\varphi = 40°$，黏聚力 $c = 0$，填土与墙背间的摩擦角 $\delta = 0$，泊松比 $\mu = 0.24$。试分别计算静止土压力 E_0、主动土压力 E_a 和被动土压力 E_p 单位长度上的大小及作用方向。

6. 某挡土墙高 $h = 6$ m，墙背竖直光滑，墙后填黏性土，地表面水平，填土容重 $\gamma = 19$ kN/m^3，内摩擦角 $\varphi = 30°$，黏聚力 $c = 15$ kPa，填土与墙背间的摩擦角 $\delta = 0$，泊松比 $\mu = 0.25$。试分别计算静止土压力 E_0、主动土压力 E_a 和被动土压力 E_p 单位长度上的大小及作用方向。

7. 某挡土墙如图 8-22 所示，墙高 $h = 6$ m，填土水平，墙背垂直光滑，地下水埋深为 1 m，墙顶作用有连续均布荷载 $q = 30$ kPa；墙后填两种不同土，第一层填土厚度为 2 m，天然容重 $\gamma_1 = 17.0$ kN/m^3，$\gamma_{sat} = 19.0$ kN/m^3，内摩擦角 $\varphi = 30°$（假设水下不变），黏聚力 $c = 0$；第二层填土厚度为 4 m，容重 $\gamma_{sat} = 20.0$ kN/m^3，内摩擦角 $\varphi = 24°$，黏聚力 $c = 15$ kPa。试求主动土压力值，并确定土压力的作用点和作用方向。

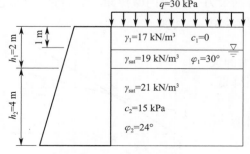

图 8-22 练习题 7 挡土墙

项目 9

确定天然地基的承载力

项目知识构架

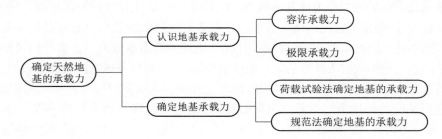

知识目标

1. 掌握地基变形的三种形态和三个阶段；
2. 掌握荷载试验法确定地基承载力；
3. 掌握规范法确定地基承载力；
4. 了解理论公式法确定地基承载力。

能力目标

1. 能够利用荷载试验法确定地基的容许承载力；
2. 能够利用规范法确定地基的容许承载力。

素养目标

1. 培养自学和独立思考能力及创新实践能力；
2. 培养利用信息技术获取知识、学习知识的信息素养；
3. 培养团结协作和沟通协调的能力；
4. 培养吃苦耐劳、严谨求实的工作作风；
5. 引导主动践行社会主义核心价值观，增强家国意识；传承发扬各时期铁路精神，立志扎根铁路生产建设一线建功立业，勇担民族复兴时代重任；
6. 引导树立工程建设和环境友好的价值观和正确的工程伦理观，增强社会法治意识、责任意识与责任担当，加强生态文明理念与自然和谐的环保意识；

7. 引导弘扬劳模精神、劳动精神、工匠精神,培养立足岗位的创新意识和科学精神。

任务 9.1　认识地基承载力

引导问题

1. 什么是容许应力?
2. 什么是极限应力?
3. 什么是弹性变形?
4. 什么是塑性变形?

任务内容

地基承受荷载的能力称为地基承载力。地基基础的设计有两种极限状态,一种是承载能力极限状态,一种是正常使用极限状态。承载能力极限状态是指地基基础达到最大承载能力或达到不适于继续承载的变形状态,对应于地基的极限承载力。正常使用极限状态是指地基基础达到变形或耐久性能的某一限值的极限状态,对应于地基的容许承载力。

建筑物的荷载通过基础传递给地基,地基土中新增加的应力,我们称之为附加应力。地基土在附加应力作用下产生竖直方向的变形,也就是沉降。当土体内部某一点的某一个面上,切应力达到其抗剪强度时,该点就会发生剪切破坏。当土体内部的这些滑动面相互连通贯穿到一起,形成连续的滑动面,就会导致土体从基础底面被挤出,结构随之发生倾覆。因此在结构地基基础设计时,我们要保证地基土不能发生剪切破坏,也就是地基土表面承受的荷载不能超过某一限值,这就是地基的承载力。

1. 地基承载力的概念和分类

我们把地基土表面单位面积上所承担的压应力称为地基的承载力。地基的承载力是地基承受荷载的一种能力。这种承载力分为两种,一种是极限承载力,一种是容许承载力。

地基极限承载力是指地基即将丧失稳定性时的承载力。

地基容许承载力是指地基有足够的安全度保证不发生强度破坏,而且变形在建筑物容许范围内时的承载力。

2. 影响地基承载力的因素

地基土的承载力,除决定于土体本身以外,根据其受力特点,还与基础所受荷载的大小,基础的埋置深度、宽度和形状等有关,而地基的容许承载力还与建筑物的结构特性等因素有关。

(1)土的成岩程度

疏松的沉积物经过一定的物理、化学、生物,以及其他的变化和改造,变成沉积岩的过程称为成岩作用。成岩作用是沉积岩形成的最后阶段。在这一过程,土体中的水分被挤出、孔隙减少、密度增加,颗粒之间胶结、重结晶,甚至化学成分发生变化形成新矿物等。

土的成岩过程与其堆积年代密切相关。一般包括沉积物的压实作用、胶结作用、交代作用、结晶作用、淋滤作用、水合作用和生物化学作用等。这些作用通常是在压力、温度不高的地壳表层发生的当成岩物质被覆盖之后,由于厌氧细菌的作用,有机质腐烂分解,产生 H_2S、CH_4、NH_3 和 CO_2 等气体,促使碳酸基矿物溶解成重碳酸盐,高价氧化物还原成低价硫化物,酸性氧化环境变为碱性还原环境。此时沉积物质发生重新分配、组合,胶体矿物脱水陈化、压缩胶结,最终固结为岩石。一般情况下,地基土的堆积的年代越长,成岩程度越高,其承载力也就越大。

(2)土的成因

项目 2 中介绍了风化作用将岩石碎裂成土,不同的搬运方式形成了不同类型的土,例如残积土、坡积土、冲洪积土等。这些土由于其成因过程不同,其承载力也不尽相同。一般情况下,对于同一类土,冲、洪积形成的土,其承载力要比坡积形成的土大一些。

(3)土的物理性质和土的物理状态

土的密度不同,其强度不同;土的状态不同,其强度也不同。因此土的物理力学性质和土的物理状态与其承载力有着直接的关系。

(4)土中的水

土中水的多少直接影响土的容重大小,对其承载力有一定的影响。当土颗粒受到地下水的浮力作用时,土的容重就会变小,这会降低土的承载力。而且由于水的进入,会降低土体的内摩擦角,因此土体的强度也会发生改变。

(5)建筑物的特点

建筑物的结构形式、整体刚度以及使用要求不同,其对结构的容许沉降量的要求也不同,在设计时考虑的荷载和承载力的选取也是不一样的。建筑物的规模、建筑物的设计等级、建筑物的主要荷载等因素,对其都有影响。

练习题

〖名词解释〗

1. 地基承载力

2. 地基极限承载力

3. 地基容许承载力

〖简答题〗

4. 简述影响地基承载力的几种因素。

任务 9.2　确定地基承载力

引导问题

1. 现场荷载试验的内容是什么?

2. 什么是安全系数?

3. 土的物理性质指标有哪些? 其定义是什么?

4. 土的物理状态指标有哪些? 其定义是什么?

5.《铁路桥涵规范》中土的工程分类有哪些?

任务内容

在地基基础设计中,要求基底压应力的计算值不能超过地基土的容许承载力。一般来说地基容许承载力的确定方法有三种:

(1)利用平板荷载试验成果,确定地基承载力。

(2)利用理论公式,计算地基承载力。

(3)按《铁路桥涵规范》确定地基承载力。

下面详细介绍现场荷载试验法和《铁路桥涵规范》确定地基承载力。

9.2.1 荷载试验法确定地基承载力

平板荷载试验分为浅层和深层两种,它适用各类土、软质岩和风化岩,可测定承压板下应力主要影响范围内岩土的承载力和变形参数。通过荷载试验,我们可以得到荷载沉降曲线和沉降时间曲线,得到地基土的变形模量,进而计算地基的变形量,在项目 6 中已经详细介绍,这里不再赘述,下面我们来看平板荷载试验如何确定地基的承载力。

1. 地基土变形的三个阶段

根据土体的现场的荷载试验结果,地基从开始发生变形到失去稳定,大致可以分为三个阶段,如图 9-1(a)所示。典型的 P—S 曲线可以分成 Oa 压密阶段、ak 局部剪切变形阶段和 k 以后整体剪切破坏三个阶段。

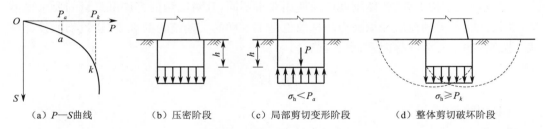

（a）P—S曲线　（b）压密阶段　（c）局部剪切变形阶段　（d）整体剪切破坏阶段

图 9-1　地基变形三阶段

(1)压密阶段

相应于 P—S 曲线上的 Oa 段,荷载沉降基本上符合线性关系。此阶段地基土中任意一点的切应力都没有超过其抗剪强度,也就是该点应力圆位于库仑线的下方,地基土处于弹性平衡状态。土体的压缩主要是土骨架被压密、孔隙体积的减小,如图 9-1(b)所示。

(2)局部剪切变形阶段

相应于 P—S 曲线上的 ak 段,由于塑性变形的产生,荷载沉降不再保持线性关系。基础边缘的土体最先达到其极限强度,出现塑性变形,与之对应的荷载 P_a 称为临塑荷载,也叫比例界限压力。P—S 曲线向下弯曲,如图 9-1(c)所示,这个区域称为塑性变形区。随着荷载的继续增大,地基土中塑性变形区的范围逐渐扩大。

(3)整体剪切破坏阶段

相应于 P—S 曲线上的 k 以之后段,随着荷载的增加,塑性变形区从基础边缘逐渐向中间发展,当荷载超过某一极限,荷载增量很小或不增加,而地基土变形急剧增大,这说明地基土中的塑性变形区已经发展形成了与地面贯通的连续滑动面,如图 9-1(d)所示,与之对应的荷载称为极限荷载 P_k。这时地基土向基础一侧或两侧挤出，地面隆起，地基失去稳定，结构急剧下沉或倾斜。

2. 地基的破坏形态

地基破坏的形态与地基土的性质、基础的埋深、荷载增加速度等因素都有关系，一般可分成三种形态。

（1）整体剪切破坏

当地基为密实的砂土、硬黏性土，基础埋深又不大时就可能发生整体剪切破坏，基础下方塑性区发展区域如图 9-2(a) 中的 Ⅰ 图。整体剪切破坏的 $P—S$ 曲线如图 9-2(a) 所示。它是一种典型的破坏方式，$P—S$ 曲线分为 3 个阶段，如 9.2.1 所述。一般情况下，在实际工程中，这种破坏是不容许出现的。

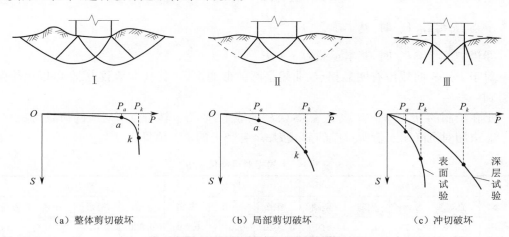

（a）整体剪切破坏　　　　（b）局部剪切破坏　　　　（c）冲切破坏

图 9-2　地基变形的三种形态

（2）冲切破坏

当地基为松散的砂土或软土时，基础埋深对地基的破坏形态影响很小，主要决定于荷载的大小。随着荷载的增加，基础下面的松散砂土逐渐被压密，而且压密区主要向纵深发展，基础也随之切入土中，因此在基础边缘形成的剪切破裂面垂直向下发展，基础下方塑性发展区如图 9-2(c) 中的 Ⅲ 图所示。从图中我们发现，在这种情况下基底压力几乎不向四周扩散，因此我们看到基础周围的地表土一般不会产生隆起现象，甚至有可能会下陷。图 9-2(c) 中的荷载沉降曲线，对于浅埋基础，其 $P—S$ 曲线起始段有一小段直线段，但在基础有一定埋深时，起始段就是曲线段。

（3）局部剪切破坏

当地基土为介于前述两者之间中等强度的土，例如中等密实的砂土时，其破坏形态一般为局部剪切破坏。局部剪切破坏介于整体剪切破坏和冲切破坏之间。随着荷载的增加，塑性变形区会从基础边缘逐渐向中间和纵深发展，如图 9-2(b) 中 Ⅱ 图所示，基础边缘土体有轻微隆起现象，但是一般不会延伸到地表。相应的 $P—S$ 曲线如图 9-2(b) 所示。

整体剪切破坏、局部剪切破坏和冲切破坏是竖直荷载作用下地基失稳的三种破坏形态。实际产生哪种形式的破坏取决于许多因素，主要的是地基土的特性和基础的埋置深度。当土质比较坚硬、密实，基础埋深不大时，一般是发生整体剪切破坏。当地基土质松软则容易出现局部剪切破坏和冲切破坏。随着基础埋深增加,局部剪切破坏和冲切破坏则更容易出现。

3. 荷载试验确定地基承载力

平板荷载试验确定地基承载力主要包括以下几个方面:

(1)浅层平板荷载试验确定地基基本承载力

对于 P—S 曲线有明显拐点的情况,a 点和 k 点分别是地基土变形的三个阶段的分界点。a 点是土体由压密阶段过度与局部剪切阶段的分界,其对应的荷载为临塑荷载 P_a,k 点是局部剪切阶段与破坏阶段的分界,对应的荷载为极限荷载 P_k,也就是极限承载力。(σ_0 是根据土的类型以及土的物理性质指标或土的物理状态指标确定一个承载力基本量,称为基本承载力,在 9.2.2 中会详细介绍)

①当 $P_k \leqslant 1.5 P_a$ 时,基本承载力 $\sigma_0 = \dfrac{P_k}{2}$。

②当 $P_k > 1.5 P_a$ 时,基本承载力 $\sigma_0 = P_a$。

对于 P—S 曲线没有明显拐点、曲线呈圆弧形的土体,其基本承载力 σ_0 可以由作图法得到。

①在绘制的 $\lg P$—$\lg S$ 或 P—$\Delta S / \Delta P$ 曲线上,取第一转折点所对应的荷载为 σ_0。

②取相对沉降 s/b 值所对应的荷载为 σ_0,各类土的 s/b 值见表 9-1。

表 9-1　土的相对沉降值 s/b

土名	黏性土				粉土			砂类土			
状态	流塑	软塑	硬塑	坚硬	稍密	中密	密实	松散	稍密	中密	密实
s/b	0.020	0.016	0.012	0.010	0.020	0.015	0.010	0.020	0.016	0.012	0.008

③由双曲线拟合法确定 P_k,再取 $\sigma_0 = P_k / F$。其中极限承载力 P_k 按照《铁路工程地质原位测试规程》(TB 10018—2018)规定计算,安全系数 F 可以根据地基工程性质取 2～3,高压缩性土取低值,低压缩性土取高值。

(2)平板荷载试验确定地基承载力

根据《铁路工程地质原位测试规程》(TB 10018—2018),确定地基基本承载力和极限承载力应满足下面两点规定:

①测定某一土层的承载力,试验点不应少于三个。

②试验点的基本承载力 σ_0 或极限承载力 P_k 的极差不大于 30% 时,可以采用平均值。但是当极差大于 30% 时,应查找分析异常值出现的原因,并按粗差剔除准则补充试验数据、剔除异常值。

9.2.2　《铁路桥涵规范》确定地基承载力

《铁路桥涵规范》确定地基承载力的基本理论是先根据土的类型,以及土的物理性质指标或土的物理状态指标确定一个承载力基本量,然后再根据工程实际情况对其进行修正,这个基本量就是地基基本承载力,用 σ_0 表示。

地基基本承载力是指地质简单的一般桥涵地基,当基础的宽度 $b \leqslant 2$ m,埋置深度 $h \leqslant 3$ m 时的地基容许承载力。各类土的基本承载力取值是根据荷载试验与土的物理力学性质指标的对比资料及国内实践经验,并参照国内外规范综合考虑编制的,具有一定的通用性。但由于我国幅员辽阔,自然条件复杂,不是在任何条件下都能适用。如果在个别工点做了专门研究,或当地已有经验,确定 σ_0 时可不受限制。至于重要桥梁或地质复杂的桥梁,更不能单纯查表确定 σ_0,应根据实际情况用原位测试、理论公式计算等方法综合确定。

1. 地基基本承载力 σ_0 的确定

当 $b \leqslant 2$ m, $h \leqslant 3$ m 时,可通过查表 9-2 到表 9-12 得到地基基本承载力 σ_0。用原位测试方法确定时,可不受表 9-2 到表 9-12 的限制;对重要桥梁或地质复杂桥梁应采用载荷试验及原位测试方法等综合确定。

《铁路桥涵规范》要求在进行基本承载力取值和计算过程中应满足以下三条规定:

①b(m)为基础宽度,对于矩形基础为短边宽度,对于圆形或正多边形基础为 $\sqrt{F}$ (F 为基础的底面积,单位为 m^2)。

②规范中列出的各类岩土地基基本承载力表中,其数值允许内插。

③原位测试方法及成果的应用可参照有关标准的规定。

(1)岩石地基的基本承载力

一般岩石地基可以根据岩石的类别、节理的发育程度确定其基本承载力。对于复杂的岩层,比如溶洞、断层、软弱夹层、易溶岩石、软化岩石等,应按各项因素综合考虑确定。岩石地基的基本承载力与其节理发育程度、岩石类别有关,具体查表 9-2。

表 9-2 岩石地基的基本承载力(kPa)

岩石类别	节理发育程度		
	节理很发育	节理发育	节理不发育
	节理间距(mm)		
	20~200	200~400	大于 400
硬质岩	1 500~2 000	2 000~3 000	>3 000
较软岩	800~1 000	1 000~1 500	1 500~3 000
软 岩	500~800	700~1 000	900~1 200
极软岩	200~300	300~400	400~500

注:裂隙张开或有泥质填充时,应取低值。

(2)碎石类土地基的基本承载力

碎石类土地基的基本承载力是根据颗粒大小和含量、土的种类及其密实程度来确定,具体查表 9-3。

表 9-3 碎石类土地基的基本承载力(kPa)

土 名	密实程度			
	松 散	稍 密	中 密	密 实
卵石土、粗圆砾土	300~500	500~650	650~1 000	1 000~1 200
碎石土、粗角砾土	200~400	400~550	550~800	800~1 000
细圆砾土	200~300	300~400	400~600	600~850
细角砾土	200~300	300~400	400~500	500~700

（3）砂类土地基的基本承载力

砂类土地基的基本承载力由土的种类、潮湿程度、密实程度三个方面决定，具体查表9-4。

表 9-4　砂类土地基的基本承载力（kPa）

土　名	湿　度	密实程度			
		松　散	稍　密	中　密	密　实
砾砂、粗砂	与湿度无关	200	370	430	550
中砂	与湿度无关	150	330	370	450
细砂	稍湿或潮湿	100	230	270	350
	饱　和	—	190	210	300
粉砂	稍湿或潮湿		190	210	300
	饱　和	—	90	110	200

（4）粉土地基的基本承载力

粉土的性质介于砂类土和黏性土之间，它的天然结构一般是蜂窝结构，最典型的构造是裂隙构造，因此确定其基本承载力的指标包括天然孔隙比 e 和天然含水率 w（％），具体查表9-5。

表 9-5　粉土地基的基本承载力（kPa）

e	w（％）						
	10	15	20	25	30	35	40
0.5	400	380	(355)	—	—	—	—
0.6	300	290	280	(270)	—	—	—
0.7	250	235	225	215	(205)	—	—
0.8	200	190	180	170	165	—	—
0.9	160	150	145	140	130	(125)	—
1.0	130	125	120	115	110	105	(100)

（5）黏性土地基的基本承载力

①Q_4 冲、洪积黏性土地基的基本承载力是以液性指数 I_L 和孔隙比 e 作为确定基本承载力的指标，具体查表9-6。

表 9-6　Q_4 冲、洪积黏性土地基的基本承载力（kPa）

e	I_L												
	0	0.1	0.2	0.3	0.4	0.5	0.6	0.7	0.8	0.9	1.0	1.1	1.2
0.5	450	440	430	420	400	380	350	310	270	240	220	—	
0.6	420	410	400	380	360	340	310	280	250	220	200	180	—
0.7	400	370	350	330	310	290	270	240	220	190	170	160	150
0.8	380	330	300	280	260	240	230	210	180	160	150	140	130
0.9	320	280	260	240	220	210	190	180	160	140	130	120	100
1.0	250	230	220	210	190	170	160	150	140	120	110	—	
1.1	—	—	160	150	140	130	120	110	100	90			

注：土中粒径大于 2 mm 的颗粒质量占全重30％以上时，基本承载力可酌情提高。

②Q_3 及以前冲、洪积黏性土地基的基本承载力主要与其压缩模量 E_s 有关,具体查表 9-7。

表 9-7　Q_3 及以前冲、洪积黏性土地基的基本承载力(kPa)

$E_{s0.1\sim0.2}$(MPa)	10	15	20	25	30	35	40
σ_0(kPa)	380	430	470	510	550	580	620

③残积黏性土地基的基本承载力。

残积黏性土地基的基本承载力和 Q_3 及以前冲、洪积黏性土的承载力一样,主要与其压缩模量 E_s 有关,具体查表 9-8。

表 9-8　残积黏性土地基的基本承载力(kPa)

E_s(MPa)	4	6	8	10	12	14	16	18	20
σ_0(kPa)	190	220	250	270	290	310	320	330	340

注:本表适用于西南地区碳酸盐类岩层的残积红土,其他地区可参照使用。

(6)黄土地基的基本承载力

①新黄土(Q_3、Q_4)包括湿陷性黄土和非湿陷性黄土。新黄土地基的基本承载力与天然含水率 w、孔隙比 e、液限 w_L 有关,具体查表 9-9。

表 9-9　新黄土(Q_3、Q_4)地基的基本承载力(kPa)

w_L(%)	e	\multicolumn{7}{c}{w(%)}						
		5	10	15	20	25	30	35
		\multicolumn{7}{c}{地基土的基本承载力}						
24	0.7	—	230	190	150	110	—	—
	0.9	240	200	160	125	85	(50)	—
	1.1	210	170	130	100	60	(20)	—
	1.3	180	140	100	70	40	—	—
28	0.7	280	260	230	190	150	110	—
	0.9	260	240	200	160	125	85	—
	1.1	240	210	170	140	100	60	—
	1.3	220	180	140	110	70	40	—
32	0.7	—	280	260	230	180	150	—
	0.9	—	260	240	200	150	125	—
	1.1	—	240	210	170	130	100	60
	1.3	—	220	180	140	100	70	40

②老黄土(Q_1、Q_2)地基的基本承载力与孔隙比 e、含水比 w/w_L 有关,具体查表 9-10。

表 9-10　老黄土(Q_1、Q_2)地基的基本承载力(kPa)

w/w_L	\multicolumn{4}{c}{e}			
	$e<0.7$	$0.7\leqslant e<0.8$	$0.8\leqslant e\leqslant0.9$	$e>0.9$
<0.6	700	600	500	400
$0.6\sim0.8$	500	400	300	250
>0.8	400	300	250	200

注:液限含水率试验采用圆锥仪法,圆锥仪总质量 76 g,入土深度 10 mm;老黄土黏聚力小于 50 kPa,内摩擦角小于 25°,应降低 20% 左右。

（7）多年冻土地基的基本承载力

影响多年冻土承载力的主要因素有颗粒成分、含水率和地温。多年冻土地基的基本承载力与土的种类、基础底面的月平均最高土温有关，具体查表9-11。

表 9-11　多年冻土地基的基本承载力（kPa）

序号	土　名	基础底面的月平均最高土温（℃）					
		−0.5	−1.0	−1.5	−2.0	−2.5	−3.5
1	块石土、卵石土、碎石土、粗圆砾土、粗角砾土	800	950	1 100	1 250	1 380	1 650
2	细圆砾土、细角砾土、砾砂、粗砂、中砂	600	750	900	1 050	1 180	1 450
3	细砂、粉砂	450	550	650	750	830	1 000
4	粉土	400	450	550	650	710	850
5	粉质黏土、黏土	350	400	450	500	560	700
6	饱冰冻土	250	300	350	400	450	550

注：本表序号1~5类的地基基本承载力，适用于少冰冻土、多冰冻土，当序号1~5类的地基为富冰冻土时，表中数值应降低20%；含土冰层的承载力应实测确定；基础置于饱冰冻土的土层上时，基础底面应敷设厚度不小于0.20~0.30 m的砂垫层。

表9-11中数值不适用于含盐量和泥炭化程度超过表9-12中数值的多年冻土。

表 9-12　冻土的盐渍化程度和泥炭化程度界限值

土类	碎石类土	砂类土	粉质黏土	黏土
盐渍化程度	0.10%	0.15%	0.20%	0.25%
泥炭化程度	≥3%		≥5%（粉土和黏土）	

例题 9-1

某铁路地基经勘察取样，地基为泥质灰岩，岩石饱和单轴抗压强度为35 MPa，节理间距为300 mm，试确定该地基的基本承载力。

［解］：岩石饱和单轴抗压强度为35 MPa，介于30~60 MPa之间，查表3-2，该岩石属于硬质岩；节理间距300 mm，介于200~400 mm之间，查表9-2，节理发育的岩石地基的基本承载力可以取2 000 kPa。

例题 9-2

某铁路桥梁地基为砂类土，现场取砂样进行室内试验，测得粒径大于0.075 mm的颗粒的质量超过总质量85%，天然密度$\rho=1.85$ g/cm³，含水率$w=14.0\%$，土粒比重$G_s=2.65$，$e_{max}=0.765$，$e_{min}=0.425$，试确定地基承载力基本值σ_0。

［解］：砂类土地基承载力基本值由砂土类别和密实程度决定。

砂土粒径大于0.075 mm的颗粒的质量超过总质量85%，查表3-6可知此砂为细砂；细砂地基的基本承载力与潮湿程度有关，因此除了计算该地基的相对密实程度D_r，还需计算该地基的饱和度S_r。

$$砂土孔隙比\ e=\frac{G_s(1+w)}{\rho}-1=\frac{2.65\times(1+14\%)}{1.85}-1\approx0.633$$

砂土相对密实度 $D_r = \dfrac{e_{max} - e}{e_{max} - e_{min}} = \dfrac{0.765 - 0.633}{0.765 - 0.425} \approx 0.4$

相对密实度 $D_r = 0.4$，查表 2-9，属于稍密的细砂。

$$S_r = \frac{wG_s}{e} = \frac{0.14 \times 2.65}{0.633} \approx 0.59$$

饱和度 $S_r = 0.59$，查表 2-12，该细砂处于潮湿状态。

最后查表 9-4，潮湿稍密细砂地基的基本承载力 σ_0 为 230 kPa。

2. 地基容许承载力的确定

在工程中如果基础的宽度 $b > 2$ m，基础底面的埋置深度 $h > 3$ m，且 $h/b \leqslant 4$ 时，地基容许承载力 $[\sigma]$ 可以按规范进行修正。

$$[\sigma] = \sigma_0 + k_1 \gamma_1 (b - 2) + k_2 \gamma_2 (h - 3) \tag{9-1}$$

式中　$[\sigma]$——地基土的容许承载力(kPa)；

　　　σ_0——按土的性质查表 9-2～表 9-12 得到的地基基本承载力(kPa)；

　　　γ_1——基底以下持力层土的天然容重(kN/m³)，如持力层在水面以下且为透水层，用浮容重；

　　　γ_2——基底以上土的加权平均容重(kN/m³)，如持力层在水面以下，且为透水层，水中部分用浮容重；如持力层不透水，则不论基底以上水中部分土的透水性质如何，用饱和容重；

　　　b——基底宽度(m)，$b < 2$ m 时取 $b = 2$ m；$b > 10$ m 时取 $b = 10$ m；

　　　h——基础底面的埋置深度(m)，对于受水流冲刷的墩台，由一般冲刷线算起；不受水流冲刷者，由天然地面算起；位于挖方内，由开挖后地面算起；$h < 3$ m 时取 $h = 3$ m，$h/b \leqslant 4$；

　　　k_1，k_2——宽度和深度修正系数，按持力层土确定，查表 9-13。

表 9-13　宽度、深度修正系数 k_1、k_2

土类	黏性土				黄土		砂类土								碎石类土			
修正系数	Q_4 冲、洪积土		Q_3 及其以前的冲、洪积土	残积土	粉土	新黄土 (Q_4, Q_3)	老黄土 (Q_1, Q_2)	粉砂		细砂		中砂		砾砂、粗砂		碎石、圆砾、角砾		卵石	
	$I_L < 0.5$	$I_L \geqslant 0.5$						稍密或中密	密实	稍密或中密	密实	稍密或中密	密实	稍密或中密	密实	中密	密实	稍密或中密	密实
k_1	0	0	0	0	0	0	0	1.0	1.2	1.5	2.0	2.0	3.0	3.0	4.0	3.0	4.0	3.0	4.0
k_2	2.5	1.5	2.5	1.5	1.5	1.5	1.5	2.0	2.5	3.0	4.0	4.0	5.5	5.0	6.0	5.0	6.0	6.0	10.0

注：对于稍松状态的砂类土和松散状态的碎石类土，k_1、k_2 值可采用表中稍/中密值的 50%；节理不发育或较发育的岩石不修正；节理发育或很发育的岩石，k_1、k_2 可采用碎石类土的系数；对已风化成砂、土状的岩石，则按砂类土、黏性土的系数；冻土的 k_1、k_2 均取 0。

式(9-1)由三部分组成，第一部分是地基的基本承载力 σ_0，可按土的基本性质查表 9-2～表 9-12 得到；第二部分 $k_1 \gamma_1 (b - 2)$ 是基础宽度 $b > 2$ m 时地基承载力的增加值，如图 9-3(a) 所示；第三部分 $k_2 \gamma_2 (h - 3)$ 是基础底面埋置深度 $h > 3$ m 时地基容许承载力的增加值，如图 9-3(b) 所示。

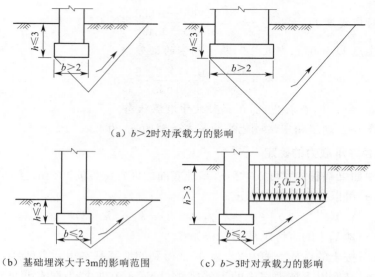

（a）$b>2$时对承载力的影响

（b）基础埋深大于3m的影响范围　　（c）$b>3$时对承载力的影响

图 9-3　基础宽度和深度增加对地基承载力的影响示意（单位：m）

3. 地基容许承载力的提高值

根据《铁路桥涵规范》，在满足下列任一条件时，地基的容许承载力可以适当提高。

（1）当墩台建在水中，基底土不透水时，常水位至一般冲刷线每升高 1 m，地基容许承载力可提高 10 kPa。这里的常水位是指在江河、湖泊的某一地点，经过长时期对水位的观测后，得出的在一年或若干年中，有 50% 的水位等于或超过该水位的高程值。桥下断面河槽的一般冲刷，是指建桥后由于过水断面被压缩，流速增大，压缩水流在桥下河床断面内发生的冲刷。一般冲刷线则是指桥下河床一般冲刷的最大深度。

（2）地基基础的设计荷载不仅考虑主力，如恒载和活载的作用，还应考虑附加力，如制动力和风力等的作用，则地基容许承载力可提高 20%。这里的附加力不包括钢轨纵向力。主力加特殊荷载（地震力除外）时，地基容许承载力可按表 9-14 取提高系数。

表 9-14　地基容许承载力的提高系数

地基情况	提高系数
$\sigma_0 > 500$ kPa 的岩石和土	1.4
150 kPa $< \sigma_0 \leqslant 500$ kPa 的岩石和土	1.3
100 kPa $< \sigma_0 \leqslant 150$ kPa 的土	1.2

（3）对于既有桥梁墩台的地基土，因在多年运营中已被压密，其基本承载力可适当提高，但提高值不超过 25%。

综合前述三点，若在计算基底压力时考虑了主力和附加力的共同作用，且地基土为不透水层，而常水位至一般冲刷线的高度为 h_w（m）时，地基容许承载力 $[\sigma]_{主+附}$ 可以写成

$$[\sigma]_{主+附} = 1.2 \times [k_0\sigma_0 + k_1\gamma_1(b-2) + k_2\gamma_2(h-3) + 10h_w] \tag{9-2}$$

式中　k_0——基本承载力提高系数，对于非既有桥梁墩台地基土，$k_0 = 1.0$，对于既有桥梁墩台地基土，$1.0 \leqslant k_0 \leqslant 1.25$，其具体数值可根据实际情况酌定。

其他符号意义同式(9-1)。

例题 9-3

某铁路桥墩基础,基础底面为矩形 8 m×4 m,基础埋深 $h=5$ m,地基土为中密的粗砂,基底以上土和持力层均为一种土,天然容重为 $\gamma=19$ kN/m³,仅受主力的作用,求该地基容许承载力。

[解]:砂类土地基承载力基本值由砂土类别和密实程度决定,查表 9-4,中密粗砂地基的基本承载力与湿度无关,只与密实程度有关。中密粗砂地基的基本承载力为 $\sigma_0=430$ kPa。

由于 $b=4$ m>2 m,$h=5$ m>3 m,且 $h/b=5/4=1.25\leqslant4$,故应该按照式(9-1)进行修正。据中密粗砂查表 9-13 得 $k_1=3.0$,$k_2=5.0$,代入式(9-1)得

$$\begin{aligned}[\sigma]&=\sigma_0+k_1\gamma_1(b-2)+k_2\gamma_2(h-3)\\&=430+3\times19\times(4-2)+5\times19\times(5-3)\\&=734(\text{kPa})\end{aligned}$$

例题 9-4

某铁路桥墩方形基础,底面边长为 5 m,基础埋深 $h=6$ m,地基资料如图 9-4 所示,粉质黏土饱和容重 $\gamma_1=19$ kN/m³,密实细砂饱和容重 $\gamma_2=21$ kN/m³,水位面如图 9-4 所示。主力加附加力共同作用,求该地基容许承载力。

[解]:由图 9-4 可知,该结构地基为水位面以下密实细砂,查表 9-4 可知,密实饱和细砂地基的基本承载力为 $\sigma_0=300$ kPa。

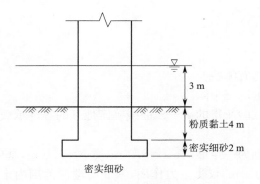

图 9-4　例题 9-4

由于 $b=5$ m>2 m,$h=6$ m>3 m,且 $h/b=6/5=1.2\leqslant4$,而且题目给出的是主力加附加力共同作用,故应该按照式(9-2)进行修正。由题目可知,该基础虽然位于水下,但是基底是砂类土,本身透水,因此 $h_w=0$。查表 9-13,密实饱和细砂地基修正系数为 $k_1=2.0$,$k_2=4.0$,代入式(9-2)得

$$\begin{aligned}[\sigma]_{\text{主+附}}&=1.2\times[k_0\sigma_0+k_1\gamma_1(b-2)+k_2\gamma_2(h-3)+10h_w]\\&=1.2\times\left[300+2\times(21-10)\times(5-2)+4\times\frac{(19-10)\times4+(21-10)\times2}{6}\times(6-3)\right]\\&\approx578.4(\text{kPa})\end{aligned}$$

4. 软土地基的容许承载力

软土地基的容许承载力必须同时满足稳定和变形两方面的要求,可按下列方法确定,但应同时检算基础的沉降量,并符合有关规定。

（1）修正后的地基承载力可按式（9-3）计算。

$$[\sigma]=5.14c_u\frac{1}{m'}+\gamma_2 h \qquad (9-3)$$

（2）对于小桥和涵洞的软土地基,也可按式（9-4）确定地基的容许承载力。

$$[\sigma]=\sigma_0+\gamma_2(h-3) \qquad (9-4)$$

式中　$[\sigma]$——地基容许承载力;

　　　m'——安全系数,可视软土灵敏度及建筑物对变形的要求等因素选取,通常为1.5～2.5;

　　　c_u——软土的不排水剪切强度（kPa）;

　　　σ_0——软土地基基本承载力（kPa）,可由表 9-15 确定。

表 9-15　软土地基基本承载力

天然含水率 w（%）	36	40	45	50	55	65	75
σ_0（kPa）	100	90	80	70	60	50	40

练习题

〖名词解释〗

1. 临塑荷载

2. 临界荷载

3. 极限荷载

〖简答题〗

4. 地基的破坏形态有哪些?

5. 简述地基土变形的三个阶段。

6. 如何利用荷载试验所得的 P—S 曲线确定地基的容许承载力?

〖计算题〗

7. 某铁路桥墩基础为一矩形,长 $a=8.0$ m,宽 $b=6.0$ m,基础埋深 $h=5.0$ m,常水位至一般冲刷线高度为 4 m,仅受主力作用,基底与埋深范围内土样均为密实粗砂,饱和容重为 21 kN/m³。试计算此粗砂地层的容许承载力。

8. 某铁路桥墩方形基础,边长为 5 m,基础埋深 $h=7$ m,地基资料如图 9-5 所示,粉砂饱和容重 $\gamma_1=18$ kN/m³,密实中砂饱和容重 $\gamma_2=20$ kN/m³,水位面如图 9-5 所示。主力加附加力共同作用,求该地基容许承载力。

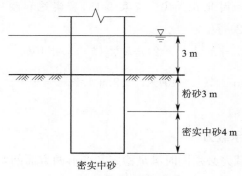

图 9-5　练习题 8

检算地基强度

项目知识构架

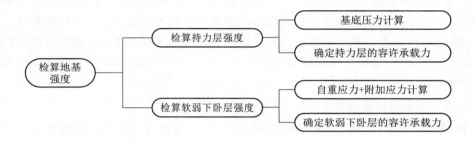

知识目标

1. 掌握持力层强度检算的方法；
2. 掌握软弱下卧层强度检算的方法。

能力目标

1. 能够划分土的种类，确定其容许承载力；
2. 能够验算地基的强度。

素养目标

1. 培养自学和独立思考能力及创新实践能力；
2. 培养利用信息技术获取知识、学习知识的信息素养；
3. 培养团结协作和沟通协调的能力；
4. 培养吃苦耐劳、严谨求实的工作作风；
5. 引导主动践行社会主义核心价值观，增强家国意识；传承发扬各时期铁路精神，立志扎根铁路生产建设一线建功立业，勇担民族复兴时代重任；
6. 引导树立工程建设和环境友好的价值观和正确的工程伦理观，增强社会法治意识、责任意识与责任担当，加强生态文明理念与自然和谐的环保意识；
7. 引导弘扬劳模精神、劳动精神、工匠精神，培养立足岗位的创新意识和科学精神。

任务 10.1　检算持力层强度

引导问题

1. 如何用规范法确定地基承载力?
2. 如何计算基底压力?
3. 截面的性质有哪些?

任务内容

在基础埋置深度和构造尺寸确定以后,应进行各项必要的验算,以保证结构物的安全和正常使用,并使设计经济合理。一般包括地基承载力的验算,其中分为持力层地基强度的验算、软弱下卧层地基强度的验算,以及基础合力偏心距、地基与基础稳定性、基础沉降的验算。基础本身的强度只要满足刚性角的要求即可得到保证,而其他的验算项目则应在不同作用效应组合下进行验算。此处只介绍地基承载力的验算,当地基土由不同工程性质的土层组成时,直接与建筑物基础接触的土层称为持力层,其下各层称为下卧层。如果下卧层的强度低于持力层时,将该下卧层称为软弱下卧层。

1. 持力层强度检算原理

《铁路桥涵规范》中规定,基底压力不应大于地基的容许承载力。设置在基岩上的基底承受偏心荷载,其基底合理偏心距超过截面核心半径时,可以仅按受压区计算基底最大压应力,如图 10-1 所示。

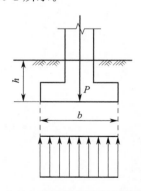
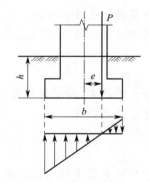

（a）中心荷载作用基底压力分布　　　　（b）偏心荷载作用基底压力分布

图 10-1　基底压力分布情况

2. 持力层强度检算公式

根据前述原理,检算持力层强度可分为以下两种情况。

（1）当基础受中心荷载作用时,要求基底压力小于持力层土的容许承载力,如图 10-1(a)所示,计算公式为

$$\sigma_h = \frac{P}{A} \leqslant [\sigma] \tag{10-1}$$

式中　σ_h——基底压力(kPa);

　　　P——上部结构传至基础底面的竖直荷载设计值(kN),包括基础和回填土自重;

　　　A——基础底面面积(m^2);

　　　$[\sigma]$——修正后的地基容许承载力(kPa)。

(2)当基础受偏心荷载作用或有弯矩作用时,基底合力偏心距 $e_0 = \dfrac{M}{N} \leqslant \rho$ 时,应符合下列条件:要求基底压力的最大值小于持力层土的容许承载力,如图 10-1(b)所示,计算公式为

$$\sigma_h = \frac{P}{A} \pm \frac{M}{W} \leqslant [\sigma] \tag{10-2}$$

式中　M——偏心荷载引起的力矩(kN·m);

　　　W——对应于偏心方向的基础底面的弯曲抵抗矩(m^3)。

任务 10.2　检算软弱下卧层强度

引导问题

1. 如何计算附加应力?
2. 如何计算土体自重应力?

任务内容

下卧层顶面作用的应力为自重应力和附加应力之和,自重应力随深度的增加而逐渐增大,附加应力随深度的增加而减小,二者之和即总应力并不一定是越来越小,它可能增大,也可能减小。因此在必要的时候,还需验算下卧层的强度,尤其是软弱下卧层。

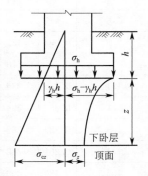

1. 软弱下卧层强度检算原理

《铁路桥涵规范》中规定,作用在软弱下卧层顶面与基础形心竖向轴线相交处的附加应力及自重应力之和,要小于该土层的容许承载力,如图 10-2 所示。

图 10-2　软弱下卧层顶面应力作用

2. 软弱下卧层强度检算公式

根据前述原理,检算软弱下卧层强度公式为

$$\sigma_{h+z} = \gamma_{h+z}(h+z) + \alpha(\sigma_h - \gamma_h h) \leqslant [\sigma] \tag{10-3}$$

式中　σ_{h+z}——软弱下卧层顶面作用的总应力;

　　　α——基础中心点下附加应力系数,查表 10-1;

　　　γ_{h+z}——软弱下卧层顶面以上 $h+z$ 深度范围内各层土的换算容重;

　　　σ_h——基底压应力(kPa):当 $z/b>1$(或 $z/2r>1$)时,σ_h 取基底平均压应力;当 $z/b \leqslant 1$(或 $z/2r \leqslant 1$)时,σ_h 取基底压应力图形距最大应力点 $b/4 \sim b/3$

（或 $r/2\sim2r/3$）处的压应力，其中 $b(m)$ 为基础的宽度，$r(m)$ 为圆形基础的半径；

γ_h——基础埋深范围内各层土的换算容重；

h——基底埋置深度（m），当基础受水流冲刷时，通常由一般冲刷线算起；当不受水流冲刷时，由天然地面算起；如位于挖方内，则由开挖后的地面算起；

z——自基底至软弱下卧层顶面的距离（m）；

$[\sigma]$——修正后的软弱下卧层的地基容许承载力（kPa）。

表 10-1　桥涵基底下卧层附加压力系数 α

z/b	a/b											
	1.0	1.2	1.4	1.6	1.8	2.0	2.4	2.8	3.2	4.0	5.0	≥10（条形）
0	1	1	1	1	1	1	1	1	1	1	1	1
0.1	0.980	0.984	0.986	0.987	0.987	0.988	0.988	0.989	0.989	0.989	0.989	0.989
0.2	0.960	0.968	0.972	0.974	0.975	0.976	0.976	0.977	0.977	0.977	0.977	0.977
0.3	0.880	0.899	0.910	0.917	0.920	0.923	0.925	0.928	0.928	0.929	0.929	0.929
0.4	0.800	0.830	0.848	0.859	0.866	0.870	0.875	0.878	0.879	0.880	0.881	0.881
0.5	0.703	0.741	0.765	0.781	0.791	0.799	0.810	0.812	0.814	0.817	0.818	0.818
0.6	0.606	0.651	0.682	0.703	0.717	0.727	0.737	0.746	0.749	0.753	0.754	0.755
0.700	0.527	0.574	0.607	0.630	0.648	0.660	0.674	0.685	0.690	0.694	0.697	0.698
0.8	0.449	0.496	0.532	0.558	0.578	0.593	0.612	0.623	0.630	0.636	0.639	0.642
0.9	0.392	0.437	0.473	0.499	0.520	0.536	0.559	0.572	0.579	0.588	0.592	0.596
1	0.334	0.378	0.414	0.441	0.463	0.482	0.505	0.520	0.529	0.540	0.545	0.550
1.1	0.295	0.336	0.369	0.396	0.418	0.436	0.462	0.479	0.489	0.501	0.508	0.513
1.2	0.257	0.294	0.325	0.352	0.374	0.392	0.419	0.437	0.449	0.462	0.470	0.477
1.3	0.229	0.263	0.292	0.318	0.339	0.357	0.384	0.403	0.416	0.431	0.440	0.448
1.4	0.201	0.232	0.260	0.284	0.304	0.321	0.350	0.369	0.383	0.400	0.410	0.420
1.5	0.180	0.209	0.235	0.258	0.277	0.294	0.322	0.341	0.356	0.374	0.385	0.397
1.6	0.160	0.187	0.210	0.232	0.251	0.267	0.294	0.314	0.329	0.348	0.360	0.374
1.7	0.145	0.170	0.191	0.212	0.230	0.245	0.272	0.292	0.307	0.326	0.340	0.355
1.8	0.130	0.153	0.173	0.192	0.209	0.224	0.250	0.270	0.285	0.305	0.320	0.337
1.9	0.119	0.140	0.159	0.177	0.192	0.207	0.233	0.251	0.263	0.288	0.303	0.320
2	0.108	0.127	0.145	0.161	0.176	0.189	0.214	0.233	0.241	0.270	0.285	0.304
2.1	0.099	0.116	0.133	0.148	0.163	0.176	0.199	0.220	0.230	0.255	0.270	0.292
2.2	0.090	0.107	0.122	0.137	0.150	0.163	0.185	0.208	0.218	0.239	0.256	0.280
2.3	0.083	0.099	0.113	0.127	0.139	0.151	0.173	0.193	0.205	0.226	0.243	0.269
2.4	0.077	0.092	0.105	0.118	0.130	0.141	0.161	0.178	0.192	0.213	0.230	0.258
2.5	0.072	0.085	0.097	0.109	0.121	0.131	0.151	0.167	0.181	0.202	0.219	0.249

这里需要强调的是持力层与软弱下卧层的基本承载力可以按项目 9 任务 9.2 中给出的《铁路桥涵规范》的方法确定,只是在确定软弱下卧层的容许承载力时,可以看成将基础直接放在软弱下卧层顶面,基础埋深按 $h+z$ 计算。

例题 10-1

某铁路桥梁矩形桥墩基础,基底长边 $a=8$ m,短边 $b=5$ m,主力和附加力同时作用。作用在基础底面的沿短边方向的偏心荷载为 $P=12\ 000$ kN,偏心距 $e=0.6$ m。地质剖面和有关资料如图 10-3 所示。地下水埋深 3 m,基础埋深 5 m,中砂层容重 19.5 kN/m³,比重 2.68,含水率 14%,$e_{max}=0.85$,$e_{min}=0.45$;下卧层为饱和软黏土,含水率为 36%,液限 50%,塑限 28%,孔隙比为 0.8,饱和容重 20 kN/m³,试检算地基强度。

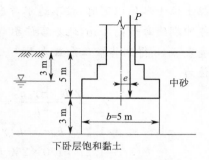

图 10-3   例题 10-1 地质剖面

[解]:(1)检算持力层强度

首先计算基底压力。持力层为 3 m 水下的中砂层,由于存在力矩 $M(M=P \cdot e)$ 的作用,持力层上的基底压力为

$$\sigma_h = \frac{P}{A} \pm \frac{M}{W} = \frac{12\ 000}{8 \times 5} \pm \frac{12\ 000 \times 0.6}{\frac{1}{6} \times 8 \times 5^2} = 300 \pm 216 = \frac{516}{84} \text{(kPa)}$$

然后确定持力层的容许承载力。水位面下为饱和中砂,中砂地基基本承载力只与密实程度有关,根据题意用相对密实度 D_r 来评价,有

$$e = \frac{\gamma_s(1+w)}{\gamma} - 1 = \frac{26.8 \times (1+14\%)}{19.5} - 1 \approx 0.57$$

$$D_r = \frac{e_{max} - e}{e_{max} - e_{min}} = \frac{0.85 - 0.57}{0.85 - 0.45} = 0.7$$

查表 2-9,可知 0.7>0.67,水下中砂处于密实状态,查表 9-4,密实中砂其基本承载力为 $\sigma_0 = 450$ kPa。

由于 $b=5$ m>2 m,$h=5$ m>3 m,且 $h/b = 5/5 = 1 \leqslant 4$,主力加附加力共同作用应该按照式(9-2)进行修正。持力层位于水下且透水,故应计算其浮容重。

中砂地基饱和容重 $\gamma_{sat} = \frac{\gamma_s + e\gamma_w}{1+e} = \frac{26.8 + 0.57 \times 10}{1 + 0.57} \approx 20.7 \text{(kN/m}^3)$

中砂地基浮容重 $\gamma' = \gamma_{sat} - \gamma_w = 20.7 - 10 = 10.7 \text{(kN/m}^3)$

查表 9-13,可知饱和密实中砂 $k_1 = 3.0$,$k_2 = 5.5$,代入式(9-2)得

$$[\sigma]_{持(主+附)} = 1.2 \times [k_0\sigma_0 + k_1\gamma_1(b-2) + k_2\gamma_2(h-3) + 10h_w]$$

$$= 1.2 \times [1.0 \times 450 + 3.0 \times 10.7 \times (5-2) + 5.5 \times \frac{19.5 \times 3 + 10.7 \times 2}{5} \times (5-3) + 10 \times 0]$$

$$\approx 866 \text{(kPa)}$$

因为 $\sigma_{max} = 516$ kPa$<[\sigma] = 866$ kPa,所以持力层强度满足要求。

(2)下卧层顶面强度检算

首先确定下卧层的容许承载力,水位面以下为饱和黏土,按照 Q_4 的冲、洪积黏性土来算,其基本承载力决定于孔隙比和液性指数,根据题意孔隙比 $e=0.8$,液性指数计算为

$$I_L = \frac{w - w_p}{w_L - w_p} = \frac{36\% - 28\%}{50\% - 28\%} \approx 0.4$$

查表 9-6,黏土地基的基本承载力 $\sigma_0 = 260$ kPa。根据《铁路桥涵规范》规定,饱和软黏土位于水位以下时,按不透水考虑,满足墩台建在水中,基底土为不透水时,常水位至一般冲刷线每升高 1 m,地基容许承载力可提高 10 kPa,即 $h_w = 5$ m。黏土 $I_L = 0.4 < 0.5$,查表 9-13 得到其修正系数为 $k_1 = 0$,$k_2 = 2.5$,代入式(9-2)得软弱下卧层的容许承载力值为

$$\gamma_2 = \frac{\gamma_1 h_1 + \gamma_2 h_2}{h_1 + h_2} = \frac{19.5 \times 3 + 20.7 \times 5}{5 + 3} = 20.25 (kN/m^3)$$

$$\begin{aligned}[\sigma]_{下(主+附)} &= 1.2 \times [k_0\sigma_0 + k_1\gamma_1(b-2) + k_2\gamma_2(h-3) + 10h_w] \\ &= 1.2 \times [1.0 \times 260 + 0 \times 20 \times (5-2) + 2.5 \times 20.25 \times (5+3-3) + 10 \times 5] \\ &\approx 748 (kPa)\end{aligned}$$

因为 $[\sigma]_下 = 748$ kPa $< [\sigma]_持 = 866$ kPa,所以此下卧层是软弱下卧层,需要进行强度检算。

然后确定软弱下卧层顶面的总应力。

矩形基底的尺寸 $a = 8$ m,$b = 5$ m,$z = 3$ m,$\frac{a}{b} = \frac{8}{5} = 1.6$,$\frac{z}{b} = \frac{3}{5} = 0.6$。查表 10-1,得 $\alpha = 0.703$。由于 $\frac{z}{b} = \frac{3}{5} = 0.6 \leqslant 1$,而且基底压力最大值和最小值相差较大,因此 σ_h 取基底压应力图形距最大应力点 $b/4$ 处的压应力,有

$$\sigma_h = 84 + \frac{3}{4} \times (516 - 84) = 408 (kPa)$$

$$\gamma_h = \frac{19.5 \times 3 + 10.7 \times 2}{5} = 15.7 (kN/m^3)$$

软弱下卧层埋深为 $h + z = 8$ m,其范围内土的加权平均容重为

$$\gamma_{h+z} = \frac{19.5 \times 3 + 10.7 \times (2+3) + 10 \times 5}{5 + 3} = 20.25 (kN/m^3)$$

$$\begin{aligned}\sigma_z &= \gamma_{h+z}(h+z) + \alpha(\sigma_h - \gamma_h h) \\ &= 20.25 \times 8 + 0.703 \times (408 - 15.7 \times 5) = 393 (kPa)\end{aligned}$$

因为 $\sigma_z = 393$ kPa < 676 kPa,所以此软弱下卧层强度足够。

练习题

【名词解释】

1. 持力层

2. 软弱下卧层

【简答题】

3. 为什么要验算软弱下卧层的强度?其具体要求是什么?

【计算题】

4. 某铁路矩形基础如图 10-4 所示,基础底面为 6 m×8 m,基础埋深 5 m,基础上作用荷载 $P = 16\ 000$ kN,偏心距为 0.2 m。基础埋深范围及基底均为中密中砂土,其天然

容重为 18.5 kN/m³,饱和容重为 21 kN/m³,地下水埋深 3 m,持力层厚度 4 m,试检算持力层强度。

5. 某桥墩基础如图 10-5 所示,主力加附加力共同作用。已知基础底面长边 $a = 10$ m,短边 $b = 6$ m,埋置深度 $h = 5$ m,基础上作用集中荷载 $P = 18\ 000$ kN,弯矩 $M = 3\ 600$ kN·m,试检算地基的强度。

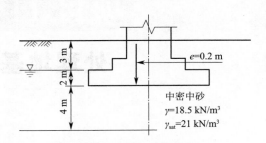

图 10-4　练习题 4 地质剖面资料

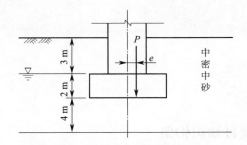

图 10-5　练习题 5 地质剖面资料

处理地基

项目知识构架

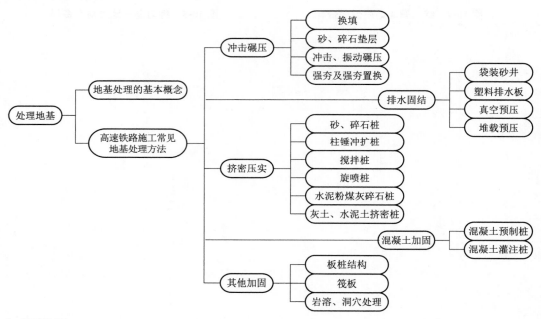

知识目标

1. 掌握各种地基处理方法的加固原理；

2. 掌握《高速铁路路基工程施工技术规程》（Q/CR 9602—2015）中几种典型的地基加固方法。

能力目标

1. 能够根据现场情况选择合适的地基处理方法；

2. 能够进行常见地基处理的施工。

素养目标

1. 培养自学和独立思考能力及创新实践能力；

2. 培养利用信息技术获取知识、学习知识的信息素养;

3. 培养团结协作和沟通协调的能力;

4. 培养吃苦耐劳、严谨求实的工作作风;

5. 引导主动践行社会主义核心价值观,增强家国意识;传承发扬各时期铁路精神,立志扎根铁路生产建设一线建功立业,勇担民族复兴时代重任;

6. 引导树立工程建设和环境友好的价值观和正确的工程伦理观,增强社会法治意识、责任意识与责任担当,加强生态文明理念与自然和谐的环保意识;

7. 引导弘扬劳模精神、劳动精神、工匠精神,培养立足岗位的创新意识和科学精神。

任务 11.1　地基处理的基本概念

引导问题

1. 什么是地基?

2.《铁路桥涵规范》中土的分类有哪些?

3. 土的物理性质、物理状态指标有哪些?

任务内容

如前所述,地基可分为天然地基和人工地基。一般情况下,只要条件容许应尽量采用天然地基。这里所说的地基处理,是针对强度或变形不能满足结构物要求的地基而言。

11.1.1　地基处理的对象

软弱地基是指主要由淤泥、淤泥质土、冲填土、杂填土或其他高压缩性土层构成的地基。这种地基天然含水率大、承载力低,在荷载作用下易产生滑动或固结沉降,一般不能直接作为结构物的天然地基,需要进行处理。

①淤泥和淤泥质土天然含水率大于液限,孔隙比大于1,压缩系数在 $0.7 \sim 1.5$ MPa,渗透系数 k 小于 10^{-6} cm/s。这类地基的沉降往往持续几十年才能稳定,灵敏度高,施工时如果结构被扰动,强度会降低很多,主要广泛分布在上海、天津、宁波、温州、连云港、福州、厦门、广州等东南沿海地区。

②冲填土又称吹填土,是由水力冲填泥沙形成的填土,它是我国沿海一带常见的人工填土之一,主要是由于整治或疏通江河航道,或因工农业生产需要填平或填高江河附近某些地段时,用高压泥浆泵将挖泥船挖出的泥沙,通过输泥管排送到需要填高地段及泥沙堆积区,经沉淀排水后形成的大片冲填土层。含黏土颗粒多的冲填土往往是强度低、压缩性高的欠固结土。以粉土或粉细砂为主的冲填土则容易产生液化,主要分布在沿海江河两岸地区。

③杂填土是由于人类长期的生活和生产活动而形成的地面填土层,其填料随着地区的生产和生活水平的不同而异,分布无规律,极不均匀,厚度变化较大。在大多数情况下,这类土由于填料复杂,颗粒尺寸相差悬殊,土质疏松,抗剪强度低,压缩性较高。

项目 3 中介绍了《铁路桥涵规范》中给出的四种特殊地基,其基本特性也有简单介绍,这里不再赘述。

11.1.2 地基处理的方法

在铁路路基施工中常见的技术问题,可以概括为以下四个方面:

(1)路堤与地基的整体稳定性问题。

(2)路基的沉降变形控制问题。

(3)基床、支挡结构物地基承载力问题。

(4)地基振动液化和地震液化问题。

不管是哪种问题,为确保工程安全必须进行地基处理。采用各种地基加固、补强等技术措施,改善地基土的工程性状,以满足工程要求,这些工程措施统称为地基处理。地基处理的方法有很多种,《高速铁路路基工程施工技术规程》(Q/CR 9602—2015)给出的20 种加固方式见表 11-1。在实际应用中应根据铁路等级、轨道类型、荷载大小、场地地质、环境条件、处理目的、工期要求等因素结合处理方法的适用性、施工工艺以及地区经验综合考虑选择。

表 11-1 地基处理方法汇总

加固方式	浅层处理	挤密压实	排水固结	置换	其他加固
1	换填	砂、碎石桩	袋装砂井	搅拌桩	板桩结构
2	砂、碎石垫层	柱锤冲扩桩	塑料排水板	旋喷桩	筏板
3	冲击、振动碾压	强夯	真空预压	强夯置换	岩溶、洞穴处理
4	—	灰土、水泥土挤密桩	堆载预压	混凝土预制桩	—
5	—	—	—	混凝土灌注桩	—
6	—	—	—	水泥粉煤灰碎石桩	—

练习题

〖简答题〗

1. 地基处理的对象有哪些?

2.《高速铁路路基工程施工技术规程》(Q/CR 9602—2015)给出的加固方式有哪些?

任务 11.2 高速铁路施工常见地基处理方法

引导问题

1. 如何控制地基的强度?

2. 如何控制地基的变形?

任务内容

由表 11-1 可知,地基加固方式不同,这些处理方法大致可以分为浅层处理、挤密置换、排水固结、置换和其他加固五类二十种方式,其加固原理即七个字:挖、填、换、夯、压、挤、拌。下面简单介绍几种加固方式,主要理解每一种加固方式的适用条件、加固原理、施工流程。

11.2.1　浅层处理——换土垫层法

换土垫层法又称换填法,这种方法是先挖除基底下处理范围内的软弱土,再分层换填强度大、压缩性小、性能稳定的材料,并压实至要求的密实度,作为地基的持力层。

1. 换土垫层法的加固原理

换土垫层法加固地基的原理就是换掉不好的土,将好的土填进去压实,达到处理地基的目的。理想填料是卵石、碎石、砾石、粗中砂;其次也可使用有机质含量不超过 5%,不含有冻土或膨胀土的素土;也可使用 2∶8 或 3∶7 灰土或工业废料,其最大粒径及级配宜通过试验确定。

2. 换土垫层法的适用范围

换土垫层法适用于淤泥、淤泥质土、湿陷性黄土、素填土、杂填土地基及暗沟、古井、古墓等浅层处理,常用于多层或低层建筑的条形基础、独立基础、地坪、料场段道路工程。

考虑经济问题,处理厚度不宜太大。垫层厚度根据软弱下卧层的地基承载力验算确定,通常不大于 3 m,否则工程量大、不经济、施工难。如垫层太薄,小于 0.5 m,则作用不显著、效果差,所以换土垫层厚度宜控制在 0.5～3.0 m。

3. 换土垫层法的施工工艺流程

垫层施工时应严格按照设计要求施工,垫层材料要符合施工要求,以保证工程质量。铺筑垫层材料之前,应先验槽。清除浮土,边坡应稳定。基坑两侧附近如存在低于地基的洞穴,应先填实。具体施工工艺流程如图 11-1 所示。

4. 换土垫层法的施工质量检验

一般根据承载力的要求,采用干密度、压实度等指标来控制,同项目 2 任务 2.5 中的填土压实度控制标准。

11.2.2　挤密置换——强夯法以及强夯置换法

强夯法是通过强大的夯击力在地基中产生动应力与振动波,从地面夯击点发出纵波和横波传到土层深处,使地基浅层和深处产生不同程度的加固。强夯置换法则是在强夯的同时加入填料,形成置换墩体,从而加固地基的方法。

1. 强夯法加固原理

强夯法主要加固原理就是夯和换。

(1)振动密实

当地基为多孔隙、粗颗粒、非饱和土时,强大的冲击能强制超压密地基,使土中气相体积大幅度减小。

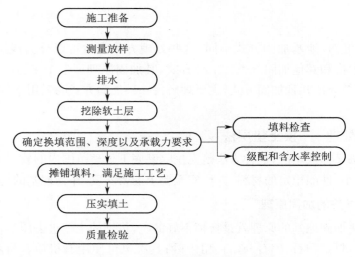

图 11-1　换土垫层法施工工艺流程

（2）排水固结

当地基为细粒饱和土时,强大的冲击能与冲击波能够破坏土体的结构,使土体局部液化并产生许多裂隙,作为孔隙水的排水通道,加速土体固结,土体发生触变,强度逐步恢复。

（3）置换

当地基为淤泥等流塑状态的黏性土时,可以在强夯的同时将碎石等材料整体挤入淤泥,形成桩式碎石墩。

2. 强夯法适用范围

强夯法适用于处理非饱和黏性土、松散砂土、湿陷性黄土、人工填土,盐渍土在适当条件下可以使用;不适用于冻土、淤泥及流塑状淤泥质土、饱和黏性土地基。

强夯置换法与强夯法类似,但是对于人工填土慎用。它还可以用来处理淤泥及流塑状淤泥质土和饱和黏性土地基。

强夯法及强夯置换法可以用来控制地基沉降、提高稳定性、提高地基承载力,同时增强土层抗液化的能力。方法设备简单、工艺方便、原理直观;需要人员少,施工速度快;不消耗水泥、钢材,费用低,通常可比桩基节省投资 30％～70％;但施工中由于振动大、有噪声,在市区密集建筑区难以采用。

3. 强夯法施工工艺流程

强夯法及强夯置换法施工前,应根据设计初步确定夯实参数,选择有代表性的位置进行试夯。通过夯实前后测试数据的对比,检验夯实效果,确定强夯的单击夯击能、单点夯击次数、夯击遍数、夯击时间间隔、夯击点布置以及强夯置换法的单击夯击能、单点夯击次数等工艺参数。强夯置换墩体材料宜采用级配良好的块石、碎石、矿渣等坚硬粗颗粒材料,粒径大于 300 mm 的颗粒含量不宜超过总量的 30％,并应满足设计要求。具体施工工艺流程如图 11-2 所示。

（a）强夯法施工工艺流程   （b）强夯置换法施工工艺流程

图 11-2 强夯法及强夯置换法施工工艺流程

4. 强夯法及强夯置换法施工质量检验

强夯加固效果检测包括承载力和加固有效深度，需要满足设计要求；强夯置换施工后，墩长、墩身密实度、单墩承载力和墩间土强度也要满足设计要求。

一般按砂土 1～2 周，低饱和度粉土与黏性土 2～4 周的时间间隔进行强夯效果质量检测。采用两种以上方法，例如压实度控制、荷载试验等方法。检测点不少于三处，对重要工程与复杂场地，应增加检测方法与检测点。检测的深度应不小于设计地基处理的深度。

11.2.3 排水固结——袋装砂井堆载预压法

排水固结法是指在软土地基内设置竖向排水体，然后在上面铺设水平排水垫层，并对地基施加固结压力进行软土地基加固的一种方法。排水固结法包括加压系统和排水系统两个主要部分，加压系统是模拟结构基础对地基土层施加压力，使其排水固结；排水系统则是在排水条件不好的地基中增加排水通道，加速地基土的排水固结。

1. 排水固结法适用范围

排水固结处理适用于淤泥质土、淤泥和冲填土等饱和黏性土地基。通过排水固结处理，可使地基沉降在加载期间大部分或基本完成，从而大大减小了工后沉降。随着固结程度增加，地基的抗剪强度也逐渐增长，提高了地基的承载力和稳定性。

排水固结法根据其排水和加压方式不同，主要包括砂井堆载预压、塑料排水板预压、真空预压和堆载预压，这里主要介绍袋装砂井堆载预压法。

2. 袋装砂井堆载预压法

砂井堆载预压或袋装砂井堆载预压都是将砂或砂袋置于地基中形成砂井,然后在上面堆载重物,加速地基土排水固结,处理深度可达 20 m。在地基土中设置竖向的砂井,为土体孔隙水的排除提供通道,在堆载的作用下增大孔隙水所受的压力,从而加快地基固结,控制地基沉降的一种方法。

（1）袋装砂井堆载预压法的加固机理

在含水率大、压缩性高、厚度大的软土地基中压入砂袋形成砂井,在上面铺设砂垫层作为地基排水通道,以缩短排水的距离。然后在上部利用现场重物堆载增大土中附加应力,使土颗粒间的孔隙水通过砂井排出土体,从而提高地基固结度,达到控制变形的目的。

（2）袋装砂井堆载预压法的施工工艺流程

首先将成孔套管利用振动贯入、锤击打入或静力压入等方法沉入土中,然后将砂袋下端放入套管口,连续缓慢提升套管,直至拔离地面。袋装砂井施工工艺流程如图 11-3 所示。

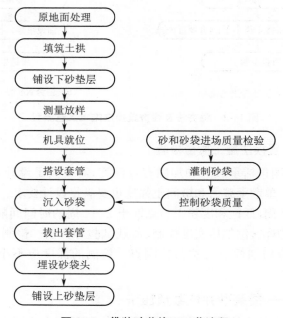

图 11-3　袋装砂井施工工艺流程

袋装砂井施工完毕后,应按照设计要求铺设砂垫层,在其上进行堆载预压。堆载预压材料不应使用淤泥土或含垃圾杂物的填料。堆载施工时应分级加载,严格控制加载速率,保证在各级荷载下路基的稳定性。预压荷载的大小应根据设计要求确定,通常可与基底压力大小相同。

（3）袋装砂井堆载预压法的质量检验

在预压过程中应进行竖向变形、侧向位移、孔隙水压力等项目的监测。一般每天沉降速率控制在 10～15 mm,边桩水平位移每天控制在 4～7 mm,孔隙水压力增量控制在预压荷载增量的 60％以下。施工完成后,应进行地基强度检验和地基变形检验,检验点数应根据不同的地质及设计要求确定。

对于所有预压后的地基,都应进行十字板抗剪强度试验及室内相关土工试验,以检验加固效果。对于重要工程,在预压加载不同阶段应取代表性地点的不同深度进行原位与室内试验,以验算地基稳定性。

11.2.4　置换——旋喷桩

旋喷属于高压喷射注浆法的一种。若在高压喷射过程中,钻杆只进行提升运动,而不旋转,称为定喷;在高压喷射过程中,钻杆边提升,边左右摆动某一角度,称为摆喷;若在喷射固化浆液的同时,喷嘴以一定的速度旋转,提升喷射的浆液和土体混合形成圆柱形桩体,则称为高压旋喷法,形成的桩体为旋喷桩。旋喷常用于地基加固,定喷和摆喷常用于形成止水帷幕。

1. 高压喷射注浆法加固原理

高压喷射注浆法加固地基的原理是将带有特殊喷嘴的注浆管置于土层预定深度,利用高压设备形成高压射流切割地基土体,一部分细颗粒随浆液或水冒出地面,其余土粒在射流的冲击力、离心力和重力等作用下,与浆液搅拌混合,固化浆液与土体产生一系列物理化学作用,浆液凝固后,便在土层中形成一个固结体,从而达到加固地基的目的。

注浆浆液种类很多,按主剂性质分无机系和有机系。常用材料包括水泥浆液,以水玻璃为主剂的浆液、丙烯酰胺为主剂的浆液,以纸浆废液为主剂的浆液,在施工中应根据工程具体情况,慎重选择。

2. 旋喷桩适用范围

旋喷桩适用于处理淤泥及流塑状淤泥质土和饱和黏性土、非饱和黏性土、松散砂土,处理深度可达 30 m,湿陷性黄土、人工填土、盐渍土和冻土在适当条件可以使用。旋喷桩施工后可以形成帷幕、桩体,因此可以用来控制地基沉降、提高地基的承载力和稳定性,还可以有效防治地基土层液化,尤其是对抗渗有要求的地基,首先考虑选择旋喷施工。

3. 旋喷桩的施工工艺流程

施工时如果需要加固料、外加剂时,应根据设计要求严格配比。材料进场应验证产品质量证明文件,并现场抽样检验,合格后方可使用。严禁使用受潮、结块、变质的加固料、外加剂。施工前应现场取代表性试样在室内做配合比试验,确定浆液配比。还应进行成桩工艺性试验,确定加固料掺入比、注浆量、压力、旋转提升速度等工艺参数,检验成桩效果。对深层长桩宜根据地质条件分层选择喷射参数,保证成桩均匀一致。旋喷桩具体施工工艺流程如图 11-4 所示。

4. 旋喷桩施工质量检验

国内主要采用开挖检查、室内试验、钻孔检查、载荷试验和其他非破坏性试验方法。开挖检查能比较全面地检查喷射固结体质量,能很好地检查固结体的垂直度及形状。一般旋喷完毕,凝固后即可开挖。开

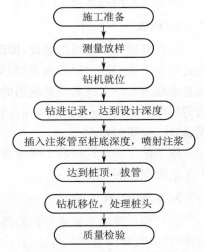

图 11-4　旋喷桩施工工艺流程

施工准备

↓

测量放样

↓

钻机就位

↓

钻进记录,达到设计深度

↓

插入注浆管至桩底深度,喷射注浆

↓

达到桩顶,拔管

↓

钻机移位,处理桩头

↓

质量检验

挖检查法虽简单易行,通常在浅层进行,但难以对整个固结体的质量作全面检查。

钻孔取芯法是检验单孔固结体质量的常用方法,选用时需以不破坏固结体为前提,还可以做平板静载荷试验和孔内载荷试验。载荷试验是检验地基处理质量的良好方法,有条件的地方应尽量采用。

11.2.5　其他加固

1. 桩板

桩板结构根据连接方式、组合形式及设置位置的不同,分为非埋式、浅埋式及深埋式三种。

非埋式桩板结构一般三跨或多跨一联,荷载板左右分幅,桩与荷载板通过托梁连接,托梁与桩刚性连接,中跨荷载板与托梁刚性连接,边跨荷载板与托梁搭接,相邻联的荷载板间设置沉降缝,荷载板与上部轨道结构直接连接,结构形式如图 11-5(a)所示。

浅埋式桩板结构的桩与荷载板直接刚性连接,荷载板上部通过基床表层与轨道结构连接,结构形式如图 11-5(b)所示。

深埋式桩板结构设置在路堤基底,桩与荷载板直接刚性连接,荷载板上部为填方路基,结构形式如图 11-5(c)所示。

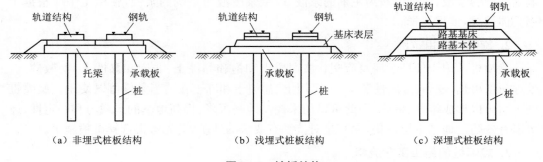

（a）非埋式桩板结构　　　　（b）浅埋式桩板结构　　　　（c）深埋式桩板结构

图 11-5　桩板结构

施工工艺流程如图 11-6 所示。

2. 筏板

筏形基础又叫筏板形基础,即满堂基础。筏板基础分为平板式筏基和梁板式筏基,平板式筏基支持局部加厚筏板类型;梁板式筏基支持肋梁上平及下平两种形式。一般说来地基承载力不均匀或者地基软弱的时候用筏板形基础,其整体性好,能很好地抵抗地基不均匀沉降;而且筏板型基础埋深比较浅,甚至可以做不埋深式基础。在施工中严禁使用受潮、结块、变质的水泥。

施工前应按设计混凝土强度要求进行室内配合比试验,选定合适的配合比。筏板施工工艺流程如图 11-7 所示。

3. 岩溶、洞穴处理

在结构位置地下如果存在岩溶和洞穴,应根据地质情况确定处理方法,可以采用注浆或清除回填、封闭处理的方法,其注浆处理施工工艺流程如图 11-8 所示。

《高速铁路路基工程施工技术规程》(Q/CR 9602—2015)中介绍了几种地基处理方

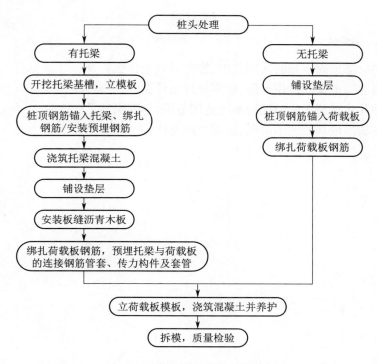

图 11-6 桩板结构施工工艺流程

法,其各有利弊。在实际工程中,应坚持安全、经济、合理的原则,根据铁路等级、轨道类型、荷载大小、场地地质和环境条件、处理目的、工期要求等因素选择合适的处理方法。

图 11-7 筏板施工工艺流程   图 11-8 岩溶、洞穴注浆处理施工工艺流程

练习题

〖简答题〗

1. 换土垫层法加固地基的适用范围、加固原理是什么？

2. 强夯法加固地基的适用范围、加固原理是什么？

3. 袋装砂井堆载预压法加固地基的适用范围、加固原理是什么？

4. 旋喷桩加固地基的适用范围、加固原理是什么？

项目 12

认识高速铁路桥涵基础

项目知识构架

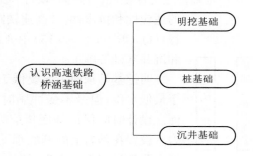

认识高速铁路桥涵基础 —— 明挖基础 / 桩基础 / 沉井基础

知识目标

1. 认识高速铁路桥涵常用基础形式；
2. 了解高速铁路桥涵常用基础施工方法。

能力目标

1. 能够区分基础形式；
2. 能够根据规范指导基础施工。

素养目标

1. 培养自学和独立思考能力及创新实践能力；
2. 培养利用信息技术获取知识、学习知识的信息素养；
3. 培养团结协作和沟通协调的能力；
4. 培养吃苦耐劳、严谨求实的工作作风；
5. 引导主动践行社会主义核心价值观，增强家国意识；传承发扬各时期铁路精神，立志扎根铁路生产建设一线建功立业，勇担民族复兴时代重任；
6. 引导树立工程建设和环境友好的价值观和正确的工程伦理观，增强社会法治意识、责任意识与责任担当，加强生态文明理念与自然和谐的环保意识；
7. 引导弘扬劳模精神、劳动精神、工匠精神，培养立足岗位的创新意识和科学精神。

任务 12.1　明 挖 基 础

引导问题

1. 什么是基础？
2. 什么是地基？

任务内容

基础根据埋深可以分为浅基础和深基础，浅基础埋深一般不大于 5 m。当浅层地基承载力较大时，可采用埋深较小的浅基础。浅基础施工方便，通常采用明挖法从地面开挖基坑后，直接在基坑底面修筑，是桥梁基础的首选方案。如果浅层土质不良，需要基础埋置于较深的良好土层上，这种基础称之为深基础。深基础设计和施工较复杂，但具有良好的适应性和抗震性。《高速铁路桥涵工程施工技术规程》(Q/CR 9603—2015)中介绍了明挖基础、桩基础和沉井基础等施工。

明挖基础顶面一般要低于最低水位面，当地面高于最低水位，但是不受冲刷时，基础顶面不宜高出地面。设计时应保证基底压应力小于地基的容许承载力。设置在基岩上的基底承受偏心荷载，其基底合力偏心距超过截面核心半径时，可仅按受压区计算基底最大压应力。同时当基底以下有软弱下卧土层时，应该按照项目 10 任务 10.2 内容，检算软弱下卧土层的强度，其施工工艺流程如图 12-1 所示。

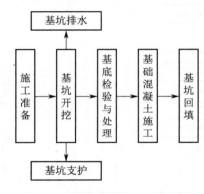

图 12-1　明挖基础施工工艺流程

12.1.1　围堰施工

基坑如果位于地表水位面以下，施工时可以先修筑围堰、筑坝，排开地表水，或者将河沟改道引流后再进行基坑的开挖。高速铁路施工常用围堰包括土质围堰、土袋围堰和钢板桩围堰等。围堰施工时，围堰顶面应该高出施工期间可能出现的最高水位至少 0.5 m。

(1)土质围堰

土质围堰适用于水深在 2 m 以内、流速小于 0.3 m/s，且冲刷作用很小、河床为渗水性较小的土层。断面尺寸根据土质、渗水程度及围堰本身在水压力作用下的稳定性确定。一般情况下，堰顶宽度不应小于 1.5 m，外侧坡度不陡于 1∶2，内侧坡度不陡于 1∶1。

(2)土袋围堰

土袋围堰适用于河床渗透性小、水深不大于 3 m、流速不大于 1.5 m/s 的河流。堰顶宽度为 1～2 m，外侧边坡为 1∶0.5 到 1∶1，内侧为 1∶0.2 至 1∶0.5。土袋围堰应用黏土填心，袋内装入松散黏性土后缝合袋口，装填量约为袋容量的 60%。在流速较大处，外侧土袋内可装粗砂或小卵石。土袋应平放，其上下层和内外层互相错缝，搭接长度为土袋长度的 1/3～1/2，并应堆码密实、平整。

（3）钢板桩围堰

临近既有建筑物的基坑深度大于 5 m 或地下水位较高的土质基坑和基坑顶缘动荷载较大的基坑，优先选用钢板桩围堰施工。钢板桩围堰既是施工围堰，也可以作为基坑支护使用。钢板桩围堰适用于砂类土、碎卵石类土、硬黏性土和风化岩等地层，它具有材料强度高、防水性能好、穿透土层能力强、堵水面积小、可重复使用的优点。因此，当水深超过 5 m 或土质较硬时，可选用这种围堰。

在深水处修筑围堰，为确保围堰不渗水，或基坑范围大，不便设置支撑时，可采用双层钢板桩围堰。

（4）双壁钢围堰

双壁钢围堰是指由内外壁板、竖向加劲肋及水平环形桁架组成的整体钢壳，壁内设竖向隔舱板，为全焊水密结构。围堰的尺寸、强度、刚度、结构稳定性和锚碇方法等应满足设计及施工要求，围堰顶面可作为施工平台。双壁钢围堰一般分节制造，每节又分块做成数个基本单元并编号，块件大小应根据制造设备、运输条件和工地安装起吊能力确定。

双壁钢围堰一般用以配合深水中的大直径钻孔群桩基础施工。双壁钢围堰不设隔墙，从下至上均为双壁结构，而且中空的双壁较厚，空舱内壁还有水平桁架支撑，因此其刚度大、强度高，能够抵抗较大的水头差，一般在 30 m 以上，钢板桩则在 20 m 以下。它能够承受较大的压力和洪水冲击力。施工时围堰内无支撑体系，工作面开阔，吸泥下沉、清基钻孔、灌注水下混凝土均很方便。

（5）吊箱围堰

吊箱围堰施工前应进行专项设计，除结构尺寸、强度、刚度、吊装方法应满足施工要求外，尚应满足抗浮力、防漏水的要求。吊箱底板结构及支撑体系除应满足浇筑水下封底混凝土、抽水浇筑承台混凝土和整体吊装时的受力要求外，尚应考虑定位桩施工偏差因素，使加劲肋和横梁避开开桩孔位置。底板开桩孔宜按基桩平面投影桩径适当放大。吊箱边板一般采用单壁，做成拆装式，当利用边板做承台外模时，应保证满足承台结构尺寸要求。围堰底板、边板、封板之间的接缝，应有可靠的防漏水措施。吊箱围堰可视水深情况，一般可以先在浮箱上或工作平台上完成组合拼装，再浮运、吊装到已沉好的定位桩上；还可以在基桩外侧搭设临时工作平台进行现场组合吊装。

（6）钢筋混凝土围堰

钢筋混凝土围堰适用于地下水较丰富的陆地或筑岛施工，且下沉深度内无较硬土层的施工。施工前应进行专项设计，保证围堰有足够的强度、刚度，结构尺寸、拼装（或现浇）方法应满足承台施工要求。无内支撑围堰内径应比承台尺寸大 0.8～1.5 m，有内支撑围堰内径应比承台尺寸大 1.5～2.0 m。

当围堰底为岩石时，应提前探明岩面情况，按探测资料把围堰底脚设计成吻合岩面形状。当围堰采用分段预制拼装下沉时，分段大小应以施工现场吊装机械的吊装能力确定。分段拼装时，上下层预制块拼装完成后，焊接纵横向钢筋，立模，浇筑湿接缝混凝土。

12.1.2　基坑开挖

开挖基坑前，按照当地水文地质资料和环保要求，结合现场情况，制订基坑施工方案，确定开挖的范围、开挖的坡度、基坑支护方式和弃土处理方式，以及基坑的防排水措施。基坑开挖中，按照规范要求对其支护结构、周围地表及环境要进行观察和监测，如有异常情况,应及时上报,快速处理,满足要求后方可继续施工。

1. 基坑尺寸

基坑大小应满足基础施工的要求,一般基底应比设计平面尺寸各边增加 50~100 cm,以便在基底外设置排水沟、集水坑和基础模板。基坑应避免超挖,如果使用机械开挖,应开挖至设计标高以上一定厚度,剩余部分采用人工开挖,以免扰动、破坏地基土。

一般情况,为保持基坑侧壁稳定,在开完时需放坡开挖,但是当现场环境无法放坡或侧向荷载较大,放坡无法满足时,应设置基坑支护。如果基坑深度在 5 m 以内,工期较短且坑底在地下水位以上,基坑土质的湿度正常,土层构造均匀时,基坑侧壁坡度可参考表 12-1 确定。

表 12-1　基坑侧壁坡度表

基坑侧壁土类别	基坑侧壁坡度		
	基坑顶缘无荷载	基坑顶缘有静载	基坑顶缘有动载
砂类土	1∶1	1∶1.25	1∶1.5
碎卵石类土	1∶0.75	1∶1	1∶1.25
亚砂土	1∶0.67	1∶0.75	1∶1
亚黏土、黏土	1∶0.33	1∶0.5	1∶0.75
软岩	1∶0.25	1∶0.33	1∶0.67
软质岩	1∶0	1∶0.1	1∶0.25
硬质岩	1∶0	1∶0	1∶0

注:开挖基坑经过不同土层时,边坡可分层决定,并酌情设置平台。

2. 基坑放坡

基坑开挖时,检测土层地质情况是否与地勘结果相符,相差较大时,应及时上报,并进行相应的变更设计。桥梁的墩台基坑位于陡坡地段时,基坑开挖参数,如开挖的范围、开挖的坡度和基坑支护方式等,应结合墩台边坡防护的设计要求确定。

为保证坑壁边坡稳定,当基坑深度较大时,应在边坡中段加设宽为 0.5~1.0 m 的平台,如图 12-2 所示。坑顶周围必要时也可设置排水设施,以免地表水流入基坑,破坏地基土状态。当基坑顶缘有动载时,顶缘与动载之间至少应留 1 m 宽的护道。

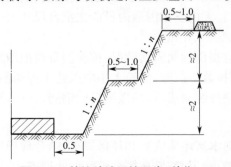

图 12-2　基坑放坡开挖示意(单位:m)

3. 基坑支护类型

当坑壁土质松软，边坡不稳定，或放坡开挖受到现场的限制，或放坡开挖造成土方量过大时，可采用支护结构保持坑壁竖直，节省空间，加强侧限约束，如图 12-3 所示，除此之外还有喷射注浆法施工的止水帷幕、混凝土地下连续墙等支护方式。

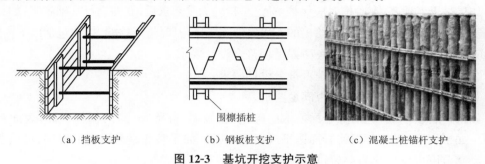

（a）挡板支护　　　　　　（b）钢板桩支护　　　　　　（c）混凝土桩锚杆支护

图 12-3　基坑开挖支护示意

4. 基坑排水

基坑排水可采用表面排水法和井点降水法。表面排水法施工简单，如果能满足施工要求，应尽量使用。基坑排水过程中要对临近建筑进行沉降观测，以免发生不均匀沉降，发生事故。

（1）表面排水法

表面排水法是在基坑开挖时，坑底四周开挖边沟和集水井，使坑内积水由边沟汇集至集水井，然后用水泵由集水井向外抽水。

（2）井点降水法

井点降水法是在基坑开挖前，将井管打入基坑四周，井管下端连接 1.5 m 左右的滤管，再将井管用集水管连接起来，向外抽水。由于抽水使井管两侧一定范围内的水位逐渐下降，形成下降漏斗。地下水位逐渐降低到坑底设计标高以下，使施工能在干燥无水的情况下进行，如图 12-4 所示。井点法适用于粉砂、细砂土质地基。如果要使用排水法，那么需要设置反滤装置，以免带走泥沙。

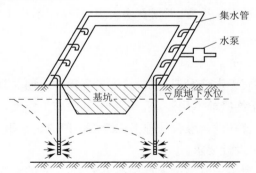

图 12-4　井点降水原理示意

5. 基坑检验

基坑开挖完成后，在基础施工前应进行验槽，检查基坑开挖是否符合设计要求，其内容主要包括：

①基坑底面标高和平面位置及平面尺寸是否与原设计相符。

②检查基底土质与设计资料是否相符,如有出入,应取样做土质分析试验,同时由施工单位及时会同有关部门共同研究处理方法。

③当坑底暴露的地质特别复杂时,应考虑变更设计。

如果是天然地基,在验槽时应保护坑底土,检验满足要求后,立即进行基础施工;如果地基需要进行处理,那么按照规范给出的方法处理完毕后,及时进行检验,检验包括以下内容:

①基底平面位置、尺寸、基底高程是否符合设计要求。

②基底地质情况和承载力是否符合设计要求。

③地基处理和排水情况是否满足要求。

如果是岩层基底,应清除岩面松散的碎石块、淤泥、苔藓等,凿出新鲜岩面,表面清洗干净。如果岩层倾斜,可以将岩面凿平或凿成台阶。如果基底是易风化的岩层,可以凿除基础尺寸范围内已风化岩层后,再进行基础施工。

12.1.3　基础施工

基础的种类包括浆砌块或片石基础、碎石或片石混凝土基础、混凝土基础、钢筋混凝土基础等几种。

1. 浆砌块或片石基础

一般要求砌块在使用前必须浇水湿润,将表面的泥土、水锈清洗干净。砌筑应分层进行,各层先砌筑外圈,定位行列,然后砌筑里层,并使里外层砌块交错一体。各层的砌块应安放稳固,砌块间应砂浆饱满,黏结牢固,不得直接贴靠或脱空。各层的竖缝应相互错开,不得贯通,并应注意丁顺结合。

2. 碎石或片石混凝土基础

碎石混凝土基础中碎石数量一般不超过混凝土的 25%;片石混凝土基础中石块含量可增加至 50%～60%。石块满足:无裂纹、无夹层且高度<15 cm,具有抗冻性能、抗压强度≥25 MPa。石块均匀分布,净距≥10 cm,距结构侧面和顶面净距≥15 cm。片石混凝土基础中石块净距可以适当减小,且根据石块大小,其净距不小于 4 cm,石块不得紧挨钢筋或预埋体。

3. 混凝土基础

混凝土基础应在基底无水情况下浇筑,其施工流程与钢筋混凝土基础相同,只是不用绑扎钢筋,浇筑后混凝土终凝前不用浸水。混凝土基础施工应满足以下要求:

①基础各层之间以及基础与墩台的施工接缝面一般应为水平面,边缘应处理平整,如果设计有说明,首先满足设计要求。

②混凝土施工接缝周边一般要设置直径不小于 16 mm 的钢筋,钢筋埋入深度和露出长度均不应小于钢筋直径的 15 倍,间距不大于 20 cm。如果设计有连接或护面钢筋时可不另设接缝钢筋。使用光圆钢筋时两端应设半圆形标准弯钩,带肋钢筋则不用。

③混凝土浇筑前,应凿除原有混凝土表面的水泥砂浆薄膜、松动石子或软弱混凝土层,并应冲净、湿润,但不得积水。凿毛前混凝土强度应满足规范要求,人工凿毛混凝土强

度达到 2.5 MPa;风动机等机械凿毛混凝土强度达到 10 MPa。凿毛应距混凝土外缘 2~3 cm,裸露新鲜混凝土面积在全部面积的 75% 以上。

4. 钢筋混凝土基础

基坑验收完成后开始施工,具体施工流程如图 12-5 所示。在浇筑前应确保垫块和预埋体位置准确,钢筋根数、直径、间距、位置满足要求。混凝土应分层浇筑,浇筑高度不大时可直接倒入基坑,连续施工。

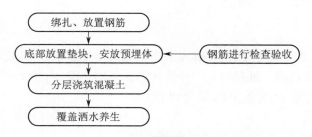

图 12-5　钢筋混凝土基础施工流程

12.1.4　基坑回填

基础施工完成后,验收地下部分,合格后及时进行回填,回填材料及质量应符合设计要求。对于需要做满水试验的结构,则应在基础达到设计强度、试验完毕后回填。回填前,应排净积水,清除淤泥、软层,但不得破坏基础混凝土。

不需做满水试验的结构,在墙体的强度未达到设计强度前进行基坑回填时,其允许回填高度应满足设计要求规定。具体满足以下几个要求:

①基坑采用碎石或其他填料回填时,应分层施工,压实质量应符合设计要求。当采用混凝土回填时,应分层振捣密实。

②陆地基坑回填后应略高于基坑顶缘地面,防止基坑积水。

③回填土应均匀回填、分层压实,每层的回填厚度及压实遍数应根据土质情况及所用机具,经过现场试验确定,层厚高差不得超过 100 mm。

④钢、木板桩支撑基坑回填时,支撑的拆除应自下而上逐层进行。基坑填土压实高度达到支撑或土锚杆的高度时,方可拆除该支撑。拆除后的孔洞及拔出板桩后的孔洞宜用砂填实。

基坑回填后,必须保持原有的测量控制桩点和沉降观测桩点;并应继续进行观测,直至确认沉降趋于稳定。基坑回填土表面应略高于地面、整平,并利于排水。

练习题

〔简答题〕

1. 基坑开挖中常见的支护方式有哪些?

2. 井点降水法的施工原理是什么?

3. 明挖基础的施工流程是什么? 施工中的注意事项是什么?

任务 12.2　桩　基　础

引导问题

1. 什么是钢筋混凝土基础?
2. 什么是钢筋混凝土桩基础?

任务内容

当地基浅层土质不良,采用浅基础无法满足建筑对地基承载力、变形和稳定性方面的要求时,往往采用深基础。桩基础是一种常用的深基础类型,由埋于土中的若干根桩及将所有桩连成整体的承台或盖梁两部分组成,如图 12-6 所示。

桩基中的桩通常称基桩,桩身可以全部或部分埋入地基土中,当桩身外露在地面上较高时,在桩之间还应加横系梁,以加强各桩之间的横向联系。桩基础的作用是将承台以上结构物传递的外力通过承台,由桩传至较深的地基中去,承台将桩连成整体,共同承受荷载。桩基础具有承载力高、稳定性好、沉降量小、造价低、施工简便、在深水河道中可避免水下施工等特点。

桩可以先预制好,再将其运至现场、沉入土中;也可以就地钻孔(或人工挖孔),然后在孔中浇筑混凝土或置入钢筋骨架后再浇灌混凝土而成桩。

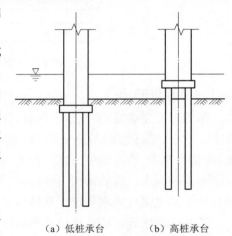

（a）低桩承台　　　（b）高桩承台

图 12-6　低桩承台和高桩承台

沉入桩是将各种预先制好的桩以不同的沉桩方式沉入地基内达到所需要的深度。预制桩桩体质量高,可工厂化大量生产,施工速度快,适用于一般土地基。但预制桩含筋量大,成本高,较难沉入坚实地层,接桩、截桩困难,并有明显的挤土作用,应考虑对邻近结构的影响。

灌注桩是在现场地基中采用钻、挖孔机械或人工成孔,然后浇筑钢筋混凝土或混凝土而成的桩。灌注桩桩径大、承载力高、用钢量小、成本低,在施工过程中可避免挤土及噪声等对周围环境的影响。

12.2.1　预制桩

桩基础施工前应根据已定出的墩台纵横中心轴线直接定出桩基础轴线和各基桩桩位,目前,已普遍应用全站仪直接定位,并设置好固定桩或控制桩标志,以便施工时随时校核。

1. 桩的预制

预制桩应在工地预制养护制作,考虑运输成本,预制厂距离工地不应太远。预制厂还

可以在工地附近选择合适的场地,但是为了保证质量,需要注意以下几点:

①场地布置要紧凑,尽量靠近打桩地点,但地势要考虑防止被洪水淹没。

②地基要平整密实,并应铺设混凝土地坪或专设桩台。

③制桩材料的进场路线与成桩运往打桩地点的路线,不应互受干扰。预制桩的混凝土必须连续一次浇制完成,宜用机械搅拌和振捣,以确保桩的质量。桩上应标明编号、制作日期,并填写制桩记录。桩的混凝土强度必须大于设计强度的 70% 时,方可吊运;达到设计标号时方可使用。核验沉桩的尺寸和质量,并在每根桩的一侧用油漆划上长度标记。

2. 预制桩施工

预制桩施工流程如图 12-7 所示。如果需要接桩,必须按照规范要求,安全施工。

预制桩沉桩施工方法有锤击式、振动式和静压式。

（1）锤击沉桩

锤击沉桩是采用蒸汽锤、柴油锤、液压锤等,依靠沉重的锤芯自由下落产生的冲击力,将桩体贯入土中,直至设计深度。采用该法时,桩径不能太大（在一般土质中桩径不大于 0.6 m）,桩的入土深度也不宜太深（在一般土质中不超过 40 m）,否则打桩设

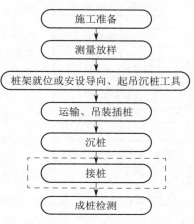

图 12-7　预制桩施工流程

备要求较高,打桩效率很差。锤击沉桩一般适用于松散砂土、中密砂土、黏性土,所用的基桩主要为预制的钢筋混凝土桩或预应力混凝土桩。锤击沉桩常用的设备是桩锤和桩架,此外,还有射水装置、桩帽和送桩等辅助设备。锤击沉桩会产生较大的振动、挤土和噪声,引起邻近建筑物或地下管线的附加沉降或隆起。

（2）振动沉桩

振动沉桩是用振动打桩机（振动桩锤）将桩打入土中的施工方法。原理是由振动打桩机使桩产生上下方向的振动,在清除桩与周围土层间摩擦力的同时使桩尖地基松动,从而使桩贯入或拔出。一般适用于砂土、硬塑及软塑的黏性土和中密及较软的碎石土。振动法施工不仅可有效地用于打桩,也可用于拔桩。优点是:虽然振动下沉,但噪声较小;施工速度快;不会损坏桩头;不用导向架也能打进;移位操作方便。缺点是:在砂性土中最有效,硬地基中则沉入困难;在振动下沉时需要的电源功率大。随着桩的加长加粗,桩锤重量应加大;同样如果地基的强度增大,桩锤的重量也应加大。

（3）静压沉桩

静压沉桩是在标准贯入度 $N < 20$ 的软黏性土中,用液压千斤顶或桩头加重物以施加顶进力,将桩压入土层中的施工方法。特点为:施工时产生的噪声和振动较小;桩头不易损坏;桩在贯入时相当于给桩做静载试验,故可准确知道桩的承载力;压入法不仅可用于竖直桩,而且也可用于斜桩和水平桩;但机械的拼装移动等均需要较多的时间。

12.2.2　钻孔灌注桩

钻孔灌注桩施工根据地质条件选用冲击钻机、旋挖钻机和套管钻机等钻孔设备,以保

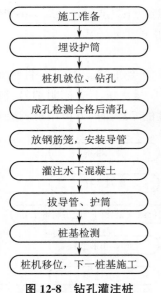

施工准备

↓

埋设护筒

↓

桩机就位、钻孔

↓

成孔检测合格后清孔

↓

放钢筋笼，安装导管

↓

灌注水下混凝土

↓

拔导管、护筒

↓

桩基检测

↓

桩机移位，下一桩基施工

图 12-8　钻孔灌注桩施工流程

证能顺利成孔，然后清孔、吊放钢筋笼架、灌注水下混凝土。钻孔灌注桩施工流程如图 12-8 所示。

1. 准备工作

（1）场地平整

当墩台位置无水时，应整平夯实钻机位置，清除杂物，处理作业平台地基；当墩台位于陡坡位置时，可以采用枕木或型钢等搭设施工平台；如果场地有浅水时，可以采用筑岛或围堰法施工；当场地为深水或淤泥较厚时，需要搭建工作平台。在水流较平稳的深水中，也可将施工平台架设在浮船上，就位锚固稳定后再进行钻孔作业。

（2）埋置护筒

护筒在旱地或者水中都可以使用，其作用有四点：

①固定钻孔位置。

②开始钻孔时对钻头起导向作用。

③保护孔口，防止孔口土层坍塌。

④隔离孔内、孔外表层水，并保持钻孔内水位高出施工水位或地下水位 2 m，并高出施工地面 0.5 m，以产生足够的静水压力稳固孔壁。

埋置护筒要求稳固、准确。护筒制作要求坚固、耐用、不易变形、不漏水、装卸方便和能重复使用。一般用木材、薄钢板或钢筋混凝土制成，钢筋混凝土护筒可在水位较低的时候使用。

（3）制备泥浆

泥浆制备包括几种情况：在砂类土、碎石类土、卵石类土或黏土夹层中钻孔时，应制备泥浆护壁；地基土为塑性指数大于 15 的黏性土时，如果浮渣能力能满足施工要求，则可以利用孔内原土制作泥浆；使用冲击钻成孔时，可将黏土加工后投入孔中，利用钻头冲击制浆。泥浆作用有以下四点：

①泥浆在孔内可以产生较大的静水压力，可防止孔壁坍塌。

②泥浆挤压孔壁土层，在钻进过程中，由于钻头的活动，可以在孔壁表面形成一层胶泥，起到护壁作用。

③泥浆将孔内、外水流切断，稳定孔内水位。

④泥浆比重大，具有一定的挟渣作用。

泥浆的各项参数应符合规程要求。

2. 成孔

成孔是钻孔灌注桩施工过程中的关键工序，应根据地质条件、桩长、桩径大小、入土深度和机具设备等条件选用适当的钻机和钻孔方法，下面介绍几种常见的钻孔方法。

（1）旋转钻进成孔

旋转钻机是利用钻具的旋转切削土体，并在钻进的同时常采用循环泥浆的方法护壁排渣成孔。由于旋转钻机成孔的施工方法受到机具和动力的限制，适用于较细、软的土层,成孔深度可达 100 m。

正循环钻机适用于黏性土、粉土和砂性土。正循环钻机的泥浆是用泥浆泵从泥浆池里抽到钻杆里,通过钻杆不断地输送到钻井里,然后从钻井井口自然的排出来,同时把钻渣带出到地面上来。由于它是靠泥浆的自然循环方式排渣,所以循环能力和排渣能力都比较弱,钻井里残留的钻渣较多,影响钻进速度,钻具的磨损也比较大。

反循环钻机适用于黏性土、砂性土、卵石土和风化岩层。反循环钻机的泥浆的循环方式则正好相反,它的泥浆是用泥浆泵从钻井的井口向钻井里输送,再用压缩空气或泥浆泵,从钻杆的中间抽出来,循环能力和排渣能力都比较强,所以更适用于在卵石层等颗粒比较大的地层中钻进成孔。

(2)冲击钻进成孔

冲击钻进成孔是利用钻头反复冲击孔底土层,把土层中的泥沙、石块挤向孔壁或打成碎渣,利用掏渣筒排渣成孔。冲击钻进成孔适用于卵石、坚硬漂石和岩层以及各种复杂地质。地基土为碎石类土和岩层时,用十字钻头;地基土为黏性土、砂砾类土层时,用管形钻具。冲击钻进成孔施工方法的成孔深度一般不大于 50 m。

3. 清孔及放钢筋笼

钻机成孔后,经检测符合要求时,需要清孔。清孔是为了除去孔底沉淀的钻渣和泥浆,以保证灌注的钢筋混凝土桩基质量。清孔方式主要包括以下三种:

(1)抽浆清孔,用空气吸泥机吸出含钻渣的泥浆清孔。此法清孔比较彻底,适用于孔壁不易坍塌的冲击钻进成孔。

(2)掏渣清孔,用抽渣筒、大锅锥或冲抓锥清掏孔底粗钻渣,适用于冲击钻机或冲抓钻机成孔的各类土层摩擦桩的初步清孔。

(3)换浆清孔,适用于正反循环钻进成孔的摩擦桩。钻孔完成后提升钻头,在距孔底 10~20 cm 处开启钻机,继续循环,以相对密度较低的泥浆压入,把钻孔内的悬浮钻渣和相对密度较大的泥浆换出。

钢筋笼按照设计要求预制,可以整体或分段运输或吊装就位。钢筋笼的吊装可以利用钻架或另立支架施工。吊放时应随时校正骨架位置,避免碰撞孔壁,并确保混凝土保护层厚度满足要求。钢筋笼到达设计标高后,固定钢筋笼位置,下导管灌注水下混凝土。

4. 灌注水下混凝土

导管法灌注施工如图 12-9 所示,将导管居中插入到离孔底 0.30~0.40 m,导管上口接漏斗,在接口处设隔水栓,以防混凝土与导管内水的接触。在漏斗中储备足够数量的混凝土后,放开隔水栓,灌注混凝土,并使导管下口埋入孔内混凝土内 1~1.5 m,这是为了保证钻孔内的水不重新流入导管。随着混凝土不断通过漏斗、导管灌入钻孔,钻孔内初期灌注的混凝土及其上面的水或泥浆不断被挤出抬高,应边拔导管边灌注混凝土,保持导管埋入深度为 2~6 m,最小埋深不得少于 1 m;当浇筑速度较快,导管强度足够,提升能力足够,可适当加大导管埋深,但不超过 8 m。混凝土浇筑面应高于桩顶 0.5~1 m。

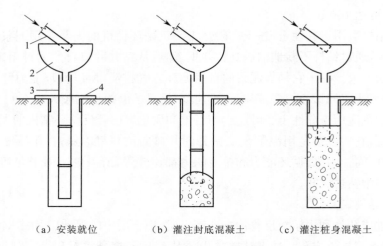

（a）安装就位　　　（b）灌注封底混凝土　　　（c）灌注桩身混凝土

1—泵管；2—漏斗；3—隔水栓；4—导管。

图 12-9　导管法灌注施工示意

练习题

〖简答题〗

1. 桩基础的适用条件是什么？
2. 预制桩的施工流程是什么？
3. 护筒的作用是什么？
4. 钻孔灌注桩的施工流程是什么？

任务 12.3　沉 井 基 础

引导问题

1. 什么是浅基础？
2. 什么是深基础？

任务内容

沉井基础是一种井筒状的结构物，它通过从井内挖土，利用自身重力克服井壁摩阻力来实现下沉至设计标高。在达到设计标高后，使用混凝土进行封底并填塞井孔，使沉井成为桥梁墩台或其他结构物的基础。沉井施工前，应对洪汛、凌汛、潮汐、河床冲刷等情况进行调研，防止施工事故。

12.3.1　沉井的构造

1. 沉井的组成

沉井主要由井壁、刃脚、隔墙、凹槽、封底和盖板等部分组成，其中井壁是沉井的主要部分，施工完毕后也是基础的一部分。沉井在下沉过程中，井壁需要有足够的强度来挡土、挡水,承受各种最不利荷载组合作用;同时井壁还需有足够的厚度和重量,这样有利于沉井利用自重下沉。刃脚位于井壁的最下端,应有足够的强度,其作用是切削土体,使沉井下沉,并防止土层中的障碍物损坏井壁。在靠近刃脚处应设置深度在 $0.15\sim0.25$ m、高度 1.0 m 的凹槽,使封底混凝土嵌入井壁形成整体结构。必要时,可以在井筒内可设置隔墙,从而减少外壁的净跨距,加强沉井的刚度,同时把沉井分成若干个取土小间,施工时便于掌握挖土位置以控制沉降和纠偏。当沉井下沉到设计标高后,浇筑封底混凝土,以防止地下水渗入井内。如果井孔内不填或填砂砾等土料时,还应在井顶浇筑钢筋混凝土盖板。

沉井的横截面形状,根据使用要求可做成方形、矩形、圆形、椭圆形等多种。井筒内的井孔有单孔、单排多孔及多孔等。当沉井下沉很困难时,其立面也可作成台阶形。

2. 沉井的类型

沉井按其截面轮廓分为圆形、矩形和圆端形三类,根据井孔的布置方式又可以分为单孔、双孔以及多孔,如图 12-10 所示。

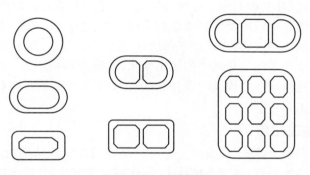

图 12-10　沉井类型

①圆形沉井水流阻力小,在同等面积下,同其他类型相比,周长小、摩阻力小,便于下沉。沉井在下沉过程中易控制方向,使用抓泥斗挖土,相比其他类型的沉井,更能保证其刃脚均匀地支承在土层上。在侧压力作用下,井壁只受轴向力或很小的侧压力。

②矩形沉井和等面积的圆形沉井相比,有制造简单、惯性矩及核心半径均较大、基础受力有利等优点。沉井的四角一般做成圆角,可有效改善转角处的受力条件,减少应力集中,从而降低井壁摩阻力和避免取土清孔的困难。但是矩形沉井在侧压力作用下,井壁受较大的挠曲力矩,而且在流水中阻水系数较大,冲刷比其他两种形式严重。

③圆端形沉井对建筑物的适应性比较好,井壁受力性能比矩形要好,但沉井制造工艺更复杂。对平面尺寸较大的沉井,可在沉井中设置隔墙,使沉井由单孔变成双孔或多孔。

按照使用材料分类,沉井可以分为木沉井、砖石沉井、混凝土沉井、钢筋混凝土沉井和钢沉井等多种类型。

①木沉井虽然使用木材较多,但由于资源限制和环保因素,现在已很少采用。砖石沉井过去常用于中小型桥梁的基础建设,但由于其强度和承载能力有限,现已逐渐被其他材料所取代。

②钢筋混凝土沉井的底节采用钢筋混凝土结构以提高承载能力,上节则采用混凝土结构以降低成本。这种沉井结构既具备足够的强度和稳定性,又具有良好的经济性,因此

在桥梁和其他结构物的基础建设中得到了广泛应用。

③钢沉井主要用于大型工程中的浮运沉井,由于其高强度和良好的浮力性能,特别适合于深水或大跨度桥梁的建设。

12.3.2 沉井的适用条件

沉井基础是一种深基础,主要用于支撑高层建筑、大型桥梁和海洋工程等重要建筑物,具有以下特点:

①承载能力强。从沉井的结构到沉井的材料来看,沉井基础整体刚度很大,承载能力很强。

②空间利用率高。沉井基础占地面积较小,可以在有限的空间内承载大量的荷载,比较节约空间。

③工期短。沉井基础施工不需放坡,挖土量少,因此施工速度相对较快,可以在挖掘后即浇筑混凝土,因此施工时间相对较短。

④抗震性强。沉井基础在建造时可以采用较大的埋深,从而有效提高结构抗震能力。

需要注意的是,沉井基础的施工难度较大,需要经过专业人员的严格监管。此外,在沉井基础的设计和施工中也需要考虑地基的承载能力、地下水位等一系列因素。

沉井基础由于前述特点,通常适用于深层地基土承载力大,而上部土层比较松软、易于开挖的地层。如果为了满足建筑物的使用要求,基础埋深应增大,或者因施工原因,例如在已有浅基础邻近修建深埋较大的设备基础时,为了避免基坑开挖对已有基础的影响,也可采用沉井法施工。

12.3.3 沉井的施工工序

沉井是用钢筋混凝土或砖石、混凝土等材料制成的井筒状结构物,一般分数节制作。沉井施工主要包括场地平整;搭建支承枕木,制作第一节沉井;井筒内挖土(或水力吸泥),下沉沉井,边挖边排水边下沉;逐节接长井筒。当井筒下沉达设计标高后,用素混凝土封底,最后浇筑钢筋混凝土底板或在井筒内用素混凝土或砂砾石填充,构成深基础。沉井施工工序如图 12-11 所示。

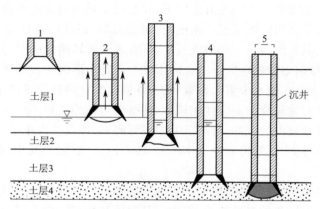

图 12-11 沉井施工工序

在沉井施工时,需要注意施工对环境的影响,严格按照规程要求安全施工,其具体施工流程如图 12-12 所示。

1. 沉井制作

在修建构筑物的地面上制作沉井时,适用于地下水位高和净空允许的情况。制作时应先整平夯实的地面,当地下水位低、土层条件较好时,可先开挖基坑至地下水位以上适当标高处制作沉井。当地面以下的软弱地层不能满足承载力要求时,应进行地基处理加固土层。

如果沉井位于浅水中或可能被水淹没的旱地时,应筑岛制作沉井。筑岛材料一般选择砂类土、砾石和较小的卵石。筑岛尺寸应满足沉井制作及抽垫等施工的要求。

①土内模法制作底节沉井

在地基土质较好的情况下,可采用土内模法。根据沉井位置处表层土质情况和地下水位的高低,土内模可做成填土式内模和挖土式内模两种,即在土面上按刃脚内侧斜面形状和尺寸填筑成或挖成截头锥台形,既扩大了刃脚的支承面,又代替了刃脚内模板,如图 12-13 所示。

填土式内模用土宜采用黏性土。土模表面包裹水泥砂浆、油毡或塑料薄膜等保护层。拆除土模,开始挖土下沉时,不得先挖沉井外围的土,土模的残留物应予清除。

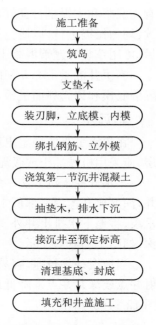

图 12-12　沉井施工流程

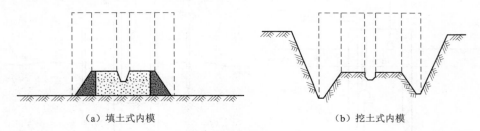

(a) 填土式内模　　　　(b) 挖土式内模

图 12-13　沉井施工流程

②模板及支垫支撑制作底节沉井

采用模板及支垫支撑制作底节沉井时,首先支垫布置应满足设计和抽垫的要求,垫木下应用厚度不小于 0.3 m 的砂垫层,垫木间用砂填平。调整垫木高程时,不得在其下方塞木块、木片或石块等物。垫木敷设完毕后,在上面放出刃脚踏面大样,铺上踏面底模,安放保护刃脚的型钢,立刃脚斜底模、隔墙底模和沉井内模,绑扎钢筋,最后立外模和模板拉杆。模板应有较大的刚度,以免发生挠曲变形。为减小下沉时的摩阻力,外模板接触混凝土的一面必须平滑顺直,模板接缝处宜做成企口形。

模板及支撑应具有足够的强度、刚度和稳定性。模板应光滑平顺,其上口尺寸不得大于下口尺寸;内隔墙与井壁连接处的垫木应相互搭接连成整体,底模支撑应支在垫木上。此外,还应考虑支撑结构方便拆装、水平移动以及可反复利用等特点,以适应不同高度沉井支模体系,具有较好的经济技术效益。

浇筑混凝土前,必须检查、核对模板各部分尺寸和钢筋布置是否符合设计要求,支撑及各种紧固联系是否安全可靠。在充分湿润模板后,才可以灌注混凝土,并随时检查模板有无漏浆和支撑是否良好,以保证它的密实性和整体性。灌注混凝土应均匀对称、分层连续、均匀振捣进行,以避免下沉,并因重量不均产生不均匀沉降而倾斜。混凝土灌注完成后,可用草袋等遮盖混凝土表面,注意洒水养生。夏季应防曝晒,冬季应防冻结。

当沉井混凝土 2.5 MPa 时,即可拆内外侧模,达到设计强度的 70% 及以上时,可拆除隔墙底模和刃脚斜面模板,完全达到设计强度时方可抽除垫木。

2. 沉井下沉

在渗水量小的稳定土层中下沉第一节沉井时,可采用排水开挖下沉;易涌水翻砂的土层,应采用机械抓土或吸泥等不排水下沉。

排水开挖下沉方法一般是在沉井内离刃脚 2～3 m 挖一圈排水明沟,设 3～4 个集水井,深度比开挖面底部低 1.0～1.5 m。同时在井壁上安装离心式水泵,或在井内安设潜水泵,将地下水排出井外。随着不断向外挖土抽水,排水沟也应随着井底深度而不断加深,如图 12-14(a)所示。

当地质条件较差,容易发生流土等渗透破坏时,可在沉井外部周围设置轻型井点、喷射井点或深井井点来降低地下水位,或采用井点与明沟排水相结合的方法进行降水,如图 12-14(b)所示。

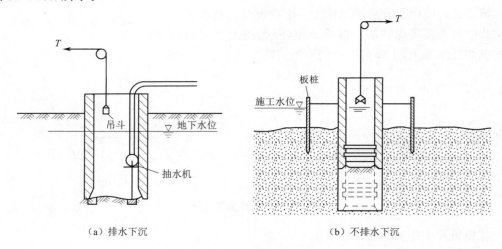

（a）排水下沉　　　　　　　　　　　（b）不排水下沉

图 12-14　沉井施工示意

①下沉前首先应进行井壁外观检查,检查混凝土强度及抗渗等级,并根据勘测报告计算极限承载力,计算沉井下沉的分段摩阻力及分段下沉系数,作为判断每个阶段可否顺利下沉、是否会出现突然下沉快等不可控因素,以及确定下沉方法的依据;然后分区、分组、依次、对称、同步的拆除刃脚下的垫架或砖垫座,每抽出一根垫木后,在刃脚下立即用砂、卵石或砾砂填实。

②小型沉井挖土多采用人工或风动工具,大型沉井则用小型反铲挖土机。挖土时应当分层、对称、均匀进行,一般从中间逐渐向四周挖土。采用排水下沉的底节沉井,支承位置的土应在分层除土中同时挖除。刃脚切削土体时,沉井在自重作用下均匀垂直挤土下沉。为了保证沉井不产生过大倾斜,应根据土质、沉井大小和入土深度等因素,控制井孔内除土深度和井孔间的土面高差。

沉井挖出的土要及时用吊斗吊出,运往弃土场,不得堆在沉井附近,以免污染环境、影响交通以及影响沉井受力。在水中下沉时,应检查河床因冲刷或淤积引起的土面高差,必要时应对河床面采取防护措施或利用出土进行调整。沉井应连续下沉,减少中途停顿的时间,在下沉过程中应掌握土层情况,做好下沉记录。随时分析判断土层摩阻力与沉井重量的关系,选用最有利的下沉方法。

③在挖土下沉过程中要加强观测,及时纠偏。在不稳定的土层或砂土中下沉时,应保持井内水位高于井外一定的水位差,防止翻砂,必要时可向井内补水。

④下沉时,筒壁外侧土有时会出现下陷,与筒壁间形成空隙,一般可以在筒壁外侧填砂,随着筒壁的下沉灌入空隙中,从而减小下沉的摩阻力,并减少后续的清淤工作。雨季施工时,应在填砂外围设置防水措施,以免雨水进入空隙,出现筒壁外的摩阻力突降,而导致沉井突然下沉或倾斜。

沉井下沉时如果出现倾斜,而且通过调整挖土不能纠正时,可以在井壁强度容许的情况下施加荷载调整。如果沉井某一侧深度已到达设计标高,那么可以采用旋喷高压射水的方法,协助另外侧面下沉进行纠偏。

沉井下沉时如果碰到孤石,可以通过潜水员下水排除或爆破排除等方法清除孤石。如果障碍物为铁质物体时,还可采取水下切割排除等。施工前已经查明在沉井通过的地层中,夹有胶结硬层时,可采取钻孔投放炸药爆破的办法预先破碎硬层。

⑤沉井接高前应尽量调平,保证井顶露出水面≥1.5 m,井顶露出地面≥0.5 m。接高上节模板时,应考虑沉井因接高加重下沉时,模板支撑不致接触地面。沉井接高时应均匀加重,保证各节沉井中轴线在同一直线上。混凝土施工接缝应按设计要求布置接缝钢筋,浇筑混凝土前应清除浮浆并凿毛。

⑥当沉井顶在施工水位或土面以下时,应在井顶设置防水围堰,可根据施工水位、抽水高度、入土深度、沉井类型及井孔布置等因素,采用钢板围堰、混凝土围堰或砌砖围堰。

⑦沉井下沉接近设计标高时,应加强观测,控制下沉标高,以免超高。当达到预定标高时,可以在沉井的四角或井壁与底梁交接处砌砖墩或垫枕木垛,使沉井压在砖墩或枕木垛上,下沉稳定。

3. 地基检验

沉井下沉至设计高程后,应进行检验基底。检验内容包括地质情况是否与设计相符,基底平整度是否满足设计要求。不排水下沉的沉井基底面应整平,且无浮泥;基底为岩层时,岩面残留物应清除干净;基底岩石倾斜时,应将表面松软岩层或风化岩层凿去,并尽量整平,使沉井刃脚的2/3以上嵌搁在岩层上。

4. 沉井封底

沉井下沉至设计标高,经过2~3 d的稳定后,或者观测8 h内的累计下沉量≤10 mm,即可进行封底,封底施工如图 12-15 所示。

①封底前应先将刃脚处新旧混凝土接触面冲洗干净打毛,对井底进行修整,使之成锅底形,由刃脚向中心挖放射形排水沟,填以卵石作成滤水盲沟,在中部设 2~3 个集水井与盲沟连通,使井底地下水汇集于集水井中,用抽水机泵排出,保持水位低于基底面。

②封底一般铺一层 150~500 mm 厚的卵石或碎石层,再在其上浇一层混凝土垫层,

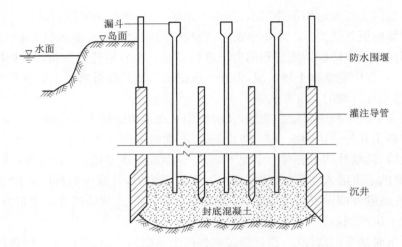

图 12-15   封底混凝土施工

在刃脚下充填密实,以保证沉井的稳定,当垫层混凝土的强度达到 50%后,在其上铺卷材防水层,绑钢筋,两端伸入刃脚或凹槽内,浇筑底板混凝土。混凝土浇筑应在整个沉井面积上分层、不间断地进行,由四周向中央推进,并用振动器捣实,当井内有隔墙时,应前后左右对称地逐孔浇筑。

③混凝土养护期间应继续抽水,待底板混凝土强度达到 70%后,对集水井逐个停止抽水、逐个封堵。封堵方法是将集水井中水抽干,在套管内迅速用干硬性混凝土填塞并捣实,然后放置法兰盘,用螺栓拧紧或四周焊接封闭,上部用混凝土垫实捣平。

练习题

〖简答题〗

1. 沉井基础的适用条件是什么?
2. 沉井基础的类型有哪些?
3. 沉井基础的构造是什么?

参 考 文 献

[1] 邢焕兰,吕玉梅.土力学与地基[M].成都:西南交通大学出版社,2022.

[2] 李广信,张丙印,于玉贞.土力学[M].北京:清华大学出版社,2013.

[3] 李文英.土力学与地基基础[M].2版.北京:中国铁道出版社有限公司,2019.

[4] 胡雪梅,吕玉梅.土力学地基与基础[M].北京:中国电力出版社,2009.

[5] 胡森,田国芝.土力学与基础工程[M].郑州:黄河水利出版社,2008.

[6] 赵明华.土力学与基础工程[M].武汉:武汉理工大学出版社,2003.

[7] 席永慧,陈建峰.土力学与基础工程[M].上海:同济大学出版社,2017.

[8] 胡卸文.铁路工程地质学[M].北京:中国铁道出版社有限公司,2020.

[9] 张彧,王天亮.道路工程材料[M].北京:中国铁道出版社,2018.

[10] 国家铁路局.铁路桥涵地基和基础设计规范:TB 10093—2017[S].北京:中国铁道出版社,2017.

[11] 国家铁路局.铁路工程土工试验规程:TB 10102—2023[S].北京:中国铁道出版社有限公司,
     2023.

[12] 国家铁路局.铁路路基设计规范:TB 10001—2016[S].北京:中国铁道出版社,2016.

[13] 国家铁路局.铁路工程地质勘察规范:TB 10012—2019[S].北京:中国铁道出版社有限公司,
     2019.

[14] 住房和城乡建设部.建筑地基基础设计规范:GB 50007—2011[S].北京:中国建筑工业出版社,
     2012.

[15] 住房和城乡建设部.土工试验方法标准:GB/T 50123—2019[S].北京:中国计划出版社,2019.

[16] 国家铁路局.铁路工程地质原位测试规程:TB 10018—2018[S].北京:中国铁道出版社,2018.

[17] 国家铁路局.铁路工程岩土分类标准:TB 10077—2019[S].北京:中国铁道出版社有限公司,
     2019.

[18] 中国铁路总公司.高速铁路路基工程施工技术规程:Q/CR 9602—2015[S].北京:中国铁道出版
     社,2015.

[19] 住房和城乡建设部.建筑地基处理技术规范:JGJ 79—2012[S].北京:中国建筑工业出版社,
     2013.

[20] 江苏宁沪高速公路股份有限公司,河海大学.交通土建软土地基工程手册[M].北京:人民交通出
     版社,2001.

[21] 陈希哲.土力学地基基础[M].4版.北京:清华大学出版社,2004.

[22] 刘玉卓.公路工程软基处理[M].北京:人民交通出版社,2004.

[23] 叶书麟,叶观宝.地基处理与托换技术[M].3版.北京:中国建筑工业出版社,2005.

[24] 刘景政,杨素春,钟冬波.地基处理与实例分析[M].北京:中国建筑工业出版社,1998.

[25] 龚晓南,陶燕丽.地基处理[M].2版.北京:中国建筑工业出版社,2017.

高等职业教育铁道运输类新形态一体化系列教材

- ○ 铁道概论
- ● 土力学与地基基础
- ○ 测绘基础
- ○ 工程材料及检测
- ○ 铁路工程试验与检测
- ○ 铁路隧道工程施工与维护
- ○ 隧道工程施工案例教程
- ○ 盾构构造与操作维护
- ○ 铁路信号基础设备维护
- ○ 列车运行控制系统设备维护
- ○ 通信线路工程

- ○ 移动通信基站建设工程
- ○ 网络系统建设与运维
- ○ 机务一次标准化作业
- ○ 动车组驾驶与运用
- ○ 轨道交通车辆构造与检修
- ○ 电气化铁路牵引供电系统
- ○ 供用电技术综合应用
- ○ 铁路货运组织
- ○ 仓储管理实务
- ○ 人工智能导论

TULIXUE YU DIJI JICHU

ISBN 978-7-113-31548-1

中国铁道出版社
官方微信

中国铁道出版社
天猫旗舰店

9 787113 315481 >

定价：48.00 元

土力学与地基基础

试验指导手册

目 录

试验 1 颗粒分析试验——筛析法

1. 试验任务

利用筛析法测定粒径为 0.075～200 mm 的土中各个粒组干土质量占该土总质量的百分含量,从而评价土体的颗粒级配。

2. 试验目的

掌握筛析法适用条件、试验过程,计算级配指标,分析土体颗粒级配。

3. 仪器设备

(1)分析筛:

粗筛,孔径为 200 mm、100 mm、60 mm、40 mm、20 mm、10 mm、5 mm、2 mm。

细筛,孔径为 2.0 mm、1.0 mm、0.5 mm、0.25 mm、0.075 mm。

(2)台秤:称量 5 kg,分度值 1 g。

(3)天平:称量 1 000 g,分度值 0.1 g;称量 200 g,分度值 0.01 g。

(4)振筛机:上下振动正常。

(5)其他设备:瓷盘、毛刷。

4. 取样数量

对于不同粒径的土体,在筛析时,根据试验表 1-1 进行取样。

试验表 1-1 筛析法取样数量

土粒粒径(mm)	取样数量(g)	土粒粒径(mm)	取样数量(g)
<2	100～300	—	—
<10	300～1 000	<100	≥8 000
<20	1 000～2 000	—	—
<40	2 000～4 000	<200	≥10 000
<60	≥5 000	—	—

5. 试验步骤

(1)按规定的标准称取试样质量,称取试样质量小于 500 g 时,应准确至 0.1 g;试样质量超过 500 g 时,应准确至 1 g。

(2)将试样过 2 mm 筛,称出筛上和筛下的试样质量。当筛下的试样质量小于试样总质量的 10% 时,不作细筛分析;当筛上的试样质量小于试样总质量的 10% 时,不作粗筛分析。具体取样数量见试验表 1-1。

(3)取大于 2 mm 的试样倒入依次叠好的粗筛最上层筛;小于 2 mm 的试样倒入依次叠好的细筛最上层筛,进行筛析。细筛宜置于振筛机上振筛,振筛时间宜为 10～15 min。再按由上而下的顺序将各筛取下,分别称量各级筛上及底盘内试样的质量,应准确至 0.1 g。

(4)筛后各级筛上和底盘内试样质量的总和与筛前试样总质量的差值,不得大于试样总质量的 1%。

(5)当小于 0.075 mm 的试样质量大于试样总质量的 10％时,还应用密度计法或移液管法测定小于 0.075 mm 的颗粒组成。

6. 数据处理

(1)根据试验式(1-1)计算小于某粒径的试样质量占试样总质量的百分比 X,若数据较多,可列表计算,见试验表 1-2。

$$X = \frac{m_A}{m_B} \times d_X \qquad 试验(1\text{-}1)$$

式中　X——小于某粒径的试样质量占试样总质量的百分比,计算至 0.1％;

m_A——小于某粒径的试样质量(g);

m_B——细筛(或密度计)分析时为所取试样质量,粗筛分析时为所取试样总质量(g);

d_X——粒径小于 2 mm 或粒径小于 0.075 mm 的试样质量占试样总质量的百分比;若土中无大于 2 mm(或无大于 0.075 mm)的颗粒时,计算细筛(或密度计)及粗筛时,取 $d_X = 100\%$。

试验表 1-2　筛析法试验记录

风干试样质量＝　　　　　　　　　　小于 0.075 mm 的试样占试样总质量百分比＝						
2 mm 筛上试样质量＝　　　　　　　小于 2 mm 的试样占总试样质量百分比＝						
2 mm 筛下试样质量＝　　　　　　　细筛分析时所取试样质量＝						
编号	孔径 (mm)	留筛土质量 (g)	累计留筛 土质量(g)	小于该孔径的 土质量(g)	小于该孔径的 土质量的百分比	小于该孔径的土 占总土质量的百分比
筛底留存(g)						

(2)以小于某粒径试样质量占试样总质量的百分比为纵坐标、颗粒粒径为横坐标,在单对数坐标纸上绘制颗粒大小分布曲线如试验图 1-1 所示。

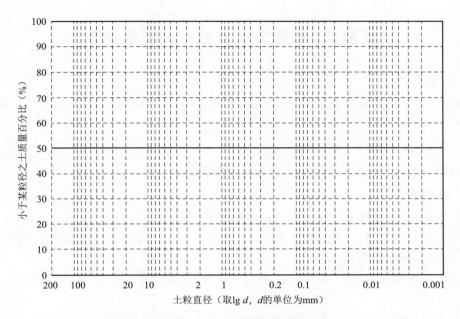

试验图 1-1　颗粒级配曲线坐标

（3）分析计算数据并进行级配评价。

不均匀系数

曲率系数

土的级配

7. 试验重点难点分析

8. 试验错误分析

试验 2　颗粒分析试验——密度计法

1. 试验任务

利用密度计法测定粒径小于 0.075 mm 的土的各个粒组的百分含量,评价土体的颗粒级配。

2. 试验目的

掌握密度计法的试验过程,学会分析计算数据。

3. 仪器设备

(1)密度计(密度计刻度应按规范相关要求进行校正):

甲种,刻度单位以 20 ℃时每 1 000 mL 悬液内所含试样质量的克数表示,单位为 g。刻度-5~50,分度值为 0.5。

乙种,刻度单位以 20 ℃时悬液的相对密度表示,无量纲。刻度 0.995~1.020,分度值为 0.000 2。

(2)量筒:高约 420 mm,内径约 60 mm,容积 1 000 mL,刻度 0~1 000 mL,分度值为 10 mL。

(3)分析筛:孔径为 2 mm、0.5 mm、0.25 mm、0.075 mm。

(4)洗筛:孔径为 0.075 mm。

(5)洗筛漏斗:上口直径略大于洗筛直径,下口直径略小于量筒直径。

(6)天平:称量 1 000 g,分度值 0.1 g;称量 200 g,分度值 0.01 g。

(7)温度计:量程 0~50 ℃,分度值为 0.5 ℃。

(8)搅拌器:底板直径 50 mm,孔径为 3 mm,杆长约 450 mm,带旋转叶。

(9)煮沸设备:附冷凝管装置。

(10)其他设备:秒表、锥形瓶(500 mL)、研钵、研杵等。

(11)试剂:4%六偏磷酸钠溶液(可以根据需要选择调配不同试剂溶液)。

4. 试验步骤

(1)称取代表性试样 200~300 g 过 2 mm 筛,求出筛上试样占试样总质量的百分比,取筛下试样测定其风干含水率。

(2)计算干土质量为 30 g 时应取风干试样质量 m_0。

当易溶盐含量<1%时,风干试样的质量为

$$m_0 = 30(1+0.01w_0) \hspace{3cm} 试验(2-1)$$

式中　m_0——风干试样的质量(g);

　　　w_0——风干试样含水率(%)。

当易溶盐含量≥1%时,风干试样的质量取

$$m_0 = 30(1+0.01w_0)/(1-0.01DT) \hspace{2cm} 试验(2-2)$$

式中　DT——易溶盐的百分含量(%)。

(3)称取计算好的风干试样或洗盐后在滤纸上的试样倒入 500 mL 锥形瓶中,加水 200 mL 并冲洗滤纸上土粒,浸泡过夜,然后置于煮沸设备上煮沸 40 min。

（4）将煮后冷却的悬液倒入烧杯中，静置 1 min，使上部悬液通过洗筛漏斗上 0.075 mm 洗筛进入量筒中，留在杯底的沉淀物用带橡皮头的研杵研散，加适量水搅拌后，静置 1 min，再使悬液通过洗筛漏斗上的 0.075 mm 洗筛进入量筒中，如此反复清洗（每次清洗最后所得总悬液不得超过 1 000 mL）直至杯内的砂粒洗净为止。将杯中和筛上的砂粒合并倒入蒸发皿中，烘干称量，并按步骤（1）进行细筛分析，计算各粒组颗粒占试样总质量的百分比。

（5）量筒内的悬液加入 4% 六偏磷酸钠再加水至 1 000 mL。对于加入六偏磷酸钠后仍不能完全分散的试样应选用其他分散剂或增大试剂浓度。

（6）将搅拌器放入量筒中，沿悬液深度上下搅拌 1 min，取出搅拌器，立即开动秒表，将密度计放入悬液中测记 0.5 min、1 min、5 min、30 min、120 min、1 440 min 时的密度计读数，每次读数均应在预定时间前 10～20 s 将密度计放入悬液中，并接近读数的深度，保持密度计浮泡处于量筒中心，不得贴近量筒内壁。

（7）密度计读数以弯液面上缘为准。甲种密度计准确至 0.5 g；乙种密度计准确至 0.000 2。每次读数后取出密度计放入盛有纯水的量筒中，并测定相应的悬液温度，准确至 0.5 ℃。放入或取出密度计时，尽量不要搅动悬液。

5. 数据处理

（1）小于某粒径试样质量占总试样的百分比为

$$\text{甲种密度计} \quad X = \frac{100}{m_d} C_s (R + m_T + n - C_D) \qquad \text{试验(2-3)}$$

式中　X——小于某粒径试样质量百分比，计算至 0.1%；

　　　m_d——试样干质量（g）；

　　　C_s——颗粒密度校正值；

　　　m_T——悬液温度校正值；

　　　C_D——分散剂校正值；

　　　n——弯液面校正值；

　　　R——甲种密度计读数。

$$\text{乙种密度计} \quad X = \frac{100 V_X}{m_d} C_s' [(R'-1) + m_T' + n' - C_D'] \rho_w^{20} \qquad \text{试验(2-4)}$$

式中　R'——乙种密度计读数；

　　　V_X——悬液体积（$V_X = 1\,000$ mL）；

　　　C_s'——颗粒密度校正值；

　　　m_T'——悬液温度校正值；

　　　n'——弯液面校正值；

　　　C_D'——分散剂校正值；

　　　ρ_w^{20}——20 ℃时纯水的密度（$\rho_w^{20} = 0.998\,232$ g/cm³）。

（2）土粒粒径为

$$d = \sqrt{\frac{18 \times 10^4 \eta \cdot L}{\left(\dfrac{\rho_s - \rho_{wT}}{\rho_w^4}\right) r_w^4 \cdot t}} \qquad \text{试验(2-5)}$$

式中　d——土粒粒径（mm），计算至 0.001 mm；

　　　η——水的动力黏度；

　　　ρ_s——颗粒密度（g/cm^3）；

　　　ρ_{wT}——T ℃时水的密度（g/cm^3）；

　　　ρ_w——4 ℃时水的密度（g/cm^3）；

　　　γ_w——4 ℃时水的容重，取 9.81 kN/m^3；

　　　L——某一时间内土粒沉降距离（cm）；

　　　t——沉降时间（s）。

将计算试验式（2-5）简化，可写成

$$d = K\sqrt{\frac{L}{t}} \qquad\qquad 试验（2\text{-}6）$$

式中　K——粒径计算系数，与悬液温度和颗粒密度有关。

（3）以小于某粒径试样质量百分比为纵坐标、土粒直径的对数值为横坐标，作出颗粒级配曲线。

（4）完成试验表 2-1，试验式（2-1）～试验式（2-6）中所涉及参数具体取值，可参考《铁路工程土工试验规程》（TB 10102—2023）。

试验表 2-1　密度计法颗粒分析试验记录

小于 2 mm 试样占总试验样质量百分比：_____						密度计号：_____				
风干试样质量：_____ g						量筒号：_____				
风干含水率：_____ %						颗粒密度：_____				
干试样质量：_____ g						颗粒密度校正值：_____				
易溶盐含量（DT）：_____ %						弯液面校正值：_____				
试样处理说明：_____						土样原始状态：_____				

试验时间	下沉时间 t（min）	悬液温度 T（℃）	密度计读数（R_H）				土粒沉降距离 L（cm）	土粒直径 d（mm）	小于某粒径试样质量百分比	小于某粒径占试样总质量百分比
			密度计读数 R	温度校正值 m_T	分散剂校正值 C_D	$R_H = C_s(R + m_T + n - C_D)$				
	0.5									
	1									
	5									
	30									
	120									
	1 440									

6. 试验重点难点分析

7. 试验错误分析

试验 3 土的密度试验——环刀法

1. 试验任务

利用环刀法测定粉土和黏性土的密度。

2. 试验目的

掌握环刀法测定土的密度，从而可以计算土的干密度、孔隙比、孔隙度、饱和度等指标。

3. 仪器设备

(1)环刀：内径 61.8 mm，高 20 mm。

(2)天平：称量 500 g，分度值 0.1 g，称量 200 g，分度值 0.01 g。

(3)其他：削土刀、钢丝锯、玻璃板、凡士林等。

4. 试验步骤

(1)按工程需要取原状土或扰动土制备击实试样，整平两端，将环刀内壁涂一薄层凡士林，刃口向下放在土样上，切削成略大于环刀直径的土柱，边压环刀边削土柱至伸出环刀为止。

(2)用钢丝锯将环刀与土柱分离，削去端部余土，擦净环刀外壁，称环刀与土总质量 m_1，准确至 0.1 g。

(3)将土样推出，称环刀的质量 m_2，准确至 0.1 g。

(4)对同一土样重复前述步骤，即测量两次。

5. 数据处理

根据前述步骤，将试验数据记录在试验表 3-1 中，并计算。试样的湿密度 $\rho = \frac{m_1 - m_2}{V}$，其中 V 为环刀体积。本试验进行两次平行测定，两次测定的差值不得大于 0.03 g/cm³，取算术平均值。

试验表 3-1 密度试验记录

试样编号	环刀号码	环刀+土质量(g)	环刀质量(g)	湿土质量(g)	环刀容积(cm³)	密度(g/cm³)	平均密度(g/cm³)

6. 试验重点难点分析

7. 试验错误分析

试验 4 土的含水率试验——烘干法

1. 试验任务

利用烘干法测定土的含水率。

2. 试验目的

掌握烘干法测定土样含水率,从而可以计算土的孔隙比、孔隙度、饱和度等指标。

3. 仪器设备

(1)烘箱:应能控制温度为 105~110 ℃。

(2)天平:称量 200 g,分度值 0.01 g;称量 5 000 g,分度值 1 g。

(3)其他:干燥器、称量盒。

4. 取样质量

记录试样取样质量,见试验表 4-1。

试验表 4-1　试样取样质量

土的类别	取试样质量(g)	称量精度(g)
粉土、黏性土	15~30	0.01
砂类土、有机质土	50~100	0.01
碎石类土	2 000~5 000	1

5. 试验步骤

(1)取两个称量盒并称出其质量,准确至 0.01 g。

(2)根据不同土类按试验表 4-1 取具有代表性土样质量,放入称量盒内,立即盖上盒盖,称盒加湿土质量 m_1,准确至 0.01 g。

(3)打开盒盖,扣于盒底将称量盒置于烘箱内,调节温度于 105~110 ℃,在恒温下烘至恒量。烘干时间:黏性土不少于 8 h,砂类土不少于 6 h,砾、碎石类土不少于 4 h;对含有机质超过干土质量 5% 的土,应将温度控制在 65~70 ℃的恒温下烘至恒量。

(4)将称量盒从烘箱中取出,盖上盒盖,放入干燥器内冷却至室温称量 m_2,准确至 0.01 g。

6. 数据处理

将试验数据记录在试验表 4-2 中,并进行计算。计算试样的含水率 $w = \dfrac{m_1 - m_2}{m_1 - m_0} \times 100\%$,本试验进行平行测定,平行测定的差值应符合试验表 4-3,取其算术平均值。

试验表 4-2　含水率试验记录

试样编号	盒号	盒质量(g)	盒+湿土质量(g)	盒+干土质量(g)	水质量(g)	干土质量(g)	含水率(%)	平均含水率(%)

试验表 4-3　含水率误差规定

土的类别	含水率平行差值(%)		
	$w \leqslant 10$	$10 < w \leqslant 40$	$w > 40$
砂类土、有机质土、粉土、黏性土	±0.5	±1.0	±2.0
碎石土	±1.0	±2.0	—

7. 试验重点难点分析

8. 试验错误分析

试验 5　土的液塑限测定——液塑限联合测定法

1. 试验任务

利用液塑限联合测定方法测定最大粒径小于 0.5 mm 以及有机质含量不超过 5% 的土的液限、塑限。

2. 试验目的

掌握液塑限联合测定法测定土的 10 mm 和 17 mm 液限、2 mm 塑限，会计算土的塑性指数、液性指数；能够划分土的类别。

3. 仪器设备

(1)液限、塑限联合测定仪：由圆锥、读数显示、试样杯三部分组成。

(2)天平：称量 200 g，分度值 0.01 g。

(3)其他：烘箱、毛玻璃板、铝盒、调土刀、刮土刀、蒸馏水滴瓶、凡士林、吹风机等。

4. 试验步骤

(1)本试验原则上应采用保持天然含水率的土样进行，在无法保持土的天然含水率的情况下，也可用风干土制备土样。

这里采用天然含水率土样，剔除大于 0.5 mm 的颗粒，分别按下沉深度 3～5 mm、9～11 mm、16～18 mm(或分别按接近液限、塑限和两者中间状态)制备不同稠度的土样，静置湿润。静置时间可根据含水率的大小而定。

(2)仪器调平，通过调节液塑限联合测定仪底座后侧的两只脚螺钉，使圆形气泡居中，调平台座。

(3)将制备好的土样用调土刀充分搅拌均匀，密实地填入盛土杯中，尽量使土中空气逸出。高出盛土杯的余土用刮土刀刮平，将盛土杯放在仪器升降座上。

(4)在锥尖上涂抹薄层凡士林，使电磁铁吸住圆锥。接通电源，打开开关，电源灯亮。

(5)缓缓地向顺时针方向调节升降旋钮，当盛土杯中的土样刚接触锥尖时，接触指示灯变亮，此时应停止转动，并按测量键。当仪器嘀声完毕，从显示屏上读出圆锥下沉 5 s 的深度值。

(6)如果读数满足要求，降下升降座，小心取出盛土杯，先将锥尖处含有凡士林的土剔除，然后将试样杯中的土用刮土刀取出，装入两只小铝盒内(铝盒质量 m_0)进行称量，得到铝盒＋湿土质量 m_1(精确至 0.01 g)，并记下盒号。如果读数不满足要求，可以将土样倒出加水或者吹干，重复前述步骤，直到其满足要求。

(7)将称量过的铝盒打开盒盖，放入烘箱；在 105～110 ℃的温度下烘至恒量(对砂土试样烘干时间不得少于 6 h，黏性土不得少于 8 h)，取出土样盒放入玻璃干燥皿内冷却，称铝盒＋干土质量 m_2(精确至 0.01 g)。

(8)重复以上步骤，测试另外两个土样的圆锥入土深度和含水率。

5. 数据处理

(1)计算含水率 $w=\dfrac{m_1-m_2}{m_2-m_0}\times100\%$，精确至 0.1%。

（2）记录试验数据于试验表 5-1 内。

试验表 5-1　试验记录

土样编号	1	2	3
圆锥入土深度（mm）			
铝盒编号			
铝盒质量 m_0（g）			
（铝盒＋湿土）质量 m_1（g）			
（铝盒＋干土）质量 m_2（g）			
干土质量（g）			
水质量（g）			
含水率（%）			
平均含水率（%）			
液限（w_L，%）			
塑限（w_p，%）			
塑性指数（I_p）			
土的分类			

（3）绘图。

以含水率为横坐标、圆锥入土深度为纵坐标，在双对数坐标纸上绘制含水率、入土深度关系曲线，如图 5-1 所示。将三点连成一条直线，入土深度 2 mm 对应的含水率为塑限，入土深度 17 mm 对应的含水率为液限。当三点不在一条直线上时，通过含水率最高的测点连接其余两点，与入土深度为 2 mm 的刻度线相交得到两点，对应得到两个含水率。如果两个含水率的差值＜2%，取两个含水率的平均值的点与含水率最高的测点作一直线，若两个含水率差值≥2%，则应再补做试验。

6. 试验重点难点分析

7. 试验错误分析

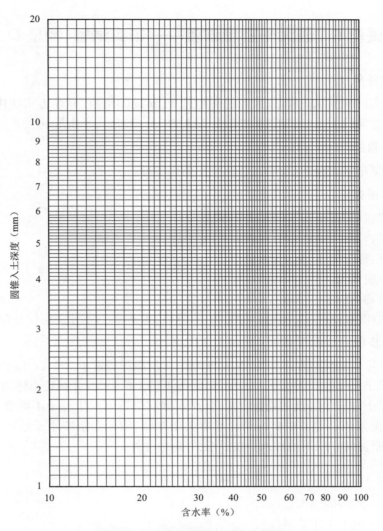

试验图 5-1　液塑限联合测定法作图

试验 6　最大干密度试验——击实试验(轻型 Q₁)

1. 试验任务

利用击实试验测定试样(最大粒径不超过 40 mm 的土)在标准击实功作用下的含水率与干密度之间的关系,确定试样的最优含水率 w_{opt} 和最大干密度 ρ_{dmax}。

2. 试验目的

掌握轻型击实试验的试验方法,评价土体压实度。

3. 仪器设备

(1)击实仪:主要由击实筒和击锤组成。

(2)天平:称量为 200 g,分度值 0.01 g。

(3)台秤:称量为 15 kg,分度值 5 g。

(4)液压脱模仪。

(5)分析筛:孔径为 5 mm。

(6)其他:喷水设备、碾土设备、修土刀、小量筒、盛土盘、含水率测定设备及保温设备等。

4. 操作步骤

(1)取一定量的代表性风干土样,对于小击实筒取样质量不少于 20 kg。

(2)将风干土样碾碎后过 5 mm 的筛,将筛下的土样搅匀,并测定土样的风干含水率。

(3)根据土样的塑限预估最优含水率,加水湿润制备不少于五个不同含水率的试样,含水率依次相差 2%,且其中有两个含水率大于塑限,两个含水率小于塑限,一个含水率接近塑限。制备试样所需的加水量按试验式(6-1)计算。

$$m_w = \frac{m_0}{1+w_0} \times (w-w_0) \qquad \text{试验(6-1)}$$

式中　m_w——所需的加水量(g);

　　　m_0——风干土样质量(g);

　　　w_0——风干土样含水率(%);

　　　w——要求达到的含水率(%)。

(4)将试样 2.5 kg(粒径不同,可适当增减)平铺于不吸水的平板上,按预定含水率用喷雾器喷洒所需的加水量,充分搅拌并分别装入塑料袋中静置不少于 24 h。

(5)将击实筒固定在底板上,并安装护筒。击实筒内壁和底面涂抹一薄层凡士林,将制备好的试样分三层装入小击实筒,每层 25 击,第一层击实完毕之后需测量土样高度,如不满足要求,应当调整土样分层填量。装下层土前,要用修土刀将与击锤接触的土面刮毛,增大土层接触面粗糙程度。3 层土按要求击实完成后,卸下护筒,击实完成后的土面不应超出击实筒顶 6 mm。

(6)用刮刀修平超出击实筒顶部和底部的试样,擦净击实筒外壁,称量击实筒与试样的总质量 m_2,准确至 1 g,并计算试样的湿密度。

(7)用液压脱膜器将试样从击实筒中推出,称量试样的质量 m_1。

(8)从试样中心处取两份一定量的土样(15~30 g),测定其含水率,若误差满足要求,计算平均值作为该土样的含水率。

5. 数据处理

（1）计算每一个土样击实后的密度，并记录在试验表 6-1 中。

$$\rho = \frac{m_2 - m_1}{V}$$ 试验（6-2）

式中　m_1——击实筒与试样的总质量（g）；

　　　m_2——试样的质量（g）；

　　　V——击实筒体积（cm^3）。

（2）计算每一个土样击实后的干密度，并记录在试验表 6-1 中。

$$\rho_d = \frac{\rho}{1+w}$$

式中　ρ_d——土样干密度（g/cm^3），准确至 0.01 g/cm^3；

　　　ρ——土样湿密度（g/cm^3），准确至 0.01 g/cm^3；

　　　w——击实完毕后所测土样含水率（%）。

试验表 6-1　击实试验数据

试样编号	试样质量（g）	筒体积（cm^3）	湿密度（g/cm^3）	含水率（%）	干密度（g/cm^3）	最优含水率（%）	最大干密度（g/cm^3）

（3）以干密度为纵坐标、含水率为横坐标，在试验图 6-1 中绘制干密度与含水率的关系曲线，干密度与含水率的关系曲线上的峰点的坐标分别为土的最大干密度 ρ_{dmax} 与最优含水率 w_{opt}，如果峰值点不明确，应进行补点试验。

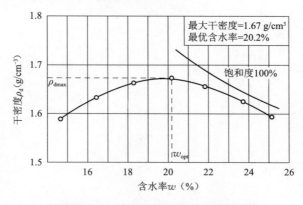

试验图 6-1　干密度与含水率的关系曲线

（4）当试样中超粒径质量占试样总质量的 5%～30% 时，应对最大干密度和最优含水率进行校正。校正方法参考《铁路工程土工试验规程》(TB 10102—2023)的规定,这里不再详细介绍。在试验图 6-2 中进行击实试验作图。

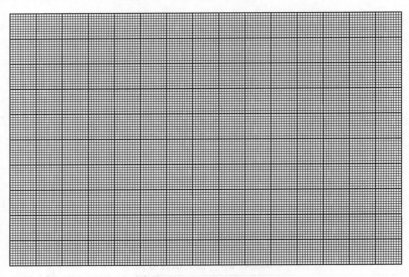

试验图 6-2　击实试验作图

6. 试验重点难点分析

7. 试验错误分析

试验 7　标准固结试验

1. 试验任务

利用标准固结试验测定在侧限与轴向排水条件下的变形和压力、孔隙比与压力的关系,评价土体压缩性高低。《铁路工程土工试验规程》(TB 10102—2023)规定,除软土外一般黏性土的先期固结压力和压缩指数试验可采用 12 h 快速固结试验,对于沉降计算精度要求不高、主要测定压缩模量和压缩系数时,可采用 1 h 快速压缩试验。

2. 试验目的

掌握土的压缩系数的测定方法,并根据实验数据绘制孔隙比与压力的关系曲线(即压缩曲线)。

3. 仪器设备

(1)三联固结仪:压缩容器(主要由水槽、环刀、护环、透水石和加压盖板组成);加压设备(包括加压框架、杠杆和砝码等);变形量测设备(主要使用百分表)。

(2)其他:天平、烘箱、切土刀、滤纸、玻璃片等。

4. 试验步骤

(1)用环刀切取土样,要边削土边压入,不要一下将环刀压入土样过多,以防土样结构破坏,且在切取土样时,应使土样的受荷方向与天然土层受荷方向一致。

(2)当整个环刀压入土样后,用切土刀将上下两端面多余土样削平,擦净环刀外壁后称量(准确至 0.1 g),计算土样的密度 ρ。

(3)取切剩下的土样,注意取不沾有凡士林的土,用烘干法测定土样试验的含水率 w。

(4)在水槽底座上依次放入洁净而湿润的透水石、滤纸,套上大小护环,将装有试样的环刀刃口向下放入护环中,土样上面依次放入滤纸和洁净湿润的透水石,加上导环,最后加上加压盖板,使各部分密切接触,保持平稳。

(5)空载调平杠杆,保持加压框架垂直,去掉杠杆前端挂件,调整杠杆后面的平衡砣,使杠杆上的水平气泡居中。

(6)将加压容器置于加压框架下,对准框架的正中。如果框架不够高,压缩容器无法放入,切记不可用手提起框架,否则会破坏杠杆的调平状态。这时可以顺时针旋转杠杆前方的手轮,使加压框架升高,并且保持杠杆气泡居中。

(7)挂上小预压砝码,逆时针旋转杠杆前方的手轮,使杠杆上的水平气泡居中,使压缩仪内部各部分密贴接触。

(8)用杠杆下面的螺栓顶住杠杆,加相应于第一级荷载 0.05 MPa 的秤砣,可以参考仪器面板给出的结果,然后取下小预压砝码。在加压框架上方安装百分表,不管大针,使小针指在 5 的左右,再拧紧固定螺栓。

(9)松开百分表上侧旋钮,可以旋转百分表的大表盘,使百分表的大针归零,再拧紧旋钮。松开杠杆下面的固定螺栓,使荷载作用于土样上,百分表的大针开始逆时针旋转,土样被压缩,杠杆失去平衡。逆时针旋转杠杆前方的手轮,使杠杆上的水平气泡保持居中,直到压缩稳定。

标准固结试验中,只测定压缩系数时,每级压力下的稳定标准为:黏土每小时试样的变形量不超过 0.005 mm,粉土和粉质黏土每小时试样的变形量不超过 0.01 mm。本次试验,这里只加荷 10 min,记录百分表大针逆时针走过的格数。

(10)重复步骤(8)~(9),依次施加 0.1 MPa、0.2 MPa、0.3 MPa、0.4 MPa 的正应力。在每级荷载下,均须压缩稳定后,记录百分表逆时针走过的格数,方可加下一级荷载。

5. 数据处理

(1)计算压缩数据,并记录在试验表 7-1 中。

初始孔隙比 $e_0 = \dfrac{\rho_w G_s (1+w)}{\rho} - 1$,精确至 0.001。

土颗粒高度 $h_s = \dfrac{h_0}{1+e_0}$,单位为 mm,精确至 0.01。

某压力下压缩稳定后的孔隙比 $e_i = \dfrac{h_i}{h_s} - 1$,精确至 0.001。

压缩系数 $\alpha_{0.1\sim0.2} = \dfrac{e_1 - e_2}{p_2 - p_1}$,压缩模量 $E_{s(0.1\sim0.2)} = \dfrac{1+e_1}{\alpha_{0.1\sim0.2}}$,精确至 0.01。

(2)利用在试验表 7-1 中数据绘制压缩曲线。

绘制压缩曲线:以压力 p 为横坐标,比例尺为每 2 cm 代表 0.1 MPa。以孔隙比 e 为纵坐标,比例尺为每 5 cm 代表孔隙比的 0.1,注意其中纵坐标起点可以不为零。在试验图 7-1 中进行压缩曲线作图。

试验表 7-1　压缩试验记录

压力 p(MPa)	0.05	0.1	0.2	0.3	0.4
百分表初读数(格)					
压缩稳定后百分表读数(格)					
试样压缩量 Δh_i(mm)					
压缩后试样高度 h_i(mm)					
孔隙比 e_i($e_i = h_i/h_s - 1$)					
压缩系数(MPa^{-1})					
压缩模量(MPa)					

6. 试验重点难点分析

7. 试验错误分析

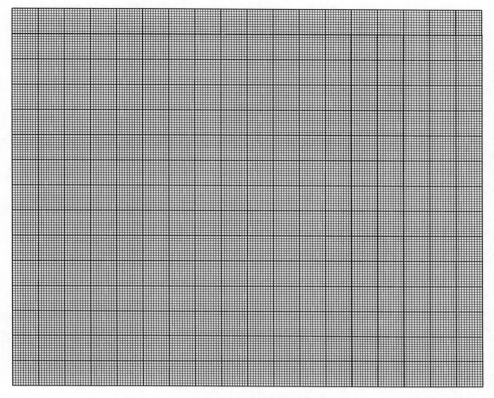

试验图 7-1　压缩曲线作图

试验8 直接剪切试验——快剪试验

1. 试验任务

利用快剪法测定土的抗剪强度参数，即内摩擦角 φ 和黏聚力 c。

2. 试验目的

掌握直接剪切试验方法，测定土体抗剪强度参数，会根据实际情况选择合理的试验方法。

3. 仪器设备

(1)等应变控制式直剪仪：剪切盒(上盒和下盒)、垂直加压设备、剪切传动装置、测力计、位移量测系统。

(2)其他：环刀、透水石、塑料膜。

4. 试验步骤

(1)制备土样，用与直剪仪配套的环刀切取土样。

(2)将剪切盒的上下盒对齐，插入销钉固定，在剪切盒下盒底部放一块洁净的透水石，透水石上面再放一张塑料膜；将装有土样的环刀，刃口向上对准剪切盒，在土样上依次放一张塑料膜和一块透水石，然后用透水石将环刀内的土样缓缓推入剪切盒内，这时要注意检查土样是否平整和到达底部，最后在透水石上面放上传压盖板。

(3)杠杆空载调平(不同仪器操作略有区别)。

第一步，取下杠杆前面挂着的砝码。

第二步，逆时针旋转杠杆下方的手轮，使杠杆能够自由活动。

第三步，用杠杆后面的平衡砣调平杠杆(使杠杆下沿与立柱下面三条刻度线的中线齐平)。

第四步，顺时针旋转手轮顶住杠杆下沿，挂上第一级荷载，也就是产生 100 kPa 的正应力所需的砝码(见仪器面板上的标注)。

(4)仪器轴向系统密贴。

将剪切盒放在直剪仪上，顺时针旋转侧方的手轮，使剪切盒与量力环前后密贴，当百分表微动，再逆时针倒回手轮半圈。

(5)施加竖向压力。

将加压框架上的螺钉对准剪切盒的盒中心，并拧紧(注意不能使杠杆翘起，破坏平衡)。松开杠杆下方的手轮，施加竖向压力。

(6)调整百分表。

拔去剪切盒上的销钉，将装在量力环上的百分表大针调零。

(7)水平剪切。

顺时针转动手轮，以 0.8～1.2 mm/min 的速率，也就是 3～5 min 内，匀速将土样剪坏。剪坏的标准有两个，对于不同性质的土是不一样的，记录土样破坏时百分表的大针读数。

第一种情况，百分表的大针摆动，不再前进或开始后退，这个时候要保证剪切位移超过 4 mm。

第二种情况,百分表的读数没有峰值,取剪切位移为 6 mm 时的大针读数。

(8)卸下荷载,拿出被剪坏的土样。重新安装土样,荷载增加一级(100 kPa),重复以上步骤。本试验共用 4 块土样,分别所加的荷载为 100 kPa、200 kPa、300 kPa、400 kPa。

5. 数据处理

(1)试验数据记录

计算试样的抗剪强度 $\tau_f = K \cdot R$,其中 K 为量力环系数,单位为 kPa/格(0.01 mm);R 为量力环变形数,单位为格,将试验数据记录在试验表 8-1 中。

试验表 8-1　直接剪切试验记录

正应力 σ(kPa)	100	200	300	400
百分表初读数(格)				
百分表终读数(格)				
量力环变形数(格)				
抗剪强度 τ_f(kPa)				
量力环系数 K				
内摩擦角 φ(°)				
黏聚力 c(kPa)				

(2)绘图

在试验图 8-1 中作图,横坐标为正应力 σ,即土样表面所受竖向压力,纵坐标为抗剪强度 τ_f。作图时需注意,竖向应力和抗剪强度单位是一致的,因此两坐标轴比例尺必须一致,画出抗剪强度线。抗剪强度线与水平线的夹角为内摩擦角 φ,在纵轴上的截距即为黏聚力 c。

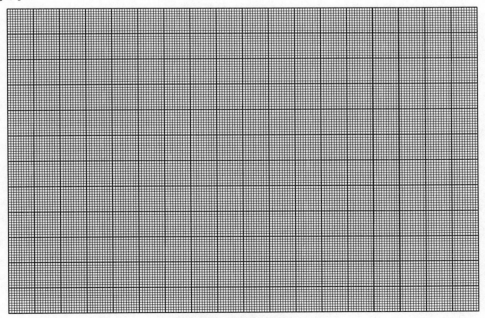

试验图 8-1　抗剪强度线作图

6. 试验重点难点分析

7. 试验错误分析